计算机导论

Foundations of Computer Science

郭卫斌　杨建国　编著

華東理工大學出版社
EAST CHINA UNIVERSITY OF SCIENCE AND TECHNOLOGY PRESS
·上海·

图书在版编目(CIP)数据

计算机导论 / 郭卫斌,杨建国主编. —上海:华东理工大学出版社,2012.8(2024.8 重印)

ISBN 978-7-5628-3322-2

Ⅰ.①计… Ⅱ.①郭… ②杨… Ⅲ.①电子计算机-高等学校-教材 Ⅳ.①TP3

中国版本图书馆 CIP 数据核字(2012)第 149858 号

计算机导论

编　　著 / 郭卫斌　杨建国
责任编辑 / 纪冬梅
责任校对 / 金慧娟
封面设计 / 裘幼华
出版发行 / 华东理工大学出版社有限公司
　　　地　　址:上海市梅陇路 130 号,200237
　　　电　　话:(021)64250306
　　　传　　真:(021)64252707
　　　网　　址:www.ecustpress.cn
印　　刷 / 江苏凤凰数码印务有限公司
开　　本 / 787 mm×1092 mm　1/16
印　　张 / 17.25
字　　数 / 420 千字
版　　次 / 2012 年 8 月第 1 版
印　　次 / 2024 年 8 月第 8 次
书　　号 / ISBN 978-7-5628-3322-2
定　　价 / 39.80 元

联系我们:电子邮箱 zongbianban@ecustpress.cn
　　　　　官方微博 e.weibo.com/ecustpress
　　　　　天猫旗舰店 http://hdlgdxcbs.tmall.com

華東理工大學出版社
客户端扫码进入天猫旗舰店

前　　言

“计算机导论”是计算机科学与技术专业完整知识体系的概论，是学习计算机专业知识的引导性课程。因此，学习和掌握计算机科学技术的基础知识与基础理论，不仅对培育学生的专业思想、兴趣和学科能力是必要的，而且为学生学习后续课程奠定良好的基础。

对于刚进入大学校园的一年级大学生，由于对计算机相关知识的了解和掌握程度参差不齐，这给本课程的教学带来了一定的难度。为了便于广大学生快速、有效地学习计算机科学与技术专业的基础知识，我们基于多年的教学经验，并通过广泛收集和分析大量相关资料，编写了本书。

在编写过程中，作者将本教材的读者定位于计算机专业初学者，力图减少对读者知识背景的要求。因此，编者尽可能避免使用高深的专业名词，而是站在学生的角度，按照学生理解问题的思路和方式来写，力求教材内容通俗易懂，图文并茂。各部分内容紧紧围绕课程教学目标，即：让学生全面了解计算机学科的知识体系，掌握本学科的基本知识、研究范畴和主要学科方向，掌握本专业各门课程之间的内在联系和在学科中的地位，使学生在学科学习之初就对本学科有一个整体性的认识。本书遵循了以下写作原则：以知识点为主线，注重对基本概念、基本原理和重点难点的深入理解、融会贯通。

本书内容广泛，涉及计算机的基本概念和计算机文化知识，计算机数据、计算机系统和计算机网络等计算机硬件基础，也涉及计算机程序设计与程序设计语言、计算机操作系统和软件工程等计算机软件基础理论，以及算法与数据结构、数据库等计算机数据组织基础知识。同时，为拓展学生视野，本书还介绍了嵌入式系统、人工智能、信息安全、计算机职业和道德规范等方面内容。这些内容基本覆盖了大学本科教学大纲所规定的要求。

本书是华东理工大学计算机科学与工程系教师们集体智慧的结晶。郭卫斌和杨建国负责了全书的组织策划、编写大纲的制订和全书统稿定稿的工作。其中，郭卫斌编写了第 1 章、第 7 章全部和第 2 章、第 4 章、第 14 章的部分内容；杨建国编写了第 2 章、第 3 章、第 4 章和第 14 章大部分内容；第 5 章由王占全编写，第 6 章由李建华编写，第 8 章由顾春华编写，第 9 章由胡国玲编写，第 10 章由朱法枝编写，第 11 章由罗飞编写，第 12 章由陈志华编写，第 13 章由虞慧群和范贵生编写。

本书的编写得到了华东理工大学信息学院分党委书记顾春华教授、信息学院副院长虞慧群教授、宋国新教授等同志的热情鼓励和大力支持，并对书中内容提出了许多有益的建议。在此谨向他们表示衷心的感谢！

在编写过程中，作者参考了大量的书籍文献，以及网络上有价值的资料。鉴于许多资料来自网络，而网络中存在大量未曾标明出处的相互转载，因时间、精力所限，作者不能逐一考查其原作者，因此不能作为参考文献一一列出。为此，谨向有关的作者、编者、译者和网站表示衷心的感谢！

由于作者水平有限，书中难免存在错误和不妥之处，恳请广大读者批评指正。

编　者

2012 年 8 月

目 录

第 1 章　绪论

【本章内容概要】 计算机科学与技术是一门充满挑战和发展机遇的学科，信息技术的发展对计算机学科提出了更高的要求。本章首先给出了计算机科学与技术的含义，详细阐述了计算机科学与技术学科的能力要求，以及学科各专业方向的教育内容和知识体系。在此基础上，介绍了计算机学科重要的计算理论和计算模型。最后，对计算机导论课程的内容结构进行了规划。

【学习目的和要求】 学习本章的主要目的是使学生初步了解计算机专业各方向所涉及的知识体系。要求掌握什么是计算机科学、计算机工程、软件工程和信息技术方向的含义；深入领会各方向的培养目标、教育内容和知识体系；掌握一定的计算机科学的计算理论和计算模型基础。

【应掌握的知识点】 计算机学科，知识体系，学科能力，图灵机，冯·诺依曼模型

1.1　计算机学科发展历程与趋势

进入 21 世纪，随着计算机和通信技术的快速发展，人类社会全面进入了信息社会。作为信息化的核心技术，计算机技术的发展举足轻重。国家信息化的发展速度和信息产业的国际竞争力，最终都将取决于计算机科学技术人才的数量和质量。

专门培养计算机科学技术领域专业人才的专业是计算机科学与技术专业（简称计算机专业），支撑该专业的学科是计算学科（Computing Discipline，又称为计算机科学与技术学科，简称计算机学科）。自 1956 年哈尔滨工业大学等高校率先开办“计算装置与仪器”专业起，五十多年间，计算机学科已成为全国规模最大的学科之一。学科内涵不断丰富，多个分支学科已经和正在形成，专业点广，学生人数多。截至 2007 年，全国普通高等学校 1 908 所，本科院校 740 所，其中开设“计算机科学与技术”的院校有 598 所，共有 847 个专业点，信息类专业的在校生总数已超过 278 万人。目前已开设计算机科学与技术、软件工程、信息与计算科学、信息安全、自动化、通信工程、电子信息科学与技术、微电子学、光信息科学与技术、集成电路设计与集成系统等多个本科专业和研究生专业。

计算机专业教育的发展经历了以下阶段：

1. 起步阶段(1956—1960)

1956 年，国务院制定的《1956—1967 年科学技术发展远景规划》中确定了 56 项重大研究任务和发展电子计算机等 6 项紧急措施。全国共有 14 个计算机专业应运而生，其教育特

点归纳为：(1)专业的创建借鉴了国外的办学模式；(2)专业发展采取了“以任务带学科，以科研带队伍”的专业发展模式，主要培养面向国防和科学研究需要的专业技术人才；(3)专业培养目标强调计算机硬件系统的设计与实现，专业设置大多在自动控制系，形成了与应用系统结合的计算机教育。在一些重点大学开始设立计算数学专业，专门培养从事算法设计方面的人才。

2. 发展阶段(1978—1986)

在《1978—1985年全国科学技术发展规划纲要》中，将电子计算机列为8个影响全局的综合性课题。全国共开办了74个计算机专业，这一时期的教育特点为：(1)计算机新技术、新方法和新课程随着内外交流的增加不断被引进；(2)计算机软件开始得到重视，计算机应用技术教育开始普及；(3)高层次人才培养开始起步，部分重点大学开始招硕士和博士，初步形成多层次的计算机专业人才培养体系。

3. 腾飞阶段(1994—)

随着“科教兴国”发展战略的实施，计算机教育进入全新发展时期。人才需求大，课程更新快，“软件工程”、“网络工程”、“信息安全”与“电子商务”等新专业兴起。专业发展特点为：(1)计算机专业的内涵和外延发生了较大变化(不断强化网络、多媒体、信息安全等新技术)；(2)办学单位和学生人数大幅增加，许多教师陆续补充到教学队伍中；(3)教育内容正逐步与国际接轨。

总结我国计算机专业教育的发展，可以发现，计算机专业教育发展以国家需求为目标和驱动力，注重学习国际先进技术，计算机专业的实践性特点得到充分认识，认识到师资队伍是保证教育质量的关键，教育内容更新快等特点贯穿于学科的整个发展过程。同时，计算机学科也是情况最复杂的学科，学科涵盖面宽，应用层次跨度大，生源跨度大，办学条件差异大，条件偏下的居多。计算的概念在过去10年间发生了巨大变化，对教学计划的设计和教育方法具有深刻的影响，计算的概念已经拓展到难以用一个学科来定义的地步。

与此同时，ACM、AIS和IEEE-CS等国外组织推出的CC2005(Computing Curricula 2005)对计算机科学学科教育的研究认为：(1)可将计算教育分为计算机科学(Computer Science，CS)、计算机工程(Computer Engineering，CE)、软件工程(Software Engineering，SE)、信息系统(Information System，IS)和信息技术(Information Technology，IT)等五个方向；(2)计算机教育的各个方向除了科学技术本身内容外，还包含社会和职业生涯方面的知识体，并涉及与计算相关的哲学、历史、社会变化、职业和道德责任、知识产权、隐私和公民自由、计算机犯罪等内容，其中要求许多内容为必修；(3)国外对计算教育的学术研究十分重视，在一些全国性的计算机学术组织中都有计算机教育的分会或特别委员会，如ACM中的计算机科学教育特别兴趣组；(4)设立了许多权威的认证机构，如美国的ABET(Accreditation Board of Engineering and Technology)和英国的QAA(Quality Assurance Agency)等；(5)师资队伍整体水平高，重视实践动手能力、表达和写作技能等的培养。

但是，近10年来，随着计算机应用的深入和广泛，以及计算机网络的普及，计算机日益平民化，计算机专业学生的基本优势正在丧失，“会计算机”已经不再是计算机专业学生独有的优势，计算机专业的危机感正在加深，计算机专业何去何从，已经摆在我国计算机教育工作者面前成为一项亟待解决的问题。

1.2 计算机学科知识体系

1.2.1 计算机学科的基本学科能力要求

在计算机教学指导委员会编制的《高等学校计算机科学与技术专业发展战略研究报告暨专业规范(试行)》中,提出了以"培养规格分类"为核心思想的计算机专业发展建议。依据该思想,计算机专业人才培养的规格分为三种类型、四个不同的专业方向,即科学型(涵盖计算机科学专业方向)、工程型(涵盖计算机工程专业方向和软件工程专业方向)和应用型(涵盖信息技术专业方向),如图 1-1 所示。科学型以计算机技术基础理论、应用基础理论和新技术的研究开发为基本使命,致力于发现规律;工程型关注计算机基本理论和原理在硬件系统、软件系统的设计与制造方面的综合应用,致力于构建系统;应用型建立针对特定应用环境的信息系统以及提供信息化服务,注重于计算机软、硬件系统的功能与性能、系统的集成与配置、系统的维护与管理等方面,致力于实现服务。

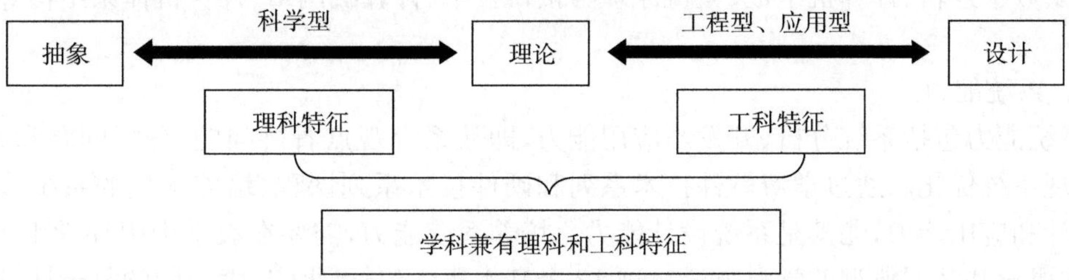

图 1-1 三种人才类型之间的关系

图 1-1 中,抽象、理论和设计构成了本学科的三个基本形态:理论形态的主要要素为定义和公理、定理、证明、结果的解释,可用来建立和理解计算机科学与技术学科所依据的数学原理;抽象形态的主要要素为数据采集方法和假设的形式说明、模型的构造与预测、实验分析、结果分析,抽象的结果为概念、符号和模型,可用来为算法、数据结构和系统结构等构造模型,对所建立的模型进行实验;设计形态的主要要素为需求说明、规格说明、设计和实验方法、测试与分析,可用来开发求解给定问题的系统和设备。这三个基本形态确定了计算机学科的理工结合、科学性与工程性并重、理论与实践并举、构造性和抽象逻辑性并存的基本特征。

不同规格类型和专业方向对学生的专业能力和素质提出了共同的要求,即重视基础理论教育,强调系统能力的培养,倡导理论与实践相结合的能力和独立解决问题能力的培养。归纳起来,要求学生具有交流和获取知识与信息的基本能力、学科基本能力、创新能力、工程实践能力、团队合作能力等。其中,计算思维能力、算法设计与分析能力、程序设计与实现能力、系统能力等构成了计算机专业的基本学科能力。

1. 计算思维能力

科学发展有三大支柱,即理论科学、实验科学和计算科学。这三种科学对应着三种思维形式,即理论思维(以推理和演绎为特征)、实验思维(以观察和总结自然规律为特征)和计算思维(以设计和构造为特征)。其中,计算思维(Computational Thinking)的概念是美国卡内基·梅隆大学计算机科学系主任周以真教授在计算机权威期刊《Communications of the ACM》杂志上提出的。他认为:计算思维是运用计算机科学的基础概念进行问题求解、系统设计以及人类行为理解等涵盖计算机科学之广度的一系列思维活动。孙家广、徐志伟等认为,计算机科学界最具有基础性和长期性的思想是计算思维,计算思维是一种本质的、所有人都必须具备的思维方式,计算机专业学生更应如此。计算思维能力包括形式化、模型化描述能力和抽象思维与逻辑思维能力。计算思维能力可通过基础理论系列课程进行培养,如高等数学、线性代数、概率论与数理统计、计算方法、集合与图论,以及自动机理论、数学建模、离散数学等。

2. 算法设计与分析能力

即建立算法的概念,进行算法设计与分析的能力,要求能建立起基本的计算模型。算法设计与分析能力可以通过程序设计与算法系列课程加以培养并注重体现学科方法学的内容,这些课程包括计算机导论、高级语言程序设计、面向对象技术引论、算法与数据结构等。

3. 程序设计与实现能力

该能力包括硬件和软件实现能力。可通过程序设计与算法系列课程、软件技术系列课程(操作系统、编译系统、数据库系统、软件工程、人工智能等)和硬件技术系列课程(电路与电子学、数字逻辑、计算机组成、微机原理与接口技术、计算机网络、计算机体系结构等)进行培养。

4. 系统能力

系统能力包括系统分析、开发与应用能力,即从系统观点看待问题、分析问题和解决问题,实现系统优化。通过学习软件技术系列和硬件技术系列课程,培养学生的系统认知、分析、设计和应用能力,尤其是系统设计能力。培养系统能力,需要在教学中引导学生关注 12 个基本概念和掌握典型的学科方法。这 12 个基本概念包括:绑定、大问题的复杂性、概念和形式模型、一致性和完备性、效率、演化、抽象层次、按空间排序、按时间排序、重用安全性、折中与决策等。学科方法包括数学方法和系统科学方法:数学方法是指以数学为工具进行科学研究的方法,包括公理化方法、构造性方法、内涵与外延方法、模型化与具体化方法等;系统科学方法指将研究对象看作一个整体,使思维对应于适当的抽象级别上,实现系统的整体优化。学科方法包括系统分析法、功能模拟法、整体优化法等,以及自底向上、自顶向下、分治法、模块法和逐步求精等方法。

针对上述能力要求,CC2005 详细给出了计算机学科不同专业方向的 11 个方面 59 种能力要求,包括:算法能力、应用程序能力、计算机程序设计能力、硬件与设备能力、人机界面能力、信息系统能力、IT 资源计划能力、网络与通信能力、集成系统开发能力、信息管理能力和智能系统能力。

1.2.2 不同专业方向的问题空间与知识取向

在 CC2005 中,用一个二维图刻画计算机学科的知识空间。图 1-2 中,各图的横坐标用来表示知识的性质,从左到右为从理论到应用;纵坐标表示计算机系统的知识层次,自底向上表示从硬件到软件,最后到组织机构的行为。四个专业方向的知识空间如图 1-2 所示。

由图中可知，CS 主要研究科学性质，CE 主要研究设计和构造计算机以及基于计算机的系统，SE 以合理的成本在合理的时间内有效地制造出高质量的实现特定功能的系统，IT 通过理解应用环境的需求与限制，选择最合适的软件或硬件产品，创建、运行并维护信息服务系统。

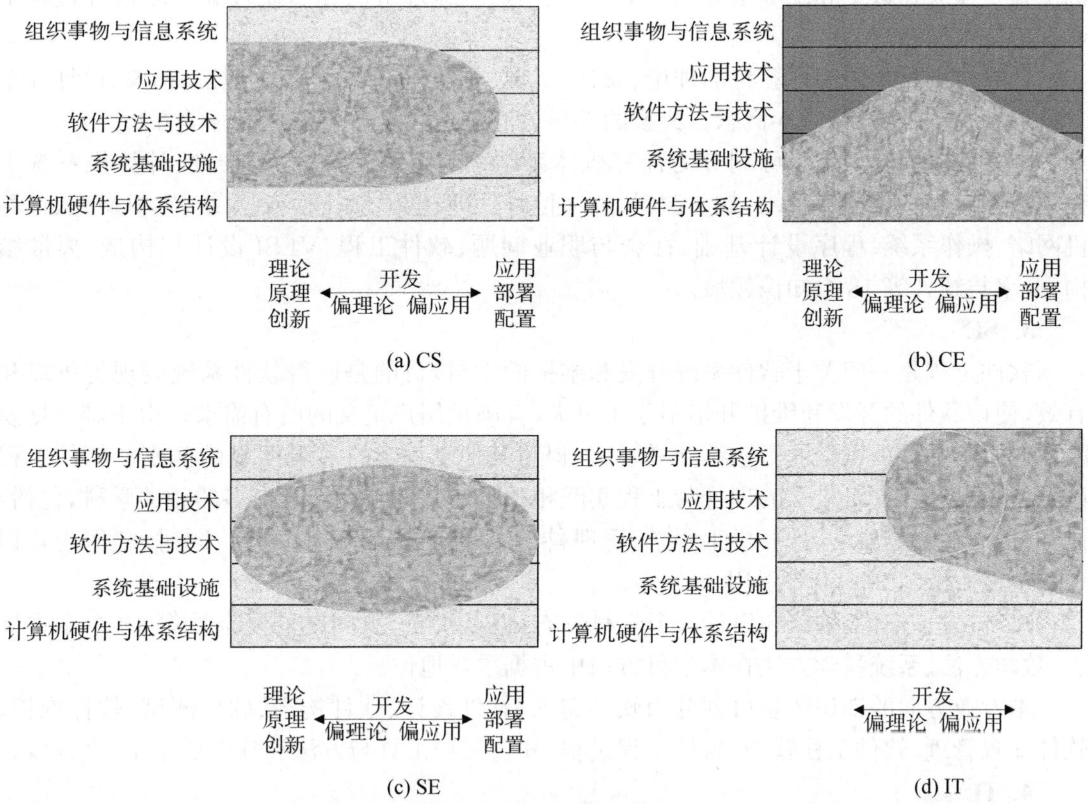

图 1-2　计算机学科的知识空间

资料来源：Computing Curricula 2005 和本章文献[1]

1. CS

计算机科学是研究计算机和可计算系统的学科，包括相关理论、设计、开发和应用技术。专业内容中相对突出计算的理论和算法，以求在计算理论以及相关的数学领域为学生打下较好基础，要求学生掌握求解计算问题的有效方法，擅长算法分析与设计，对于应用的实际问题具有理性分析的能力。

计算机科学的学科范围跨度很大，从理论基础、算法基础到最前沿的学科发展。它涵盖了理论、抽象、设计 3 个学科形态和 12 个学科基本概念。典型的学科方法包括数学方法（以数学为工具进行科学研究的方法）和系统科学方法（将研究对象看作一个整体，思维对应于适当的抽象级别，力争系统的整体优化）。

本专业方向的知识体系可划分为计算机体系结构与组织、算法与复杂性、人机交互、操作系统、程序设计基础、社会与职业问题、软件工程、离散结构、网络计算、程序设计语言、图形学与可视化计算、智能系统、信息管理、计算科学与数值计算等 14 个知识领域。

2. CE

计算机工程学是现代计算系统、计算机控制设备的软硬件设计、制造、实施和维护的科学与技术，是计算机科学和电子工程学的交叉学科，是关于设计和构造计算机以及基于计算机系统的学科。它所涉及的研究包括软硬件、通信以及它们之间的相互作用等方面。计算机工程学建立在数学和工程学等基础上，并应用这些原理解决在软硬件和网络设计过程中遇到的技术问题。

计算机工程学研究计算机的理论、设计、实现、开发和应用，涵盖了理论、抽象、设计 3 个学科形态和 12 个学科基本概念。典型的学科方法包括数学方法和系统科学方法。

本专业方向知识体系可划分为计算机体系结构与组织、算法与复杂性、计算机系统工程、电路与信号、数据库系统、数字逻辑、数字信号处理、电子学、嵌入式系统、人机交互、计算机网络、操作系统、程序设计基础、社会与职业问题、软件工程、VLSI 设计与构造、离散结构、概率与统计等 18 个知识领域。

3. SE

软件工程是一门关于软件系统开发和维护的学科，目的是使得软件系统表现得可靠和有效，使得软件的开发和维护开销不至于过大，且满足用户定义的所有需求。由于难以捉摸的软件属性和软件操作的不连续性，软件工程与其他工程学科有着明显的区别。软件工程试图将数学和计算机科学的理论与工程实践相整合。软件工程涉及众多的相关学科，包括：认知科学、计算机科学、计算机工程学、管理科学、系统工程学和数学等。同时，它作为知识领域也被 CS、CE 和 IT 等引用。

SE 包含了理论、抽象和设计 3 个学科形态，以及绑定、大问题的复杂性等 12 个基本概念，数学方法、系统科学方法在本学科方向中占据重要地位。

本专业方向的知识体系可划分为软件需求、软件设计、软件构造、软件测试、软件维护、软件配置管理、软件工程管理、软件工程过程、软件工程工具与方法和软件质量 10 个领域。

4. IT

本方向主要针对各种组织的信息化需求，提供与实施技术解决方案，涉及为组织购买适当的软、硬件产品，按组织的要求和其基础设施的设置组装这些产品，并为组织的计算机用户安装、定制、维护这些应用，重在对各类信息系统的规划、创建、技术维护与管理。

本专业方向知识体系可划分为信息技术基础、程序设计基础、集成程序设计技术、人机交互、信息保障与安全、信息管理、计算机网络、平台技术、系统管理与维护、系统架构与集成、社会知识与专业素质和 Web 系统与技术等 12 个领域。

1.3 计算机学科的重要理论和计算模型

1.3.1 图灵模型

图灵模型是英国著名数学家阿兰·图灵（A. M. Turing）（见图 1-3）于 1936 年在他的重要论文《论可计算数及其在判定问题上的应用》中提出的现代计算机模型，即图灵机

(Turing Machine)。图灵机不是一种具体的机器,而是一种抽象模型,可以制造一种十分简单但运算能力极强的计算装置。该模型由一个控制器和一条无限长的纸带(可看作存储器,作为输入输出数据的存储介质及计算中间结果的工作存储区)组成,纸带被划分成一个个小方格,每个小方格可记录一个符号,控制器控制读写头对纸带上的小方格进行读或写。只要提供合适的程序(用来通知计算机对数据处理的指令集合),该机器就能进行任何运算。图灵模型奠定了现代计算机的理论基础:即如果把图灵机的内部状态解释为指令,与输入输出同样存储在机器里,那就成为电子计算机了。图灵因此被称为"计算机科学之父"。为了纪念图灵这位在计算机领域中建立开创性功绩的著名科学家,美国计算机学会设立了"图灵奖",以表彰在计算机科学领域做出卓越贡献的杰出科学家。

图 1-3 阿兰·图灵

【小插曲】 图灵从小就表现出非凡的数学才能,这使他在念中学时就获得了英国国王爱德华六世的数学金盾奖章。1927 年,年仅 15 岁的图灵为了帮助母亲理解爱因斯坦的相对论,为爱因斯坦的一部著作另写了内容提要,表现出超人的数学水平和科学理解力。1931 年,图灵考入剑桥大学国王学院,在这里他的数学能力得到充分发展,由于成绩优异获得了数学奖学金。1935 年,他的第一篇数学论文发表于《伦敦数学会杂志》上。同年,他的"论高斯误差函数"的论文使他由一名大学生直接当选为国王学院的研究员,并于次年荣获英国著名的史密斯(Smith)数学奖,成为国王学院声名显赫的毕业生之一。

1.3.2 可计算性理论

图灵机是一个非常简单但功能十分强大的理想计算机,能模拟人类所能进行的任何计算过程,可以用来计算所有能想象得到的可计算函数。

可计算性是函数的一个特性。设函数 f 的定义域是 D,值域是 R,如果存在一种算法,对 D 中任意给定的 x,都能计算出 $f(x)$的值,则称函数 f 是可计算的。可计算性理论通过建立计算的数学模型,确定了哪些问题可能用计算机解决,哪些问题不可能用计算机解决。

计算的过程就是执行算法的过程,可计算性理论研究计算的一般性质,所以也称算法理论。算法概念精确化的途径之一是通过定义抽象计算机,把算法看作抽象计算机的程序。把那些能够在抽象计算机上编出程序计算其值的函数叫作可计算函数。丘奇-图灵论题(Church-Turing thesis)认为:如果存在一个能完成一个符号操纵任务的算法,那么也存在一台能完成该任务的图灵机。因此,凡图灵机可做的都是计算,凡图灵机可计算的就叫可计算的。可用一个图灵机来计算其值的函数是可计算函数,找不到图灵机来计算其值的函数是不可计算函数。

可计算性理论中的基本思想、概念和方法,被广泛应用于计算机科学的各个领域,通过可计算性理论建立数学模型的方法在计算机科学中被广泛采用。

1.3.3 停机问题

几乎每一个用简单语言编写的程序都包含某种形式的重复,一个重复结构的程序可能永远都不会结束(停机)。停机问题(Halting Problem),通俗地讲,就是判断任意一个程序是否会在有限的时间内结束运行的问题。如果这个问题可以在有限的时间内解决,那么就存在一个程序可用来测试问题本身的程序是否会停机。经证明,不管停机问题的结果是什么都不可能存在这样的测试程序。显然,这是一个不可解的问题。

停机问题是不可解决(判定)的,这就是说,不可能用一个算法来判断一台指定的图灵机是否会停机。图灵机的停机问题是不可判定的,表明不可能用一个单独的程序来判定任意程序的执行是否停机,避免了人们为编制这样的程序而无谓地浪费精力。

1.3.4 计算复杂性

当用计算机解决计算问题时,关心的是该问题的复杂度(计算复杂性)。复杂度可用所需计算时间或内存来度量,其中最常用的是运行时间。因此,为了衡量可解问题的复杂度,就需要找出该程序在计算机上运行时要执行的运算量。计算复杂性依赖于输入的数目,相对于计算机速度,其着眼于程序总体的数量级。

计算复杂性常用大 O 表示法表示。例如,$O(n)$表示该问题有 n 个输入,执行 n 个运算;$O(n^2)$表示该问题有 n 个输入,执行 n^2 个运算。假设某程序的复杂度为 $O(\log_{10} n)$,输入为 1 000 万个,试求该程序在一台速度为 1μs/指令的计算机上执行时所需时间。因为 $n=$ 10 000 000,所以有 $O(\log_{10} n)=O(\log_{10} 10^7)=7$,所需时间为:$1\times 7=7\mu s$。复杂度为 $O(\log_{10} n)$、$O(n)$、$O(n^2)$、$O(n^3)$或 $O(n^k)$(k 为常数)的问题称为多项式问题,而 $O(10^n)$或 $O(n!)$等则称为非多项式问题。

1.3.5 冯·诺依曼计算机模型

冯·诺依曼计算机模型是由被誉为“电子计算机之父”的美籍匈牙利数学家冯·诺依曼(Von Neumann)(见图 1-4)于 1945 年基于其所发表的“存储程序通用电子计算机方案”(EDVAC)而写的著名报告《First Draft of a Report on the EDVAC》中提出来的。基于该模型建造的计算机由存储器、逻辑控制单元、运算器、输入单元和输出单元等五大部件组成。

图 1-4 冯·诺依曼

基于冯·诺依曼模型制造的计算机要求程序必须存储在内存中,程序被当作数据由一组数量有限的指令组成,控制单元从存储器中不断读取指令、解释指令、执行指令。冯·诺依曼模型的提出,标志着电子计算机时代的真正开始,指导着现代计算机的设计。冯·诺依曼本人先后于 1937 年获美国数学会博歇奖,1947 年获美国功勋奖章(总统奖),1951—1953 年任美国数学会主席,1956 年获爱因斯坦纪念奖及费米奖。

1.3.6 虚拟机

虚拟机(Virtual Machine,VM)指通过软件模拟的具有完整硬件系统功能的、运行在一个完全隔离环境中的完整计算机系统。

通过虚拟机软件,可以在一台物理计算机上模拟出一台或多台虚拟的计算机。目前流行的虚拟机软件有 VMware(VMware ACE)和 Virtual PC,它们都能在 Windows 系统上虚拟出多个计算机。这些虚拟机完全就像真正的计算机那样进行工作,例如可以安装操作系统、安装应用程序、访问网络资源等。对于用户而言,它只是运行在物理计算机上的一个应用程序,但是对于在虚拟机中运行的应用程序而言,它就是一台真正的计算机。因此,当在虚拟机中进行软件操作时,系统有可能会崩溃。但是,崩溃的只是虚拟机上的操作系统,而不是物理计算机上的操作系统。并且,使用虚拟机的"Undo"(恢复)功能,可以马上恢复虚拟机到安装软件之前的状态。

【小常识】 关于虚拟机的几个概念。

VM:虚拟机,指由 VMware 模拟出来的一台虚拟的计算机,也即逻辑上的一台计算机。

HOST:主机,指物理存在的计算机,Host's OS 指 HOST 上运行的操作系统。

Guest OS:指运行在 VM 上的操作系统。例如在一台安装了 Windows 7 的计算机上安装了 VMware,在 VMware 里面安装了 Linux。那么,HOST 指的是安装 Windows 7 的这台计算机,Host's OS 为 Windows 7,Guest OS 为 Linux。

1.4 计算机导论课程的内容组织

全书共分为五大部分。

第一部分:计算机及其学科发展

包括第 1、2 章。第 1 章主要介绍了计算机学科的发展历史与趋势,计算机学科的基本学科能力要求和问题空间与知识取向,以及本学科的重要理论与计算模型。第 2 章给出计算机的概念和发展,有名的计算机公司、组织、机构和人物,重要的计算机奖项、竞赛及学术期刊。

第二部分:计算机硬件

包括第 3、4 和 5 章。第 3 章介绍了计算机数据的表示、数制、码制及其转换,讨论不同数据类型的存储原理,以及数据的不同运算。第 4 章讨论计算机系统包括硬件系统和软件系统的组成。第 5 章是计算机网络的概述,通过实例分析 IP 地址的分配和所用协议。

第三部分:计算机软件

包括第 6、7、8 章,以及第 9 章的部分内容。第 6 章讨论计算机程序设计与程序设计语言。第 7 章阐述了计算机操作系统在计算机系统中的地位和作用。第 8 章是软件工程的概述,介绍软件开发的工程化方法。最后,第 9 章的部分内容涉及软件开发的算法理论基础。

第四部分:计算机数据组织

包括第 9 章的部分内容以及第 10 章。本部分是对之前部分的补充,其中第 9 章讨论如何组织由基本数据结构构成的抽象数据结构。第 10 章讨论数据库和数据库管理系统,涉及数据模型和关系数据库。

第五部分:计算机高级论题

包括第11、12、13和14章。第11章讨论嵌入式系统,它是在系统实现中引入了微处理器的电子设备。第12章讨论人工智能的起源、人工智能研究学派及其代表人物。第13章讨论与计算机安全有关的问题。最后,第14章分析关于计算机职业和道德规范方面的论题,以此作为全书的结束。

本章小结

计算机科学是一个非常宽泛的概念,凡是和计算机相关的问题都可定义为计算机科学。本章中,首先回顾了计算机科学的发展历程和趋势。并指出在当前形势下,为了提高计算机专业学生的培养质量,需要科学设计相关理论教学体系和实践体系。

按照计算机教学指导委员会的建议,我国的计算机学科可分为计算机科学、计算机工程、软件工程和信息技术等四个专业方向。针对这些专业方向,本章详细分析了其共同的学科能力要求,并分别阐述了不同专业方向的问题空间与知识取向。

计算机可看成一台问题求解机器。围绕着计算机的许多问题可通过计算理论和计算模型予以解决。在计算机科学中,问题分为可计算问题和不可计算问题。图灵机是为解决可计算问题而设计的,它是现代计算机的理论基础。现代计算机是建立在冯·诺依曼模型的结构基础上的。

【推荐课余阅读材料】

[1] 教育部高等学校计算机科学与技术教学指导委员会. 高等学校计算机科学与技术专业发展战略研究报告暨专业规范(试行)[M]. 北京:高等教育出版社,2006.

[2] 教育部高等学校计算机科学与技术教学指导委员会. 高等学校计算机科学与技术专业实践教学体系与规范[M]. 北京:高等教育出版社,2008.

[3] The Joint Task Force for Computing Curricula 2005. Computing Curricula 2005: The Overview Report[R]. http://www.acm.org/education/curricula-recommendations.

习题

1. 名词解释

计算机科学　计算机工程　软件工程　计算机技术　问题空间　学科能力　图灵机　可计算性　冯·诺依曼模型

2. 填充题

(1) 我国开办的第一个计算机相关专业是1956年开设的__________。

(2) 依照计算机教学指导委员会的建议,可将计算机专业人才培养的规格分为三种类型,它们是:__________、__________和__________。

(3) 人类探索自然的三大科学方法是:__________、__________和__________。

(4) 培养算法设计与分析能力是指培养学生建立__________概念,具备

__________能力,使其建立起__________。

(5) 图灵机包括__________、__________和__________等三个组成部分。

(6) 基于冯·诺依曼模型制造的计算机分为__________、__________、运算器、输入单元和输出单元等五个部分。

(7) 程序执行的复杂度常用__________表示法表示。

(8) 程序设计与实现能力包括__________能力和__________能力。

(9) 典型的计算机学科方法包括__________方法和__________方法。

(10) 计算机科学领域的最高奖项是__________。

3. 选择题

(1) 计算机教学指导委员会的建议,可将计算机专业分为四个不同的专业方向,即(　　)。

A. CS、CE、SE和IS　　B. CS、CE、IT和IS

C. CS、CE、SE和IT　　D. CE、SE、IT和IS

(2) (　　)软件可模拟具有完整硬件系统功能的、运行在一个完全隔离环境中的完整计算机系统。

A. 图灵机　　B. 停机问题　　C. 可计算性　　D. 虚拟机

(3) (　　)就是判断任意一个程序是否会在有限的时间之内结束运行的问题。

A. 复杂性问题　　B. 停机问题　　C. 可计算性问题　　D. 函数问题

(4) 根据冯·诺依曼模型,(　　)被存放到存储器中。

A. 只有程序　　B. 只有数据　　C. 数据和程序　　D. 以上均不是

(5) 在计算机语言中,(　　)是告诉计算机如何处理数据的一系列指令。

A. 算法　　B. 数据　　C. 程序　　D. 以上均不是

(6) 在图灵机中,用于保存信息的部件是(　　)。

A. 磁盘　　B. 读写头　　C. 控制器　　D. 纸带

(7) 计算机四个专业方向中,计算机科学方向主要研究(　　)。

A. 设计和构造计算机和系统

B. 科学性质

C. 构造实现特定功能的系统

D. 利用合适的软硬件系统提出信息服务

(8) 衡量算法的执行效率的计算复杂度主要依赖于(　　)。

A. 计算机速度　　B. 存储空间大小　　C. 输出规模　　D. 输入规模

(9) 目前流行的虚拟机软件是(　　)。

A. VMware　　B. Virtual PC　　C. A和B　　D. 以上均不是

(10) 在冯·诺依曼模型计算机中,(　　)从存储器中不断读取指令、解释指令、执行指令。

A. 控制单元　　B. 存储单元　　C. 运算器　　D. 输入/输出单元

4. 简答题

(1) 什么是计算机学科的基本学科形态?

(2) 具备计算思维意识和能力对计算机专业学生的重要意义是什么?

(3) 系统能力的含义是什么?

(4) 对比图灵模型和冯·诺依曼模型。

本章参考文献

[1] 教育部高等学校计算机科学与技术教学指导委员会. 高等学校计算机科学与技术专业发展战略研究报告暨专业规范(试行)[M]. 北京:高等教育出版社,2006.

[2] 教育部高等学校计算机科学与技术教学指导委员会. 高等学校计算机科学与技术专业实践教学体系与规范[M]. 北京:高等教育出版社,2008.

[3] The Joint Task Force for Computing Curricula 2005. Computing Curricula 2005:The Overview Report [R]. http://www.acm.org/education/curricula-recommendations.

[4] Forouzan B, Mosharraf F. 计算机科学导论[M]. 2 版. 刘艺,瞿高峰,译. 北京:机械工业出版社,2009.

[5] 科技中国网站[EB/OL]. 网址:http://www.techcn.com.cn/

第 2 章　计算机文化

【本章内容概要】 本章首先介绍计算机的发展、定义、分类、特点及应用，然后介绍著名的计算机公司和学术组织，知名的计算机专业和杰出人物，重要的计算机奖项、竞赛及学术期刊。

【学习目的和要求】 了解计算机的发展历史及趋势，熟悉计算机发展的各阶段及其特征；了解中国计算机发展简史；掌握计算机的概念、分类、特点及应用领域，熟悉冯·诺依曼计算机结构；了解著名的计算机公司及学术组织，计算机领域知名学科与杰出人物，计算机领域重要奖项、竞赛和期刊。

【应掌握的知识点】 计算机历史，计算机概念，计算机分类，计算机应用，冯·诺依曼模型。

2.1　计算机发展史

2.1.1　早期的计算工具

早期的计算工具主要有以下几种：算筹、算盘、机械式计算机和机电式计算机。

1. 算筹

"算筹"就是运用一种竹签作筹码来进行运算，可以用纵式或者横式方法来表示数字 1～9，数字 0 置空。表示多位数时，个位用纵式，十位用横式，百位用纵式，千位用横式，依此类推，遇零则置空，表示法如图 2-1 所示。如数字 1998 可用"𝍩𝍨𝍱𝍧"表示。

数字	1	2	3	4	5	6	7	8	9
纵式	𝍠	𝍡	𝍢	𝍣	𝍤	𝍥	𝍦	𝍧	𝍨
横式	𝍩	𝍪	𝍫	𝍬	𝍭	𝍮	𝍯	𝍰	𝍱

图 2-1　算筹表示法

2. 算盘

算盘是人们在算筹的基础上发明的，是中国传统的计算工具。算盘横轴下面的每个珠子表示单位 1，横轴上面的每个珠子表示单位 5，算盘纵轴右边数字达到 10，就向前面进 1 个单位，如图 2-2 所示。

图 2-2　算盘

3. 机械式计算机

机械式计算机借助各种机械装置自动传送十进位，其动力来自人力。1642 年，法国的帕斯卡（B. Pascal）基于齿轮原理制造了一台能够进行加法和减法运算的计算器（见图 2-3）。为了纪念这位杰出的科学家，语言大师沃斯（N. Wirth）把他设计的一种高级程序设计语言取名为 PASCAL。

图 2-3　帕斯卡制造的计算器

1670 年，德国数学家莱布尼兹（G. Leibnitz）制造出能进行加减乘除的演算机（见图 2-4）。

图 2-4　莱布尼兹制造的演算机

1822 年，英国的巴贝奇(C. Babbage)设计了差分机(能进行简单数学运算和解多项式方程)(见图 2-5)。1834 年，他又提出分析机的设想，分析机在概念上和现代计算机类似。他的助手——英国著名诗人拜伦的独生女爱达(A. Ada)为分析机编制了人类历史上第一批计算机程序。

图 2-5 巴贝奇设计的差分机

4. 机电式计算机

机电式计算机使用电力做动力，但计算机构本身还是机械的。1890 年，在美国人口普查办公室工作的霍勒瑞斯(H. Hollerith)设计并制造第一台机电式计算机(制表机)，该机器具有编程能力，可自动阅读、计数和排列存储在穿孔卡上的数据，如图 2-6 所示。此后霍勒瑞斯根据自己的发明成立了自己的制表机公司，并最终演变成为 IBM 公司。为了纪念他，通常将计算机系统中使用的穿孔卡片称为 Hollerith 卡，穿孔卡片使用的 12 位代码称为 Hollerith 码。

图 2-6 霍勒瑞斯制造的机电式计算机

1938 年，德国数学家朱斯(K. Zuse)设计了第一台采用二进制数的全自动可编程机电式计算机 Z1，如图 2-7 所示。

图 2-7 朱斯制造的全自动可编程机电式计算机

1944年8月，美国数学家艾肯(H. Aiken)在美国海军和IBM的资助下研制成功了世界第一台通用自动计算机——自动程控计算机MARK-Ⅰ，如图2-8所示。MARK-Ⅰ的基本结构和巴贝奇的设想相同，进行十进制23位数字的加减计算时间为0.3秒，乘法计算时间为6秒，除法计算时间为12.4秒。之后，艾肯研制成速度更快的MARK-Ⅱ计算机，1956年研制成使用电子管的计算机MARK-Ⅲ。

图2-8 艾肯研制的通用自动计算机MARK-Ⅰ

2.1.2 电子计算机的诞生

19世纪的英国，产生了一位杰出的数学家、逻辑学家布尔(G. Bool，1800—1864)。布尔代数实现了从一组逻辑公理出发，依靠代数演算来推导逻辑定律或定理的方法。现在，布尔的名字也被用作计算机语言的一种变量形式，称为布尔型变量，该变量的值可取为“True”(真)或“False”(假)。

20世纪30年代，英国数学家图灵发表了关于可计算数的论文，通过引入机器状态使用了本质上具有指令特点的运算操作，这种机器被称为“图灵机”。

1939年，第一台电子计算机的小型试验样机由阿塔纳索夫(J. Atanasoff)(见图2-9)和其助手贝里(C. Berry)设计完成，他们把这台机器命名为ABC(Atanasoff-Berry-Computer)，可用于求解线性方程组。同时，阿塔纳索夫还提出了计算机的三条原则：(1)以二进制的逻辑基础来实现数字运算，以保证精度；(2)利用电子技术来实现控制、逻辑运算和算术运算，以保证计算速度；(3)采用把计算功能和二进制数更新、存储的功能相分离的结构。

【小插曲】 究竟是谁制造了世界上第一台电子计算机？在国内，大部分宣传材料都认为是美国宾夕法尼亚大学的物理学家莫奇勒和工程师埃克特。可是，美国第41任总统乔治·布什向87岁的美国科学家约翰·文森特·阿塔纳索夫(图2-9)颁发了一枚美国国家工艺技术金质奖章，以表彰他发明世界上第一台电子计算机的不朽功勋。“争论是没有意义的，重要是应该将历史还原出来，告诉大家这些天才与先驱的故事。”据悉，为了尽快纠正这一“长期错误”，清华大学教授袁传宽从未停止过奔走相告。

图2-9 约翰·阿塔纳索夫

1946年2月，美国宾夕法尼亚大学物理学家莫奇勒(J. Mauchly)和工程师埃克特(J.

Eckert)为首的研究小组设计完成了世界上第一台通用数字电子计算机埃尼阿克(The Electronic Numerical Integrator and Computer，ENIAC)，并于2月14日正式公布于世，如图2-10所示。ENIAC被公认为是第一台使用电子线路来执行算术、逻辑运算和信息存储的真正用于工作的计算机器，每秒可执行约10万次运算，速度比人工计算高千倍。"存储程序"使全部运算成为真正的自动过程，它的出现被誉为电子计算机史上的一个里程碑。ENIAC重量超过30吨，占地139平方米，使用了1.8万个真空管，7万个电阻器和1万个电容器，耗电量达150千瓦，造价48万美元，著名数学家冯·诺依曼也是该项目研制小组成员之一。ENIAC最初用于计算弹道轨迹，后来也被用于科学计算和其他目的。

图2-10　ENIAC

【小插曲】 1919年生于天津的朱传榘(见图2-11)，1939年赴美留学，1946年在美国宾夕法尼亚大学与其他5人共同发明了世界上第一台计算机ENIAC，获得电子和电气工程师协会(IEEE)的"计算机先驱奖"(IEEE Computer Pioneer Award)。曾任中国科学院荣誉院士、中国工程学会高级教授、上海交通大学校委会委员、荣誉教授以及南开大学、山东大学等校荣誉教授。2011年6月6日，著名美籍华裔科学家朱传榘因病在美国逝世。

图2-11　朱传榘

1946年6月，美籍匈牙利数学家冯·诺依曼等提出关于电子计算装置逻辑结构设计的研究报告。该报告认为，电子计算机应该是：(1)以二进制为运算基础；(2)采用存储程序的方式工作。并进一步明确其结构应由五个部分组成：运算器、控制器、存储器、输入单元和输出单元。第一台基于冯·诺伊曼模型的计算机于1950年在宾夕法尼亚大学诞生(见图2-12)。

图2-12　第一台基于冯·诺依曼模型的计算机

1948 年,晶体管的发明改变了计算机的制造方式。

1953 年 4 月 7 日,IBM 正式对外发布自己的第一台电子计算机 IBM701。

1954 年,美国贝尔实验室研制成功第一台使用晶体管的计算机 TRADIC。

1958 年,美国得克萨斯州仪器公司(简称德州仪器公司)制成了第一块半导体集成电路,它是一个助听器。三年后,在军方的支持下,德州仪器公司研制成功了第一台试验性的集成电路计算机。

1964 年,IBM 公司研制出计算机历史上最成功的机型 IBM S/360。1970 年,IBM 推出了 IBM S/370,该机型采用大规模集成电路取代磁芯进行存储,以小规模集成电路作为逻辑元件,并采用了虚拟存储器技术,首次实行软硬件价格分离策略,开创了软件产业。

1968 年 8 月,摩尔(G. Moore)、诺伊斯(R. Noyce)和肖克利(W. Shockley)共同创立了 Intel 公司。1971 年 1 月,Intel 公司的霍夫曼研制成功世界上第一块 4 位微处理器芯片 Intel 4004,标志着第一代微处理器问世。1973 年 8 月,推出了第一个 8 位微处理器 Intel 8080,并于 1978 年推出了 16 位总线的 Intel 8086。

1980 年 10 月,Microsoft 买下了一个不完整的操作系统并对其进行修改,为正在开发中的 IBM PC 机提供操作系统。1981 年 8 月,IBM 公司发布了第一台 IBM PC,由此开创了计算机的新时代。

2.1.3 计算机的发展阶段

计算机的发展经历了五代,第一代计算机至第四代计算机的特点如表 2-1 所示。

1. 第一代计算机(1946—1958)

这一时期,逻辑器件使用电子管,用穿孔卡片机作为数据和指令的输入设备,用磁鼓或磁带作为外存储器。要计算一个新的题目,就得将线路另外重新搭接一次,把成千上万的线重新焊一下。1949 年,出现了可以存储程序的计算机。这些计算机使用机器语言编程,可存储信息和自动处理信息。由于造价昂贵,只有少数人才能使用。

2. 第二代计算机(1959—1964)

晶体管代替了电子管,内存储器采用了磁芯体,引入了变址寄存器和浮点运算硬件,利用 I/O 处理机提高了输入输出能力。在软件方面配置了子程序库和批处理管理程序,并且推出了 FORTRAN、COBOL、ALGOL 等高级程序设计语言及相应的编译程序。

3. 第三代计算机(1965—1970)

采用小规模或中规模集成电路,用半导体存储器代替磁芯存储器,使用微程序设计技术简化处理机的结构。在软件方面则广泛地引入多道程序、并行处理、虚拟存储系统和功能完备的操作系统,同时还提供了大量的面向用户的应用程序。

4. 第四代计算机(1971—现在)

使用了大规模集成电路和超大规模集成电路。完善的系统软件、丰富的系统开发工具和商品化的应用程序的大量涌现,以及通信技术和计算机网络的飞速发展,使得计算机进入了一个大发展的阶段。计算机,尤其是个人计算机(PC)的普及,将计算机的发展带入了一个新的时期。1975 年,第一个桌面计算机系统诞生。在本阶段,计算机网络技术得到飞速发展。

表 2-1 第一代至第四代计算机的特点

类 别	第一代 1946—1958	第二代 1959—1964	第三代 1965—1970	第四代 1971—现在
电子器件	电子管	晶体管	集成电路	大规模和超大规模集成电路
存储器	水银延迟线 磁鼓、磁芯	磁芯、磁鼓 磁盘、磁带	半导体存储器 磁盘、磁带	半导体存储器 磁盘、光盘
运算速度	每秒几千次	每秒几十万次	每秒几十万次到几百万次	每秒几十万次到几百万次
处理方式	机器语言	汇编语言 算法语言	操作系统 实时处理	分时处理 网络操作系统
应用领域	科学计算	数据处理	实时控制	各行各业
典型机种	ENIAC EDVAC	IBM 7090 CDC 6600	IBM 360 PDP-Ⅱ	VAX-Ⅱ IBM PC/Apple

5. 第五代计算机(新一代计算机)

第五代计算机的特点如表 2-2 所示。

表 2-2 第五代计算机的特点

生物计算机	采用生物工程技术产生的蛋白质分子制成生物芯片,其运算过程是蛋白质分子与周围物理化学介质的相互作用过程
量子计算机	采用一种链状分子聚合物的特性来表示开与关的状态,利用激光脉冲来改变分子的状态,使信息沿着聚合物移动,从而进行运算
光子计算机	采用光学技术,由光器件构成的计算机。基本部件有:用于进行图像处理的快速傅里叶变换部件,用于进行信息处理的光乘法、加法运算器
超导计算机	采用超导元器件和电路组成的计算机。其基本逻辑单元是约瑟夫逊开关器件,它的速度比现有半导体开关快 10—100 倍,功耗仅为后者的 0.01—0.001

2.1.4 计算机的发展趋势

目前,计算机的发展呈现出巨型化、微型化、网络化、智能化等特点。

1. 巨型化

社会的不断发展,人类对自然世界的认识活动也越来越多,很多情况下要求计算机对数据进行大量的运算,如数学命题的证明、行星轨迹的计算以及航天飞机的设计等。“巨型化”在这里并不是通常意义上的大小,主要是指机器的性能、运算速度等。

2. 微型化

一方面,在一些特定场合,需要很小的计算机(如航天飞机的设计中,由于燃料的关系,设计原则是为了减少每一克用料而奋斗),所以计算机的重量、体积都变得越来越小,但同时功能并不减少；另一方面，个人电脑正逐步由办公设备变为电子消费品。要求电脑除了要保留原有的性能之外，还要有外观时尚、体型小巧、操作简单等特点，如平板电脑、手持电脑等。今后，个人电脑所占的比重将会越来越大，使用也将会越来越方便。

3. 网络化

因特网的建立正在改变世界，改变人类的生活。网络具有虚拟性和真实性两种特性：网上聊天和网络游戏等具有虚拟特性，而网络通信、电子商务、网络资源共享又具有真实性的特性。

4. 智能化

计算机应用将具有更多的智能特性，能够帮助用户解决一些自己不熟悉或不愿意花太多时间做的事，如智能家电、智能烹调等。

5. 新型计算机

新一代计算机是把信息采集、存储处理、通信和人工智能结合在一起的计算机系统，新一代计算机将由以处理数据信息为主，转向以处理知识信息为主，如获取知识、表达知识、存储知识及应用知识等，并有推理、联想和学习等人工智能方面的能力（如理解能力、适应能力、思维能力等），能帮助人类开拓未知的领域和获取新的知识。

2.2 计算机的定义

2.2.1 计算机的概念

计算机的一般定义是，计算机是一种能对各种信息进行存储和高速处理的工具或电子机器。

上述定义强调：(1)计算机不仅是一个计算工具，而且还是一个信息处理机；(2)计算机不同于其他任何机器，它能存储程序，并按程序的引导自动存取和处理数据，输出人们所期望的信息。

2.2.2 计算机的分类

计算机可以按照用途、处理对象、规模和处理能力分类。

1. 按用途分类

(1) 通用计算机。为了能够解决各种问题、具有较强的通用性而设计的计算机。它具有一定的运算速度和存储容量，带有通用的外设，配备各种系统软件和应用软件。

(2) 专用计算机。为了解决一个或一类特定问题而专门设计的计算机。其软硬件的配置依据解决问题的需要而定。

2. 按处理对象分类

(1) 数字式电子计算机。处理非连续变化的数据，这些数据在时间上是离散的。其基本运算部件是数字逻辑电路。

(2) 模拟式电子计算机。处理连续变化的数据，这些数据在时间上是连续的。其基本运算部件是由运算放大器构成的微分器、积分器和通用函数运算器等组成。

(3) 混合式电子计算机。可处理数字量和模拟量。

3. 按规模和处理能力分类

(1) 巨型机。超级计算机，功能最强，价格最贵。

(2) 小巨型机。与巨型机相比，价格大幅降低。

(3) 大型机。大型机具有很强的管理和处理数据的能力，在大企业、银行等单位使用。

(4) 小型机。中小企业用得比较多。

(5) 工作站。高档微机，具有很强的图形处理能力，应用于计算机辅助设计。

(6) 个人计算机。普通微机。

2.2.3 计算机的特点

计算机有以下几个特点：

(1) 运算速度快。每秒数万亿次，如应用于气象预报。

(2) 计算精度高。在理论上不受限制，如计算圆周率。

(3) 存储能力强。如建立中等规模图书馆。

(4) 具有逻辑判断能力。能进行算术运算、逻辑运算、判断或比较。

(5) 具有自动执行能力。无须人工干预。

2.2.4 计算机的应用领域

计算机主要应用在以下几个领域：

(1) 科学计算。解决科学技术和工程设计中存在的大量的数学计算问题，如求解上千阶的微分方程组、几百个方程的线性方程组、大型矩阵运算等。

(2) 数据处理。数据处理泛指任何形式的计算机管理和操纵数据的过程，如企业管理、库存管理、账目计算、信息情报检索等。

(3) 实时控制。计算机的速度不断提高，计算机的指令周期已降到几纳秒级，使得许多生产过程的实时控制成为可能。例如，化工生产过程中的压力、流量、温度等参数的实时控制。

(4) 计算机辅助设计和制造。CAD/CAM 系统已发展成为计算机集成制造系统(CIMS)。

(5) 人工智能。是探索和模拟人的感觉和思维过程的科学，是在控制论、计算机科学、仿生学、生理学等基础上发展起来的新兴边缘学科。

(6) 通信和文字处理。包括文字信息的产生、修改、编辑、复制、保存、检索、传输等，通信和文字处理是实现办公自动化、电子邮件、计算机会议和计算机出版等新技术的必由之路。

(7) 多媒体技术。图像、声音、动画、视频等多媒体技术。

(8) 网络技术与信息高速公路。把分布在不同地域的独立的计算机系统用通信设施连接起来，以实现数据通信和资源共享。

(9) 教育。包括计算机辅助教学、知识信息系统、自然语言处理等。计算机辅助教学生动、形象、易于理解，是提高教学质量的重要手段之一。

(10) 军事。包括军队自动化指挥系统、计算机作战模拟、军事信息处理、武器的自动控制、精确制导、军用机器人、数字化部队、军队后勤保障等。

2.3 中国计算机的发展

中国计算机的发展历史虽然不平坦，但取得了很多成就。

1956 年 8 月，成立了以著名数学家华罗庚教授为主任的中国科学院计算技术研究所筹备委员会。

1958 年 8 月 1 日，我国第一台通用小型计算机- 103 机研制成功。

1959 年 10 月 1 日，我国第一台大型通用计算机- 104 机研制成功。

1960 年，我国第一台自行设计的计算机- 107 机研制成功，运算速度为 250 次/秒。

1964 年，我国第一台自行设计的大型通用计算机- 119 机研制成功，浮点运算速度为 5 万次/秒。

1965 年 4 月，我国第一台自行设计的晶体管计算机 441 - B 通过国家鉴定，浮点运算速度为 2.2 万次/秒。

1967 年 9 月，大型通用晶体管计算机 109 丙研制成功，浮点运算速度为 12.5 万次/秒。

1972 年，正式交付使用的 111 计算机，采用小规模集成电路。

1973 年 8 月，集成电路计算机 150 机研制成功。

1983 年 11 月，第一台大型向量机- 757 机研制成功。

1983 年 11 月，运算速度为 1 亿次/秒的向量巨型计算机银河 I 在国防科技大学研制成功。

1985 年，长城 0520CH 微机研制成功。

1992 年 11 月，运算速度达 10 亿次/秒的银河Ⅱ研制成功。

1993 年 10 月，中科院计算所研制成功曙光一号计算机。

1995 年以后，研制成功曙光 1000、曙光 2000、曙光 3000 和曙光 4000A。

1997 年 6 月，运算速度达 130 亿次/秒的银河Ⅲ研制成功。

2008 年 6 月，超级计算机曙光 5000A 研制成功，它使用了 6600 颗 AMD 巴塞罗那型 4 核处理器，峰值运算速度达到 230 万亿次/秒，在世界高性能计算机中排名第十，如图 2-13 所示。

图 2-13 曙光 5000A 超级计算机

2009年10月29,我国首台运算速度达千万亿次每秒的超级计算机"天河一号"在长沙亮相,使中国成为继美国之后在世界上第二个能够自主研制运算速度达千万亿次每秒的超级计算机的国家,如图2-14所示。

图2-14 "天河一号"超级计算机

【小插曲】"天河一号"的性能:"天河一号"采用了6144个通用处理器(3072×2 Intel Quad Core Xeon E5540 2.53GHz /E5540 3.0GHz),5120个加速处理器(2560 ATI Radeon 4870×2 575MHz),内存总容量98TB,点到点通信带宽40Gbps,共享磁盘总容量为1PB。"天河一号"的存储量,相当于4个国家图书馆藏书量之和。如果用"天河一号"计算一天的数据量,用一台当前主流微机得算160年。

2002年9月,中国首枚具有自主知识产权的高性能通用CPU芯片——龙芯1号通过鉴定。2006年9月,增强型龙芯2号——龙芯2E通过鉴定,主频最高达到1GHz,定点运算速度达到20亿次/秒。2007年5月2日,性能更优的龙芯2F开始流片。2011年4月,作为国家"核高基"重大专项的主要研发成果之一,北京龙芯中科技术服务中心有限公司宣布8核龙芯3B处理器已于今年年初流片成功。未来,龙芯3B将主要应用于高性能计算机、高性能服务器、大型超算中心等领域,如图2-15所示。

图2-15 龙芯3号

2.4 著名的计算机公司与学术组织

2.4.1 计算机公司

1. IBM公司

IBM公司的全称为国际商业机器公司(International Business Machines Corporation),1911年创立于美国。早期产品是穿孔卡片数据处理设备。IBM为计算机产业长期的领导者,在大型机、小型机和便携机(Thinkpad)方面的成就最为瞩目。2006年,IBM连续第14年成为在美国取得专利数最多的企业,并以3621件专利刷新了纪录。2009年,IBM提出

“智慧地球”的战略。IBM研制的超级计算机IBM BlueGene曾名列全球计算机TOP50第一名。

2. Intel公司

Intel公司成立于1968年,名字取自两个英文单词Integrated和Electronic的组合,中文翻译成英特尔,是世界最大的芯片制造商。1971年,推出了世界上第一枚微处理器4004。自1978年,陆续推出8086/286/386/486。自1993年,陆续推出Pentium/P2/P3/P4。目前有酷睿i3、i5、i7等CPU。Intel在2011年底推出Ultrabook笔记本(超级本)。

3. Microsoft公司

微软(Microsoft)公司成立于1975年,由比尔·盖茨和保罗·艾伦创立。1981年6月为IBM PC机开发出操作系统MS DOS,1995年推出Windows 95,1999年推出了MSN Messenger,2001年推出Xbox游戏机。目前是全球最大的电脑软件提供商,其主要产品为操作系统、办公软件、数据库、浏览器和开发工具。

4. 联想集团公司

联想集团公司于1984年10月成立,由中科院计算所投资20万元人民币创办。成立初期,只有11名职工和一间20平方米的办公室。早期产品是“联想式汉字系统”——联想汉卡。1990年开始推出联想微机。1996年,联想微机首次位居国内市场占有率第一。2005年5月1日,联想集团以17.5亿美元正式完成对IBM全球PC业务的收购,使联想成为全球个人电脑行业的第三大供应商。2006年度的联想集团公司的营业收入达到1 389亿元。2008年作为北京奥运会赞助商,提供3万台计算设备。2010年11月联想集团以“移动互联”、“一体台式机”和“云计算”三大主题的产品和技术,亮相第十二届中国国际高新技术成果交易会。

5. 其他计算机公司

芯片制造商:AMD、Cyrix等。

电脑公司:Apple、Dell、Asus、Compaq、Sony、Toshiba、Acer等。

打印机制造商:HP、Epson、Canon等。

显示器制造商:ViewSonic、Philips、Sumsung等。

2.4.2 计算机学术组织

有名的计算机学术组织主要有IEEE-CS、ACM、CCF等。

1. IEEE-CS

IEEE-CS(Institute of Electrical and Electronic Engineers-Computer Society,电气和电子工程师学会计算机协会),该协会成立于1971年1月1日,总部设在华盛顿。它的宗旨是推进计算机和数据处理技术的理论和实践发展,促进会员之间的信息交流和合作。它的最高领导机构是理事会,下设几十个专业学会和两个联合会,会员超过10万人,成为IEEE中最大的一个分会,也是计算机界影响最大的两个群众性学术团体之一。该协会每年都要举办一系列的学术会议和研讨会,出版定期和不定期的刊物。其活动范围包括与计算机、计算和信息处理有关的设计、理论和实践等各个层面。另外,IEEE-CS还设有数字图书馆,可通过网络方便地进行阅读和查询。

2. ACM

ACM(Association for Computing Machinery,美国计算机学会),创立于1947年,是一个世界性的计算机从业员专业组织。它是世界上第一个科学性及教育性计算机学会,初衷是为了计算机领域和新兴工业的科学家和技术人员能有一个共同交换信息、经验知识和创新思想的场合。ACM组织成员大部分是专业人员、发明家、研究员、教育家、工程师和管理人员。

ACM每年都出版大量计算机科学的专门期刊,并就每项专业设立兴趣小组。ACM颁发图灵奖给在计算机领域做出杰出贡献的人士。ACM国际大学生程序设计竞赛旨在展示大学生的创新能力、团队合作能力和在一定压力下编写程序、分析和解决问题的能力。该竞赛是最具影响力的国际大学生计算机竞赛。

3. CCF

CCF(China Computer Federation,中国计算机学会),成立于1962年,是中国计算机及相关领域的学术团体,宗旨是为本领域中的专业人士的学术和职业发展提供服务。其主要活动包括学术会议、优秀成果及人物评奖、学术刊物出版、科学普及、工程教育认证、计算机术语审定等。有影响的系列性活动有"中国计算机大会"、"王选奖"、"海外杰出贡献奖"、"优秀博士学位论文奖"、青年计算机科技论坛(YOCSEF)、全国信息学奥林匹克(NOI)等。

CCF现任理事长为清华大学郑纬民教授。

2.5 知名计算机专业学院与计算机领域杰出人物

2.5.1 知名计算机专业学院

1. 麻省理工学院计算机学科

麻省理工学院(Massachusetts Institute of Technology,MIT)位于美国马萨诸塞州剑桥市,是一座综合性的私立大学,有"世界理工大学之最"的美名。MIT无论是在美国还是全世界都有重要影响力,被誉为全球高科技和高等研究的先驱领导大学。

MIT的计算机科学学科设立在电气工程与计算机科学系,曾为计算机科学的发展做出不可磨灭的贡献,如数据流计算思想、影响整个UNIX界的X-Window、数据流计算机、人工智能等。2011年,该学院的计算机学科在世界大学中排名第一位。

MIT对所有计算机专业学生的要求:(1)一年之内修完微积分和物理学;(2)一个学期之内修完生物学和化学;(3)大二时修完在各自不同的学科领域的三种课程,并且要取得实验方面的成绩;(4)每个学期都要学习人文学和社会学方面的课程。

2. 卡内基·梅隆大学计算机学科

卡内基·梅隆大学(Carnegie Mellon University,CMU)于1900年成立于宾夕法尼亚州匹兹堡市,经过一百多年的发展已经成为世界顶尖大学之一,其计算机科学学院多次被《美国新闻与世界报道》列为全美第一,代表计算机科学研究与教学的世界最高水平。

卡内基·梅隆大学的软件工程专业更是名列全球第一,在国际软件业界拥有极高的声誉，目前国际软件行业最通行的标准——软件生产能力成熟度模型(CMM)正是由该校的软件工程研究院研发并制定的。CMU 还被公认为是将计算机应用于教育的先驱者，其中以两位创始人安德鲁·卡内基和安德鲁·梅隆的名字命名的“安德鲁”校园网至今在美国高校中保持着领先优势。

卡内基·梅隆大学要求计算机科学系的学生修满 96 学分的课程，其中必修课为 60 学分(每个学生必须从以下每个领域——算法和复杂性、人工智能、计算机系统、编程语言和应用软件系统中选择一门课程)，选修课为 36 学分(其中跨学科选修课占选修课学分总比重的 1/3)。

3. 国防科学技术大学计算机学科

该学校设有计算机科学与技术和网络工程两个系，以及计算机、软件、微电子和网络技术与信息安全等四个研究所，并有“并行与分布处理国家重点实验室”和“计算机工厂”等部门。现有两个国家级重点学科“计算机系统结构”、“计算机软件与理论”，一个全军重点学科“计算机科学与技术”，一个博士后科研流动站。1996 年，该校获得全国首批计算机科学与技术一级学科学位授予权，2000 年获得微电子学与固体电子学博士学位授予权。学院现有中科院院士 1 人、工程院院士 2 人，博士生导师 35 人，高级专业技术职称 200 余人。

该校计算机学科先后研制成功了 20 多种以“银河”为代表的各类巨型、大型、中型、小型计算机，促进了我国计算机事业的发展，在全国计算机学科综合评估中多次名列第一。计算机专业设有计算机硬件、计算机软件和计算机应用三个专业方向，旨在培养具有较强的计算机教学、科研、开发、应用、管理能力的高素质工程技术人才。

4. 清华大学计算机学科

清华大学计算机学科成立于 1958 年，至今在全国享有盛誉，在国外也极具影响力。该校计算机系现有教师 110 名，其中有中国科学院和中国工程院院士 3 人。该系设有计算机科学与技术一级学科，属全国首批国家重点一级学科。并设有高性能计算、计算机网络技术、计算机软件、人机交互与媒体集成、理论计算机科学等 5 个研究所，以及智能技术与系统国家重点实验室，普适计算教育部重点实验室，计算机基础教学部等科研教学机构。主要研究方向包括网格与高性能计算、CPU 设计、网络与信息系统安全、理论计算机科学、生物计算及量子计算、智能控制及机器人、普适计算、计算机图形学与可视化技术、CAD 技术、计算机视觉等。清华大学计算机学科近年来还获得多项国家级科研奖励，与英特尔、IBM、微软、SUN、搜狐等国内外著名公司建立了面向教学或研究的联合实验室。1998 年 1 月至 2008 年 4 月期间，计算机系师生在国际上发表高水平 SCI 论文共 1 637 篇，在全球排名第 11 位。

清华大学计算机科学与技术专业的学生除了学习校定必修课外，还要学习高级语言程序设计、离散数学、数据结构、专业英语阅读等专业基础课和专业课。根据学生基础与学习情况，挑选 10%的学生主修计算机科学理论学科方向。目前，计算机系设有计算机系统结构、计算机软件与理论、计算机应用技术三个研究生专业。另外，还设有计算机科学与技术博士后科研流动站。

2.5.2 计算机领域杰出人物

1. 图灵

图灵是英国著名的数学家和逻辑学家，被称为计算机科学之父、人工智能之父，计算机逻辑的奠基者。图灵提出的计算模型被称作图灵机。1950 年 10 月，图灵发表有关计算机和智能的论文，并提出了图灵测试。以其名字命名的“图灵奖”在全世界计算机领域享有最高声誉。

2. 冯·诺依曼

冯·诺依曼是计算机之父 、博弈论之父。1945 年 6 月 30 日，莫尔学院发布了冯·诺依曼总结的 EDVAC 方案，奠定了现代计算机的基本结构。明确了计算机的 5 个组成部分(运算器、控制器、存储器、输入和输出设备)，采用二进制的方式计数和计算，利用存储程序的方式工作。

3. 吴文俊

吴文俊是中国科学院院士、第三世界科学院院士、数学家。他提出了全新的用计算机证明几何定理的“吴方法”把逻辑推理问题转换成计算问题。他对数学的发展有如下预言：将来的数学，应该是走中国古代数学道路，而不是国际道路，这是一个总的趋势。为纪念其贡献，国际小行星中心将第 7683 号小行星永久命名为“吴文俊星”。

4. 王选

王选是中国科学院院士、中国工程院院士、第三世界科学院院士，北京大学教授，中国计算机汉字激光照排技术创始人，该照排技术被誉为“汉字印刷术的第二次发明”。王选曾出任方正(香港)有限公司董事局主席。国际小行星中心将第 4913 号小行星永久命名为“王选星” 。

5. 金怡濂

金怡濂是中国巨型计算机之父、中国工程院首批院士，国家最高科学技术奖获得者。他参加了我国第一台人型通用电子计算机——104 机的研制，主持完成了多机并行计算机系统的研制，主持完成了神威巨型计算机系统(3 840 亿次/秒)的研制。国际小行星中心将第 100434 号小行星永久命名为“金怡濂星”。

6. 慈云桂

慈云桂是中国科学院院士、中国巨型计算机之父。他主持研制了我国第一台亿次级巨型计算机系统。在我国计算机从电子管、晶体管、集成电路到大规模集成电路的研制开发历程中，做出了重要贡献。

7. 杨芙清

杨芙清是中国科学院院士、科学家、教育家，北京大学教授，“青鸟工程”的主要主持者。她负责 150 机指令系统和操作系统的设计，主持研制成功了我国第一个全部用高级语言书写的操作系统 DJS200/XT2。

8. 姚期智

姚期智是世界著名计算机学家，2000 年图灵奖得主，美国科学院院士、美国科学与艺术学院院士、中国科学院外籍院士，清华大学高等研究中心教授。1967 年获得台湾大学物理学士，1972年获得哈佛大学物理博士，1975年获得伊利诺依大学计算机博士。1975年至2004年在MIT、斯坦福大学、加利福尼亚大学伯克利分校、普林斯顿大学任助理教授、教授，2004年起在清华大学任全职教授。2007年，他领导成立了清华大学理论计算科学研究中心。他说："我所学的东西能有机会在我出生的中国生根，有条件在该领域为中国培养出世界级的研究人员来，我觉得这是一件非常有意义的事情。"

2.6 计算机领域重要奖项、竞赛和期刊

2.6.1 计算机领域重要奖项

1. 图灵奖

由ACM于1966年设立，主要奖励计算机科学理论与软件方面的杰出科学家。每年奖励一名计算机科学家，少数年度由两人或三人共享。是计算机界最负盛名、最崇高的一个奖项，有计算领域的诺贝尔奖之称，奖金为25万美元。1966—2008年，图灵奖共颁发43届，共有55名科学家获此殊荣。

2. IEEE-CS计算机先驱奖

IEEE-CS于1980年设立计算机先驱奖，获奖者的成果必须是在15年以前完成的，兼顾了理论与实践、设计与工程实现、硬件与软件、系统与部件等各个领域的计算机科学家。每年可以有多人获奖，1980—2006年共有116位获奖者。

3. 中国国家科学技术奖

为了奖励在科技进步活动中做出突出贡献的公民和组织，中国设立了国家最高科学技术奖、国家自然科学奖、国家技术发明奖、国家科学技术进步奖和中华人民共和国国际科学技术合作奖。世界著名数学家吴文俊、汉字激光照排系统创始人王选和高性能计算机领域的著名专家金怡濂等都获得了国家最高科学技术奖。

4. 中国计算机学会王选奖

2006年10月为了纪念王选院士为中国计算机事业做出的突出贡献，中国计算机学会的创新奖改名为中国计算机学会王选奖，这个奖项是表彰对中国计算机领域做出重大贡献的计算机人才。

2.6.2 计算机领域重要竞赛

1. ACM国际大学生程序设计竞赛

ACM-ICPC或ICPC（Association for Computing Machinery International Collegiate Programming Contest）是由美国计算机协会主办的、全世界大学生程序设计比赛，也是最具影响力的大学生计算机竞赛，目的在于展示大学生创新能力、团队合作能力和在压力下编写程序、分析和解决问题的能力。

2. 中国大学生数学建模竞赛

CUMCM(China Undergraduate Mathematical Contest in Modeling)是由教育部高等教育司、中国工业与应用数学学会主办的,目的在于激励学生学习数学的积极性,提高学生建立数学模型和运用计算机技术解决实际问题的综合能力,鼓励广大学生踊跃参加课外科技活动,培养创造精神及合作意识。

3. 全国信息技术应用水平大赛

由教育部教育管理信息中心组织实施的全国ITAT(Information Technology Application Training)教育工程,每年都组织全国信息技术应用水平大赛,培养学生的创新意识和自主学习能力,提高学生综合应用能力。

4. 全国挑战杯创业大赛

"挑战杯"全国大学生系列科技学术竞赛由江泽民同志题写杯名,由团中央、中国科协、教育部、全国学联共同主办,该竞赛旨在培养学生的创新能力和创业精神。竞赛分课外学术科技作品竞赛和创业计划竞赛两类,每两年一届间隔举办,已被公认为是中国大学生的"科技奥林匹克盛会"。

2.6.3 计算机领域著名学术期刊

1. 国内刊物

(1) 一级期刊:中国科学(F辑——信息科学),计算机学报(英文版为Journal of Computer Science and Tecnology),软件学报,计算机研究与发展,自动化学报。

(2) 核心期刊:计算机科学,控制理论与应用,计算机辅助设计与图形学学报,计算机工程与应用,模式识别与人工智能,控制与决策,小型微型计算机系统,计算机工程,计算机应用,信息与控制,机器人,中国图像图形学报,计算机应用研究,系统仿真学报,计算机集成制造系统——CIMS,遥感学报,中文信息学报,微计算机信息,数据采集与处理,微型机与应用,传感器技术,传感技术学报,计算机工程与设计,计算机应用与软件,微型计算机,微电子学与计算机。

2. 国外刊物

(1) Communications of the ACM(美国计算机学会通讯),出版国是美国。

(2) IEEE transactions on image processing(IEEE图像处理汇刊),出版国是美国。

(3) Pattern recognition(模式识别),出版国是英国。

(4) IEEE ACM transactions on networking(IEEE /ACM网络汇刊),出版国是美国。

(5) IEEE transactions on computers(IEEE计算机汇刊),出版国是美国。

(6) Information systems(信息系统),出版国是英国。

(7) Computer networks(计算机网络),出版国是荷兰。

(8) Information & management(信息与管理),出版国是荷兰。

(9) Theoretical computer science(理论计算机科学),出版国是荷兰。

(10) IBM journal of research and development(IBM公司研究与开发杂志),出版国是英国。

本章小结

本章首先对计算机的发展历史及趋势进行了介绍，特别介绍了中国计算机的发展现状。重点阐述了计算机的定义、分类、特点和应用领域。最后，介绍了著名的计算机公司和学术组织，知名的计算机专业和杰出人物，以及计算机领域的重要奖项、竞赛和期刊。

【推荐课余阅读材料】

[1] 吴鹤龄，崔林. ACM图灵奖：计算机发展史的缩影(1966—2006)[M]. 3版. 北京：高等教育出版社，2008.
[2] 黄俊民，顾浩. 计算机史话[M]. 北京：机械工业出版社，2009.
[3] 张凯. 计算机科学技术前沿选讲[M]. 北京：清华大学出版社，2010.

习题

1. 名词解释

电子计算机　ENIAC　Intel　IEEE-CS　图灵奖　ACM国际大学生程序设计竞赛

2. 填充

(1) 1670年，德国数学家__________制造出能进行加减乘除的演算机。

(2) 计算机是一种能对各种信息进行__________和高速__________的工具或电子机器。

(3) 1939年10月，第一台电子计算机小型试验样机终于开始运转。阿坦那索夫把这台机器命名为__________。

(4) 1946年2月，美国宾夕法尼亚大学物理学家__________和工程师__________为首的数十人共同开发了世界上第一台通用电子数字计算机埃尼阿克。

(5) 按用途，计算机可分类为__________和__________。

(6) 布尔型变量，可作为逻辑变量，它们的值分别为__________和__________。

(7) 按处理对象分类，计算机包括__________、__________和__________。

(8) 因在计算机和人工智能领域的杰出贡献，__________被称为计算机科学之父、人工智能之父。

(9) 微软公司(Microsoft)由__________和__________创建。

(10)__________是由美国计算机协会主办的全世界大学生程序设计比赛。

3. 选择

(1) 计算机科学之父是(　　)，计算机之父是(　　)。

A. 冯·诺依曼　　B. 约翰·阿塔纳索夫

C. 莱布尼茨　　D. 阿兰·图灵

(2) 第一台通用数字电子计算机埃尼阿克是哪一年诞生的(　　)。

A. 1944　　B. 1945　　C. 1946　　D. 1947

(3) 第三代计算机的电子器件是(　　)。

A. 晶体管　　B. 集成电路
C. 大规模和超大规模集成电路　　D. 电子管

(4) 2009年10月29,"天河一号"(　　)超级计算机系统研制成功。
A. 十万亿次　　B. 百万亿次　　C. 千万亿次　　D. 万万亿次

(5) 在汉字激光照排领域做出了突出贡献的是(　　)。
A. 王选　　B. 吴文俊　　C. 金怡濂　　D. 慈云桂

(6) 系统提出了二进制的运算法则是(　　)。
A. 帕斯卡　　B. 伏羲　　C. 冯·诺依曼　　D. 莱布尼茨

(7) 晶体管是计算机的第几代电子器件(　　)。
A. 第一代　　B. 第二代　　C. 第三代　　D. 第四代

(8) 龙芯2E通过鉴定,主频最高达到(　　),定点运算速度达到每秒20亿次。
A. 1GHz　　B. 2.5GHz　　C. 2GHz　　D. 2.4GHz

(9) 下面哪一个不是计算机学术组织(　　)。
A. ACM　　B. IEEE-CS　　C. ISO　　D. CCF

(10) 计算机界最负盛名、最崇高的一个奖项是(　　)。
A. 国家最高科学技术奖　　B. 计算机先驱奖
C. 国家自然科学奖　　D. 图灵奖

4. 简答题

(1) 冯·诺依曼等提出的EDVAC,认为电子计算机应该是什么样子的?
(2) 简述计算机发展阶段的第一至第五代的特点?
(3) 计算机的特点有哪些?
(4) 计算机应用领域有哪些?
(5) 1936—2011国内外有哪些重大的计算机事件(至少说10个以上)?
(6) 计算机的未来发展趋势是什么?

本章参考文献

[1] 黄俊民,顾浩,等. 计算机史话[M]. 北京:机械工业出版社,2009.
[2] 吴鹤龄,崔林. ACM图灵奖:计算机发展史的缩影(1966—2006)[M]. 3版. 北京:高等教育出版社,2008.
[3] 李云峰,李婷. 计算机导论-理论篇[M]. 2版. 北京:电子工业出版社,2009.
[4] 崔林,吴鹤龄. IEEE计算机先驱奖:计算机科学与技术中的发明史(1980—2006)[M]. 2版. 北京:高等教育出版社,2008.
[5] 朱战立,杨谨全,李高和,等. 计算机导论[M]. 2版. 北京:电子工业出版社,2010.
[6] 王志强,傅向华,梁正平,等. 计算机导论[M]. 北京:电子工业出版社,2008.
[7] 车光宏,张林,等. 计算机导论[M]. 上海:上海交通大学出版社,2006.
[8] 袁方,王兵,李继民. 计算机导论[M]. 2版. 北京:清华大学出版社,2009.
[9] 王玉龙,付晓玲,方英兰. 计算机导论[M]. 3版. 北京:电子工业出版社,2009.
[10] Norton P. 计算机导论[M]. 6版. 杨继萍,钱伟,等译. 北京:清华大学出版社,2009.
[11] Bryant R E, O' Hallaron D R. 深入理解计算机系统[M]. 2版. 龚奕利,雷迎春,译. 北京:机械工业

出版社，2011.

[12] Parsons J J，Oja D. 计算机文化[M]. 10 版. 吕云翔，傅尔也，译. 北京：机械工业出版社，2009.

[13] Brookshear J G. 计算机科学概论[M]. 9 版. 刘艺，冯坤，徐建桥，等译. 北京：人民邮电出版社，2008.

[14] Forouzan B，Mosharraf F. 计算机科学导论[M]. 2 版. 刘艺，瞿高峰，译. 北京：机械工业出版社，2009.

[15] 科技中国网站[EB/OL]. 网址：http://www.techcn.com.cn/

第 3 章　计算机数据

【本章内容概要】 本章首先引出计算机数据的表示，针对位置化数字系统，重点介绍数制及其转换。然后，简要介绍各种数据类型的存储原理，定点数、浮点数，以及定点整数的原码、反码、补码和它们之间的转换。最后，对数据的运算，包括逻辑运算、移位运算、算术运算等进行初步的阐述。

【学习目的和要求】 掌握数据的表示方法，熟悉各种数制并能熟练进行二进制、八进制、十进制和十六进制数之间的相互转换；掌握数据的表示单位，位、字节、字；理解定点数和浮点数的区别，掌握原码、反码、补码以及它们之间的转换；了解五种类型数据的存储原理，掌握常用字符的 ASCⅡ码值；掌握逻辑运算、移位运算，了解算术运算的简单原理。

【应掌握的知识点】 数制，数制转换，数据表示单位，码制，码制转换，逻辑运算，移位运算。

3.1　数据表示

3.1.1　数据表示的由来

每天，我们都会和数据打交道，但是你想没想过数据背后的含义。古时候，人们通常用手指、石子、绳结、算筹、算盘等表示数据。但这种表示数据的方法有两大缺点：一是速度慢，二是不能存储数据。计算机的发明，有效地解决了这两个问题，计算机用 0 和 1 来表示和存储数据。

【思考】 你熟悉哪些数据表示方法？

3.1.2　数字系统

数字系统分为非位置化数字系统和位置化数字系统。

1. 非位置化数字系统

非位置化数字系统使用了有限的数字符号，且每个符号有一个固定的值，该值与位置无关，所以也叫非进位计数制。数字的值是各符号所表示的值之和：$n=\pm s_{k-1}+\cdots+s_2+s_1+s_0+s_{-1}+s_{-2}+\cdots+s_{-m}$。

例如，罗马数字系统共使用了 7 个符号：I、V、X、L、C、D、M，它们的取值分别为：1、5、

10、50、100、500、1000。运算规则是：(1)如果是重复的两个值，那么两个值直接相加；(2)如果一个较小的值被放在一个较大的值的值前面，那么用较大的值减去较小的值；(3)如果一个较小的值被放在较大的值后面，那么用较大的值加上较小的值；(4)如果一个值的上面画一条水平短线，那么用这个值乘以 1000。如 MDC=1000+500+100=1600，XIX=10+(10−1)=19，MMXI=1000+1000+ 10+1=2011，$\overline{M}$ =1000000。罗马数字系统今天仍在钟表刻度、书的标题、体育比赛等方面使用。

2. 位置化数字系统

符号所占据的位置决定了其值的大小，与进制有关，称为数制。如一个 b 进制的数，其表示格式为：$\pm(S_{k-1}\cdots S_2S_1S_0.S_{-1}S_{-2}\cdots S_{-m})_b$，它的值为 $\pm(S_{k-1}\times b^{k-1}+\cdots+S_2\times b^2+S_1\times b^1+S_0\times b^0+S_{-1}\times b^{-1}+S_{-2}\times b^{-2}+\cdots+S_{-m}\times b^{-m})$，其中 S 是符号集，b 是基数。下面将详细介绍数制及其转换关系。

3. 数制及其转换关系

数制也称计数制或进位计数制，是用一组固定的符号和统一的规则来表示数值的方法。数制的概念在日常生活中无时无刻不在使用，如常用的逢十进一的“十进制”，每小时六十分钟的“六十进制”，一斤等于十六两的中国老秤所用的“十六进制”，等等。计算机中，常用的数制有二进制(Binary)、八进制(Octal)、十进制(Decimal)和十六进制(Hex)。

与数制相关的术语有数码、基数和位权。

(1) 数码。指数制中表示基本数值大小的不同数字符号集，二进制为{0,1}，八进制为{0,1,2,3,4,5,6,7}，十进制为{0,1,2,3,4,5,6,7,8,9}，十六进制则是{0,1,2,3,4,5,6,7,8,9,A,B,C,D,E,F}。

(2) 基数。又称底，表示数制所使用数码的个数。例如，二进制的基数为 2，十进制为 10。

(3) 位权。表示数制中某一位上所代表的数值的大小(所处位置的权值)。例如，在十进制中，同样一个数字 8，如在个位表示 8，在十位上表示 80，在百位表示 800，在十分位上表示 0.8，在百分位上表示 0.08……

一般而言，一个 R 进制数可表示为：

$$\pm(a_na_{n-1}\cdots a_1a_0\cdot a_{-1}a_{-2}\cdots a_{-m})_R$$

该数可展开为：

$$\pm(a_n\times R^n+a_{n-1}\times R^{n-1}+\cdots+a_1\times R^1+a_0\times R^0+a_{-1}\times R^{-1}+a_{-2}\times R^{-2}+\cdots+a_{-m}\times R^{-m})$$

数制之间的转换规则如下：

(1) 其他进制转换为十进制：按权位展开，各项相加。

(2) 十进制转换为二(八、十六)进制：分为整数和小数两个部分，整数除以 2(8、16)，把得到的商再去整除 2(8、16)，直到商为零，最后将余数按照逆序排列；小数乘以 2(8、16)，把得到的积的整数部分取出，再用 2(8、16)乘以余下的小数部分，又得到一个积，再把积的整数部分取出，直到积中整数部分为零，或者整数部分为 1，此时 0 或 1 为二进制最后一位，或者达到所要求的精度为止，最后将取整部分按照顺序排列。

(3) 二进制转换为八进制、十六进制：把要转换的二进制从低位到高位每 3 位或 4 位一组，高位不足时在有效位前面添“0”，然后把每组二进制数转换成八进制或十六进制即可。

(4) 八进制和十六进制相互转换方法是先转换成二进制，再转换成其他进制。

(5) 对于负数,先写为补码形式,再按照上面的方法转换。

【例 3-1】　将十进制数 125.634 转换为八进制数,精确到小数 4 位。

解:因为这个数包含整数与小数两个部分,采用上面的规则分别计算,则有

十进制	0 ←	1 ←	15 ←	125	0.634 →	0.072 →	0.576 →	0.608 →	0.864
		↓	↓	↓		↓	↓	↓	↓
八进制		1	7	5	.	5	0	4	4

所以,结果是 $125.634=(175.5044)_8$。

【例 3-2】　将八进制数 1547.46 转换为十六进制数。

解:首先将八进制数转换为二进制,转换时,1 位八进制数转换为 3 位二进制数,得:

1	5	4	7		4	6
$\underline{001}$	$\underline{101}$	$\underline{100}$	$\underline{111}$	.	$\underline{100}$	$\underline{110}$

即:$(1547.46)_8=(1101100111.10011)_2$。再将该二进制数转化为十六进制数,转换时,将位数重排为 4 位一组,最高一组不足 4 位时,左侧补 0,最低一组不足 4 位时,右侧补 0,将此二进制数转化为十六进制数:

$\underline{0011}$	$\underline{0110}$	$\underline{0111}$	.	$\underline{1001}$	$\underline{1000}$
3	6	7		9	8

即有:$(1101100111.10011)_2=(367.98)_{16}$。

因此,八进制数 1547.46 可转换为十六进制数 367.98。

【思考】　有没有比上面的更快的方法?可以试试用凑数法,比如十进制数 220 转换成二进制数,先按照 2^7、2^6、2^5、2^4、2^3、2^2、2^1、2^0 的数字排序,即 128、64、32、16、8、4、2、1,要凑 220,把要用到的数字位置表示为 1,否则表示为 0,如 128、64、16、8、4 要用到,其他数字不用,所以 $220=(11011100)_2$。

4. 数据的表示单位

比特(bit)是最小的数据单位,是二进制的一个数位,1 比特也就是 1 位,就是一个 0 或者一个 1。字节(Byte)是用来表示存储空间大小的最基本单位。其他单位还有 KB、MB、GB、TB、PB、EB、ZB 和 YB 等,简称为 K、M、G、T、P、E、Z 和 Y,它们之间的关系为:1Byte=8bits,1KB=1024B,1MB=1024KB,1GB=1024MB,1TB=1024GB,1PB(Petabyte)=1024TB,1EB(Exabyte)=1024PB,1ZB(Zettabyte)=1024EB,1YB(Yottabyte)=1024ZB。

【小常识】　我们买 250GB 的硬盘,但在微软操作系统里面看到的硬盘大小没这么大,原因是硬盘厂商是以 1000 为单位,而微软操作系统是以 1024(2^{10})为单位。在申请宽带时,若申请 10M 带宽,但下载只有 1M 多,原因是电信带宽是 10Mb/s,而下载是 1MB/s,之间有一个 8 倍关系。

另一个常用的术语是字长。字长是指计算机在进行处理时一次作为一个整体进行处理的二进制数的位数,具有这一长度的二进制数则被称为该计算机中的一个字(Word)。字通常取字节的整数倍。计算机按照字长进行分类,可以分为 8 位机、16 位机、32 位机和 64 位机等。字长越长,那么计算机所表示数的范围就越大,处理能力也越强,运算精度也就越高。

3.2 数据存储

计算机中的信息包括数字、文本、音频、图像和视频，这些不同类型的数据在计算机中都采用二进制存储。二进制电路简单，易于表示不同状态，可靠性高，运算简单，逻辑性强。

【小插曲】 1775 年 4 月 18 日，美国革命前夕，麻省民兵为抵抗英军的进攻，派出侦察员侦察英军的进攻路线。约定：在教堂塔顶点一个或两个灯笼作为信号，一个灯笼意味着英军从陆地进攻，两个灯笼意味着从海上进攻。但这样会带来一个难题：若一部分英军从陆地进攻，而另一部分英军从海上进攻的话，怎么办呢？聪明的侦察员很快就找到了办法：每个灯笼，点亮时表示 1，未亮时表示 0。因此一个灯笼就能表示出两种不同的状态，两个灯笼就可以表示出四种状态：00 代表“不进攻”，01 代表“从海上进攻”，10 代表“从陆地进攻”，11 代表“一部分从海上进攻，另一部分从陆地进攻”。这样，每个灯笼都代表一个位，可为 0 或 1，以 2 为底，逢 2 进 1，这就是二进制。

3.2.1 数值型数据的存储

在计算机中，对于数值型数据，为节约存储空间，其小数点的位置总是隐含的。按小数点的位置是否固定，分为定点数和浮点数。

1. 定点数与码制

参与运算的数的小数点位置固定不变，数据本身所代表的值叫做真值。符号位上，0 代表正数，1 代表负数。定点数分为定点整数和定点小数，其中定点整数将小数点固定在最低数据位的右边，而定点小数将小数点固定在最高数据位的左边，如图 3-1 所示。

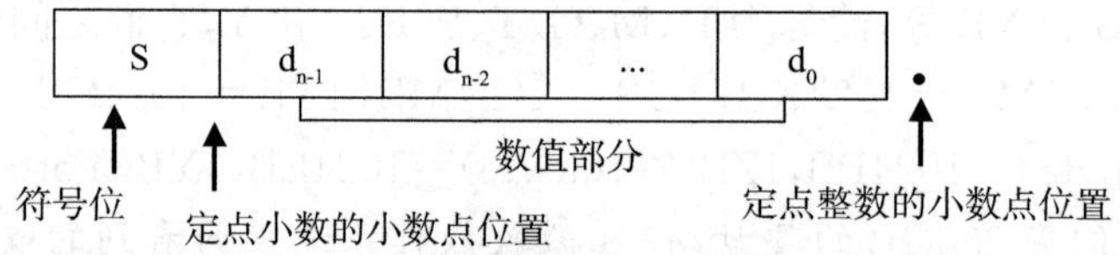

图 3-1 定点数的表示格式

一个定点数，在计算机中可用不同的码制来表示，常用的码制有原码、反码和补码三种。无论用什么码制来表示，数据本身的值并不发生变化。

(1) 原码表示法：正数的最高位为 0，其他位保持不变；负数最高位为 1，其他位保持不变。例如，十进制数 13 的原码是 00001101，−13 的原码是 10001101。用原码表示数字的优点是转换非常简单，正负号分别在最高位置用 0 或 1 表示。其缺点是加减运算不方便，符号位不能参与运算，并且 0 的原码表示方法有两个：+0 的原码是 00000000，−0 的原码是 10000000。

(2) 反码表示法：正数的最高位为 0，其他位保持不变；负数的最高位为 1，其他位按位取反。例如,十进制数 13 的反码是 00001101,−13 的反码是 11110010。符号位虽然可以作为数值参与运算,但计算完后,仍需要根据符号位进行调整。0 的反码表示方法为:+0 的是 00000000,−0 的是 11111111。

(3) 补码表示法:正数的最高位为 0,其他位保持不变;负数的最高位为 1,其他位按位取反后再加 1。例如,十进制数 13 的补码是 00001101,−13 的补码是 11110011。表 3-1 给出了十进制数 13 在不同码制下的值。补码的符号可以作为数值参与运算,且计算完后,不需要根据符号位进行调整。0 的补码是 00000000。计算机中表示整数用的最普遍的方法就是二进制补码记数法。

表 3-1　数值 13 的不同码值

	13	−13	+0	−0
原码	00001101	10001101	00000000	10000000
反码	00001101	11110010	00000000	11111111
补码	00001101	11110011	00000000	

2. 浮点数

浮点数是指小数点在数据中的位置可以左右移动的数据。浮点数的表示形式为:$N=\pm D\times 2^{\pm E}$,其中,D 是尾数,2 是基数,E 是阶码(指数)。在计算机中存储时,一个浮点数包含四部分:数符、尾数、阶码符号(阶符)、阶码。浮点数既可以表示整数也可以表示小数,浮点数表示法的优点在于可以扩大数据的表示范围。如果浮点数超出其表示范围,称为溢出。溢出分为上溢(阶码超过最大阶码)和下溢(阶码小于最小阶码)。

为了提高数据的表示精度,通常采取规格化形式浮点数,即尾数的最高位取非零整数。浮点数进行加减运算时要先对阶,即要看两数的阶码是否相同(小数点位置是否对齐)。若二数阶码相同,表示小数点是对齐的,就可以进行尾数的运算。反之,若二数阶码不同,表示小数点位置没有对齐,此时必须使两数阶码相同。

IEEE 单精度的表示方法是:符号用 1 位表示,指数用 8 位表示,尾数用 23 位表示。

IEEE 双精度的表示方法是:符号用 1 位表示,指数用 11 位表示,尾数用 52 位表示。

数据存储看似简单,但往往容易出错,编写程序时,要格外小心,不妨看看下面的例题。

【例 3-3】　写出下面程序的运行结果。

```
#include<stdio.h>
void main( ) {
    float a, c, f, h;
    double b, d, e, g;
    a=2.2f;
    b=(double)a;
    printf("b=%d,",b);
    c=2.25f;
    d=(double)c;
    printf("d=%d,",d);
    e=10.56;
```

```
    f=(float)e;
    printf("f=%f,",f);
    g=10.123456789;
    h=(float)g;
    printf("h=%f。",h);
}
```

该程序的运行结果：b=-1610612736，d=0，f=10.560000，h=10.123457。

【小插曲】 1996 年 6 月 4 日，欧洲航天局阿丽亚娜五号火箭发射后仅仅 37 秒，就偏离它的飞行路径解体爆炸了，箭上载有价值 5 亿美元的通信卫星。一个普遍说法是因为 Ada 语言在编译过程的检查失败导致的。事故调查报告指出，火箭爆炸的真正原因是：它没有发送飞行控制信息，而是送出了一个诊断位模式，表明在将一个 64 位浮点数转换成 16 位有符号整数时，产生了溢出。溢出值测量的是火箭的水平速率，这比早先的阿丽亚娜四号火箭所能达到的速率高出 5 倍。在设计阿丽亚娜四号火箭的软件时，设计者小心地分析了数字值，并且确定水平速率绝不会超出一个 16 位的数。不幸的是，设计者在阿丽亚娜五号火箭的系统中简单地重新使用了这一部分，而没有检查它所基于的假设，从而导致了悲剧的发生。

3.2.2 文本的存储

计算机中，对非数值的文字和其他符号进行处理时，要对文字和符号进行数字化，即用二进制编码来表示文字和符号。

用位模式来表示符号：$\log_2^n = N$，其中 n 表示符号个数，N 表示模式长度。

可以用不同的位模式集合来表示文本符号，每一个集合称为代码，表示符号的过程称为编码。常见的编码有 ASCⅡ(美国信息互换标准代码)、ANSⅠ编码(美国国家标准学会的标准码)、Unicode(统一码、万国码、单一码)和 GB2312—80(国家标准汉字编码)等。

1. ASCⅡ和 ANSⅠ编码

ASCⅡ编码系统有 $128(2^7)$ 个字符，如表 3-2 所示。

表 3-2 ASCⅡ码

Dec	字符	Dec	字符	Dec	字符	Dec	字符	Dec	字符
0	空字符	9	水平制表符	18	设备控制 2	27	溢出	36	$
1	标题开始	10	换行键	19	设备控制 3	28	文件分割符	37	%
2	正文开始	11	垂直制表符	20	设备控制 4	29	分组符	38	&
3	正文结束	12	换页键	21	拒绝接收	30	记录分离符	39	'
4	传输结束	13	回车键	22	同步空闲	31	单元分隔符	40	(
5	请求	14	不用切换	23	传输块结束	32	空格	41	)
6	收到通知	15	启用切换	24	取消	33	!	42	*
7	响铃	16	数据链路转义	25	介质中断	34	"	43	+
8	退格	17	设备控制 1	26	替补	35	#	44	,

续表

Dec	字 符	Dec	字 符	Dec	字 符	Dec	字 符	Dec	字 符
45	-	62	>	79	O	96	`	113	q
46	.	63	?	80	P	97	a	114	r
47	/	64	@	81	Q	98	b	115	s
48	0	65	A	82	R	99	c	116	t
49	1	66	B	83	S	100	d	117	u
50	2	67	C	84	T	101	e	118	v
51	3	68	D	85	U	102	f	119	w
52	4	69	E	86	V	103	g	120	x
53	5	70	F	87	W	104	h	121	y
54	6	71	G	88	X	105	i	122	z
55	7	72	H	89	Y	106	j	123	{
56	8	73	I	90	Z	107	k	124	|
57	9	74	J	91	[	108	l	125	}
58	:	75	K	92	\	109	m	126	～
59	;	76	L	93	]	110	n	127	DEL
60	<	77	M	94	∧	111	o		
61	=	78	N	95	_	112	p		

ANSⅠ编码是一种扩展的ASCⅡ码，使用8个比特来表示每个符号。8个比特能表示出256个信息单元，因此它可以对256个字符进行编码。ANSⅠ码开始的128个字符的编码和ASCⅡ码定义的一样，只是在最左边加了一个0。例如，在ASCⅡ编码中，字符"a"用1100001表示，而在ANSⅠ编码中，用01100001表示。除了ASCⅡ码表示的128个字符外，ANSⅠ码还可以表示另外的128个符号，如版权符号、英镑符号、希腊字符等。除了ANSⅠ编码外，世界上还存在着另外一些对ASCⅡ码进行扩展的编码方案，ASCⅡ码通过扩展甚至可以编码中文、日文和韩文字符。不过令人遗憾的是，正是由于这些编码方案的存在导致了编码的混淆和不兼容性。

2. Unicode

Unicode采用16位编码，每一个字符需要2个字节。这意味着Unicode的字符编码范围从0000h～FFFFh，Unicode最多可表示65536个不同字符。在Unicode编码中，开始的128个字符编码0000h～007Fh与ASCⅡ编码字符一致，这样能够兼顾已存在的编码方案，并有足够的扩展空间。从原理上来说，Unicode可以表示现在正在使用的任何语言中的字符。对于国际商业和通信来说，这种编码方式是非常有用的，因为在一个文件中可能需要包含有汉语、英语和日语等不同的文字。并且Unicode还适合于软件的本地化，也就是针对特定的国家修改软件。使用Unicode，软件开发人员可以修改屏幕的提示、菜单和错误信息来使其适用于不同的语言和地区。目前Unicode编码在因特网中有着较为广泛的使用，微软公司和苹果公司也已经在他们的操作系统中支持Unicode编码。

3. GB2312—80

GB2312—80 标准含有 6763 个汉字，其中一级汉字 3755 个，按汉语拼音顺序排列；二级汉字 3008 个，按部首和笔画排列；另外还包括 682 个西文字符、图符。GB2312—80 标准将汉字分成 94 个区，每个区又包含 94 个位，每位存放一个汉字，每个汉字就有一个区号和一个位号，所以也经常将国标码称为区位码。例如：汉字“青”在 39 区 64 位，其区位码是 3964。国标码规定：一个汉字用两个字节来表示，每个字节只用前七位，最高位均未作定义。国标码不同于 ASCⅡ码，并非汉字在计算机内的真正表示代码，它仅仅是一种编码方案，计算机内部汉字的代码叫做汉字机内码，简称汉字内码。在微机中，汉字内码一般都是采用两字节表示，前一字节由区号与十六进制数 A0 相加，后一字节由位号与十六进制数 A0 相加，因此，汉字编码两字节的最高位都是 1，这种形式避免了国标码与标准 ASCⅡ码的二义性（用最高位来区别）。在计算机系统中，由于机内码的存在，输入汉字时就允许用户根据自己的习惯使用不同的输入码，进入计算机系统后再统一转换成机内码存储。

【思考】 还有哪些编码方案？文本有哪些格式？文本处理工具有哪些？

3.2.3 音频的存储

声音的表示方法是以一定的时间间隔对音频信号进行采样，并将采样结果进行量化，转化成数字信息。通常使用采样频率、采样位数和采样声道数来表示声音，如常用 44100Hz、16 位、立体声来录制声音，音质类似 CD 质量。

采样频率是指在将模拟信号转变为数字信号过程中单位时间内对声音采样的次数，采样越多就越不失真，音质效果就越好，但存储文件就很大。一般都根据实际情况，合理选择采样频率，常见的有 8000Hz、11025Hz、12000Hz、16000Hz、22050Hz、24000Hz、32000Hz、44100Hz、48000Hz 和 96000Hz。

采样位数是记录每次采样值大小的位数，位数越大所能记录声音的变化度就越细腻，相应的数据量就越大，常见的有 8 位和 16 位。

采样声道数是指处理的声音是单声道还是立体声，单声道在声音处理过程中只有单数据流，立体声则需要左、右声道的两个数据流。如许多电影常把外语放在右声道，把汉语放在左声道。立体声的效果更好一些，但音频数据量要大得多。

量化就是将样本的值截取为最接近整数值的一种过程，如把 7.8 截取为 8，把 7.2 截取为 7。

编码就是样本值编码成位模式，位率公式是：$R=S\times B$，其中 R 表示位率，S 表示每秒样本数，B 表示每样本位的数量。例如，如果使用每秒 44100 个样本，每个样本 16 位，位率 $R=44100\times16=705600$b/s。

音频数据大小的计算公式是：数据量=(采样频率×采样位数×声道数×时间)/ 8。例如，录制一首 5 分钟双声道、16 位采样位数、44.1kHz 采样频率的歌曲，如果不进行压缩，其数据量将是：$(44.1\times1000\times16\times2\times5\times60)/(8\times1024\times1024)=50.46844482421875$MB。

常见的声音格式有 CDA、WAV、APE、WMA 和 MP3(MPEG Layer 3)。CDA 是 CD 的音轨，无论 CD 音乐文件长短，我们看到的“*.cda”的大小都是 44Byte，如果把这个“*.cda”的文件复制到电脑，再用播放软件打开，却听不到声音。在音频中 CD 和 WAV 的音质都是非常好的，但存储文件空间比较大，而且不方便在互联网上传播，除了音乐发烧友，一般人常常把音频文件进行压缩，如无损压缩成 APE 格式，有损压缩成 WMA 和 MP3 格式。

【思考】 音频有哪些格式？有哪些播放器？如何进行转换？

3.2.4 图像的存储

图像在计算机中的存储使用两种技术：位图和矢量图。

位图图像(bitmap)也称为点阵图像或者绘制图像，由无数像素点组成，这些点可进行不同的排列和染色以构成图像。但位图图像尺寸太大，不方便在互联网上传播，而且放大时，给人的感觉较粗糙。位图常用于图片处理、影视婚纱效果图等，常用的工具软件有 Photoshop 和 Painter 等。

矢量图是根据几何特性来绘制图形，矢量可以是一个点或一条线，矢量图只能靠软件生成，文件占用空间较小。这种类型的图像文件包含独立的分离图像，可以无限制地重新组合。矢量图形最大的优点是无论放大、缩小或旋转等都不会失真，缺点是难以表现色彩层次丰富的逼真图像效果。Adobe 公司的 Illustrator、Corel 公司的 CorelDRAW 是众多矢量图形设计软件中的佼佼者，FlashMX 制作的动画也是矢量图形动画。

常见的图像格式如表 3-3 所示。真彩色使用 24 位来编码一个像素，用三原色 RGB(红 red、绿 green、蓝 blue)来表示各种颜色，真彩色可以编码 16777216(2^{24})种颜色，部分真彩色如表 3-4 所示。其中黑色可以用＃000000 表示，白色可以用＃ffffff 表示。联合图像专家小组 JPEG(Joint Photographic Experts Group)使用真彩色模式。

表 3-3 常见的图像格式

格式	说 明
gif	CompuServe 公司在 1987 年开发的图像文件格式，网站最常用的图片格式
jpg	以 24 位颜色存储单个光栅图像，网站常用的图片格式
bmp	Window 操作系统中的标准图像文件格式
png	其目的是试图替代 gif 和 tiff 文件格式，同时增加一些 gif 文件格式所不具备的特性
ico	Windows 的图标文件格式，在浏览很多网站时在地址栏前常常看到网站设计者添加的 ico 小图标
dwg	AutoCAD 中使用的一种图形文件格式
ai	Illustrator 中的一种图形文件格
cdr	CorelDraw 中的一种图形文件格式

表 3-4 部分真彩色

颜色	红	绿	蓝
黑色	0	0	0
红色	255	0	0

续表

颜色	红	绿	蓝
绿色	0	255	0
蓝色	0	0	255
黄色	255	255	0
红紫色，洋红色	255	0	255
青色	0	255	255
白色	255	255	255

索引色（调色板色）思想：为节约存储，把图像中使用的颜色与一个颜色表对应起来，索引色常使用 16 色、32 色、64 色、128 色或 256 色等，但最多不得超过 256 色。图像互换格式 GIF(Graphics Interchange Format)使用索引色模式。

【思考】 有哪些制图工具？有哪些抓图工具？各种图像格式如何转换？

3.2.5 视频的存储

视频是图像在时间上的表示（帧），是随空间（单个图像）和时间（一系列图像）变化的信息表示。每一幅图像或帧被转化成一系列位模式并存储。数字视频领域中，最常用的存储方式有：硬盘、直连式存储（Direct-Attached Storage，DAS）、网络连接存储（Network Attached Storage，NAS）、存储区域网络（Storage Area Network，SAN）、SAN＋NAS、云存储（Cloud Storage，CS）。

【思考】 视频有哪些格式？有哪些播放器？如何进行转换？

3.3 数据运算

3.3.1 逻辑运算

1847 年，英国数学家、逻辑学家布尔创立了逻辑代数，用以表示逻辑关系。逻辑代数中，常用“0”和“1”表示所要研究问题的两种可能性或两种稳定状态：0 代表逻辑“假”，1 代表逻辑“真”。

1. 逻辑非(NOT)

一元操作符号，是输入数据的按位置的反转，如果原来位置是“1”，逻辑非的结果为“0”；如果原来位置是“0”，结果则为“1”。

2. 逻辑与(AND)

二元操作符号，只有相同位置两个输入都为“1”，结果才为“1”，否则结果为“0”。

3. 逻辑或(OR)

二元操作符号，只有相同位置两个输入都为“0”，结果才为“0”，否则结果为“1”。

4. 逻辑异或(XOR)

二元操作符号,只有相同位置两个输入都为“0”或者都为“1”,结果才为“0”,否则结果为“1”。

【例3-4】 设有 a=10011000,b=00101010,求 NOT a,a AND b,a OR b,a XOR b。

解: NOT a = 01100111, a AND b = 00001000, a OR b = 10111010, a XOR b =10110010。

3.3.2 移位运算

表示向左或向右移动数据中的位。移位运算分为逻辑移位运算和算术移位运算。

1. 逻辑移位运算

应用于不带符号位的数。

(1) 逻辑左移。在逻辑左移 n 位模式中,把每一位数字向左移动 n 位,原来左边的 n 位被丢弃,在新的数字最右边补 n 个 0。

(2) 逻辑右移。在逻辑右移 n 位模式中,把每一位数字向右移动 n 位,原来右边的 n 位被丢弃,在新的数字最左边补 n 个 0。

(3) 循环左移。在循环左移 n 位模式中,把每一位数字向左移动 n 位,原来左边的 n 位依次排在最右边。

(4) 循环右移。在循环右移 n 位模式中,把每一位数字向右移动 n 位,原来右边的 n 位依次排在最左边。

2. 算术移位运算

假定位模式为二进制补码表示的带符号整数,分为以下两种:

(1) 算术左移。它与逻辑左移 1 位类似,最左的符号位被丢弃(接受其右边的位为符号位),其他位向左移动一个位置,最右边补一个 0。算术左移相当于对原数乘以 2,原来整数的符号可能会发生变化,有可能发生上溢或下溢,导致错误结果的产生。

(2) 算术右移。它与逻辑右移 1 位类似,所有位向右移动一个位置,原来最右边 位被丢弃,最左边补的符号位和原来最左的符号位相同,算术右移相当于对原来的数除以 2。

【例3-5】 设有变量 a=10111010,分别求 a 的逻辑左移、逻辑右移,循环左移、循环右移,算术左移、算术右移。

解: 逻辑左移为 0111010**0**,逻辑右移为 **0**1011101,循环左移为 0111010**1**,循环右移为 **0**1011101,算术左移为 0111010**0**,算术右移为 **1**1011101。

3.3.3 算术运算

算术运算包括加、减、乘、除,对于乘除运算能通过加减实现,但效率比较低。本章只讨论加减运算,分为整数的加减运算和实数的加减运算。

1. 整数的加减运算

可以对整数用二进制补码形式进行加减运算。对于减法,可以转换为加法,如,$A-B=A+(\bar{B}+1)$,这里的 $\bar{B}+1$ 表示 B 的补码。

二进制加法运算规则和十进制加法运算规则类似，把两个数从右到左对齐各列，然后先加右边的列，如果有进位，放到下一列相加，不过最后一列的进位会被丢弃。加减运算看似简单，往往容易出错，要考虑加减结果是否上溢和下溢。

【小常识】 把 a 和 b 两个值进行交换，不用中间变量。通常做法是：$a=a+b$，$b=a-b$，$a=a-b$。但这种方法是不对的，容易产生溢出，正确做法是：$a=a\text{XOR}b$，$b=a\text{XOR}b$，$a=a\text{XOR}b$。

2. 实数的加减运算

以浮点数格式存储的实数的加、减法被简化为小数点对齐后以符号加绝对值格式存储的两个整数的加法和减法，它包含实数表示、增加隐含 1、对齐尾数、相加和规范化等五个步骤来完成，如图 3-2 所示。

【扩展阅读】

1. 数据压缩

数据压缩是指在不丢失信息的前提下，缩减数据量以减少存储空间，提高其传输、存储和处理效率的一种技术方法。或按照一定的算法对数据进行重新组织，减少数据的冗余和存储的空间。压缩包括无损压缩和有损压缩两种类型。压缩内容包括：文字、文本、图像、音频、视频。有兴趣的同学可以阅读《数据压缩导论》（英文版 · 第 3 版），人民邮电出版社出版。

2. 数据备份

数据备份是容灾的基础，是指为防止出现操作失误或系统故障导致数据丢失，而将全部或部分数据集合从应用主机的硬盘或阵列复制到其他的存储介质的过程。可用 Ghost、Windows 系统进行还原。有兴趣的同学可以阅读《存储的奥秘 · 数据存储备份与恢复完全解析》（中国铁道出版社）和《网络在存储 · 数据备份与还原》（电子工业出版社）。

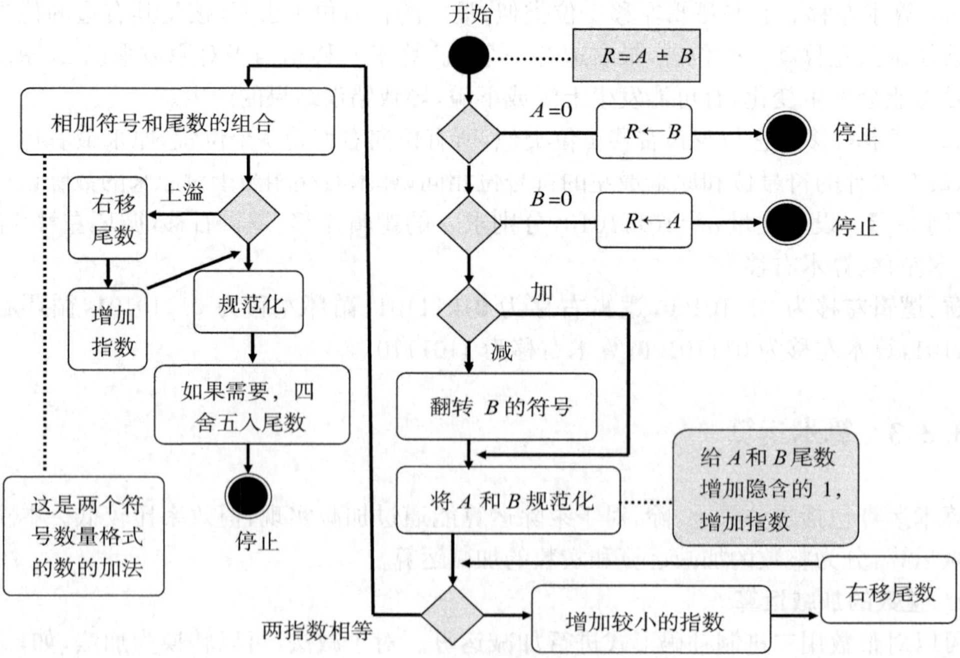

图 3-2 实数的算术运算

3. 数据恢复

所谓数据恢复技术，简单地说就是通过各种手段把丢失和遭到破坏的数据还原为正常数据。有兴趣的同学可以阅读《数据恢复技术深度揭秘》(电子工业出版社)和《数据恢复方法及案例分析》(电子工业出版社)。

4. 数据仓库

数据仓库是决策支持系统和联机分析应用数据源的结构化数据环境，研究和解决从数据库中获取信息的问题。其特征在于面向主题、集成性、稳定性和时变性。有兴趣的同学可以阅读《数据仓库》(第四版)，机械工业出版社。

5. 数据挖掘

数据挖掘(Data Mining，DM)就是从存放在数据库、数据仓库或其他信息库的大量数据中获取有效的、潜在有用的、最终可理解的模式的非平凡过程。数据挖掘能做以下 7 种事情：分类、估值、预言、聚集、相关性分组或关联规则、描述和可视化、复杂数据类型挖掘(文本、网页，图形图像，视频，音频等)。有兴趣的同学可以阅读《数据挖掘概念与技术》(第二版)，机械工业出版社。

本章小结

数据的表示、数据的存储与运算是计算机系统最基本的功能。本章介绍了计算机的非位置化数字系统和位置化数字系统，在常用的位置化数字系统中，符号所占据的位置决定了它所表示的值。数制是用一组固定的符号和统一的规则来表示数值的方法，常用的数制有二进制、八进制、十进制和十六进制，各种进制的数据之间可以相互转换。计算机中最小的数据单位是比特，八位构成一个字节，字节是表示存储空间大小的最基本单位，字长则表示了计算机的处理能力的大小。计算机的数据以数字、文本、图像、音频和视频等形式存在，不同的数据类型以不同形式存储。其中，数值型数据按小数点的位置是否固定，分为定点数和浮点数。定点整数可用原码、反码和补码表示，一般以二进制补码形式存储在计算机中。实数使用浮点表示法存储，包括符号、位移量和定点数三部分。最后，给出了在数据上可以施加的运算，包括逻辑运算、移位运算、算术运算，逻辑运算用于逻辑变量间的运算，移位运算移动数据中的位，算术运算涉及加、减、乘和除法运算。

【推荐课余阅读材料】

[1] Brookshear J G. 计算机科学概论[M]. 9 版. 刘艺，冯坤，徐建桥，等译. 北京：人民邮电出版社，2008.

[2] Forouzan B，Mosharraf F. 计算机科学导论[M]. 2 版. 刘艺，瞿高峰，译. 北京：机械工业出版社，2009.

习题

1. 名词解释

位置化数字系统　数制　码制　字长　定点数　浮点数　原码　反码　补码

2. 填充题

(1) 符号所占据的位置决定了其值的大小的数字系统是__________。

(2) 如果 $a=10011000$，$b=00101010$，则 NOT $a=$__________，a AND $b=$__________，a OR $b=$__________。

(3) 如果 $a=10011000$，逻辑左移一位结果是__________，逻辑右移一位结果是__________。

(4) 数据类型有：数字、__________、__________、__________、__________。

(5) 1Byte=__________ bits。

(6) 计算机表示整数最普遍的方法是__________。

(7) 十进制的 127 的反码是__________，十进制的 −127 的补码是__________。

(8) 进行八进制和十六进制的转换时，常用__________进制作为跳板。

(9) 小数点在数据中的位置可以左右移动的数据称为__________。

(10) 为了存储音频数据，必须进行__________、__________和__________等三个步骤。

3. 选择题

(1) 下面哪一个数据的表示单位最小(　　)。

A. EB　　B. PB　　C. TB　　D. ZB

(2) 如果字母 K 的 ASCⅡ是 75，则字母 m 的 ASCⅡ是(　　)。

A. 107　　B. 43　　C. 109　　D. 50

(3) 网页颜色＃FFFFFF 表示的是(　　)。

A. 红色　　B. 白色　　C. 黑色　　D. 绿色

(4) 系统提出了逻辑变量运算法则是(　　)。

A. 帕斯卡　　B. 冯·诺依曼　　C. 布尔　　D. 莱布尼茨

(5) 下面哪一个是用来表示存储空间大小的最基本单位(　　)。

A. 位　　B. 字节　　C. 字　　D. 字长

(6) 图像由无数多个像素点组成的，通过对这些点的不同的排列和染色可构成图像，这种图像是(　　)图像。

A. 位图　　B. 矢量　　C. 量化　　D. 二进制

(7) 在计算机中表示图像的(　　)图像方法中，图像被分解为几何图形的组合。

A. 位图　　B. 矢量　　C. 量化　　D. 二进制

(8) 存储在计算机中的数字的小数部分的精度由(　　)来定义。

A. 符号　　B. 指数　　C. 尾数　　D. 以上全部答案

(9) 汉字系统中，一个汉字的机内码所占的字节数是(　　)。

A. 1　　B. 2　　C. 4　　D. 8

(10) 在计算机中用来传递、存储和处理数据时采用(　　)码。

A. 二进制　　B. 八进制　　C. 十进制　　D. 十六进制

4. 简答题

(1) 数字、文字、图像、音频和视频是怎么压缩的？

(2) 为什么要用二进制存储数据？

（3）把十进制的 2010 转换成二进制、八进制和十六进制。

（4）把八进制的 3744 转换成二进制、十进制和十六进制。

（5）把十六进制的 7DC 转换成二进制、八进制和十进制。

本章参考文献

[1] 李云峰，李婷. 计算机导论——理论篇[M]. 2 版. 北京：电子工业出版社，2009.

[2] 朱战立，杨谨全，李高和，等. 计算机导论[M]. 2 版. 北京：电子工业出版社，2010.

[3] 王志强，傅向华，梁正平，等. 计算机导论[M]. 北京：电子工业出版社，2008.

[4] 车光宏，张林，等. 计算机导论[M]. 上海：上海交通大学出版社，2006.

[5] 袁方，王兵，李继民. 计算机导论[M]. 2 版. 北京：清华大学出版社，2009.

[6] 王玉龙，付晓玲，方英兰. 计算机导论[M]. 3 版. 北京：电子工业出版社，2009.

[7] Norton P. 计算机导论[M]. 6 版. 杨继萍，钱伟，译. 北京：清华大学出版社，2009.

[8] Bryant R E, O'Hallaron D R. 深入理解计算机系统[M]. 2 版. 龚奕利，雷迎春，译. 北京：机械工业出版社，2011.

[9] Parsons J J，Oja D. 计算机文化[M]. 10 版. 吕云翔，傅尔也，译. 北京：机械工业出版社，2009.

[10] Brookshear J G. 计算机科学概论[M]. 9 版. 刘艺，冯坤，徐建桥，等译. 北京：人民邮电出版社，2008.

[11] Forouzan B，Mosharraf F. 计算机科学导论[M]. 2 版. 刘艺，瞿高峰，译. 北京：机械工业出版社，2009.

第 4 章　计算机系统

【本章内容概要】 计算机系统由计算机硬件系统和计算机软件系统组成。本章详细地介绍了计算机硬件系统的各个组成部分，计算机系统的层次结构和计算机软件系统的组成。最后，从总体的角度介绍计算机体系结构。

【学习目的和要求】 掌握计算机硬件系统的五个组成部分，掌握各个计算机硬件的功能和作用、硬件系统的维护和维修基本方法，明确计算机系统的层次结构；熟悉计算机系统软件和应用软件的区别和联系，了解 Michael Flynn 分类法。

【应掌握的知识点】 计算机组成，硬件系统，软件系统，系统软件，应用软件，层次结构，体系结构。

计算机系统主要由硬件（主机、外围设备）和软件（系统软件、应用软件）两大部分组成，如图 4-1 所示。按照冯·诺依曼模型，计算机是一台数据处理机，它接收输入数据，处理并输出相应的结果，故数据也可被看作计算机系统的组成部分。

- 计算机系统
  - 硬件
    - 主机
      - 中央处理器(CPU)：运算器、控制器
      - 内存储器：ROM、RAM
    - 外围设备
      - 外存储器：磁盘、磁带、光盘……
      - 输入设备：键盘、鼠标、扫描仪……
      - 输出设备：显示器、打印机、绘图仪……
  - 软件
    - 系统软件
      - 编译系统
      - 操作系统
      - 语言处理程序
      - 数据库管理系统
      - ……
    - 应用软件
      - 数据处理程序
      - 自动控制程序
      - 企业管理程序
      - 科学计算程序
      - ……

图 4-1　计算机系统组成

4.1 计算机硬件系统

按照冯·诺依曼体系结构，计算机硬件系统由5个功能部件组成，如图4-2所示。

(1) 控制部件。依照每条指令的运行功能的需要，向各个部件或设备提供它们协调运行所需要的控制信号，在整个硬件系统中起到指挥、协调和控制的作用。通常由程序计数器、指令寄存器、指令译码器、状态/条件寄存器、时序发生器和微操作信号发生器组成。

(2) 算术逻辑部件。对数据进行逻辑(与、或、非、异或)、移位(逻辑移位、算术移位)和算术运算。通常由ALU(算术/逻辑单元)、寄存器、多路转换器和数据总线组成。

(3) 存储部件。用来存储程序以及处理过程所产生的临时数据和最终数据。

(4) 输入部件。用来从外部接收输入程序和原始数据。

(5) 输出部件。负责将运算或处理的结果输出到计算机外部。

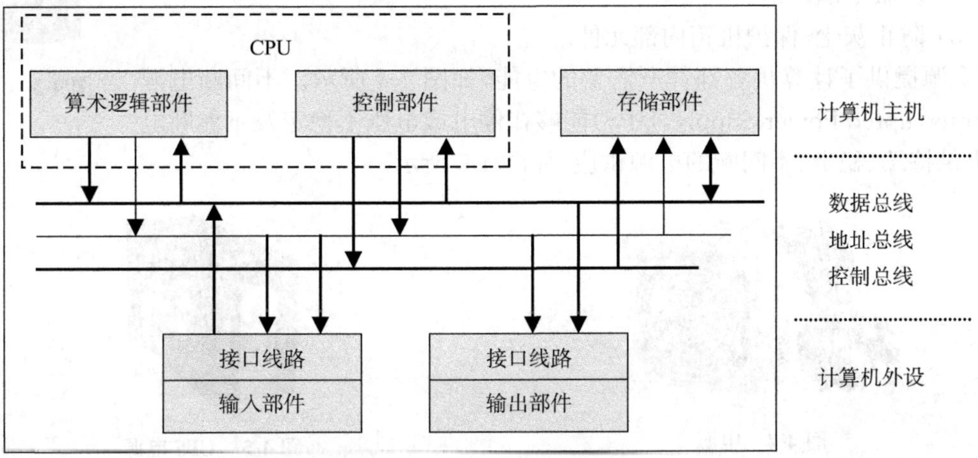

图4-2 计算机硬件系统

在这五大功能部件中，控制部件和算术逻辑部件组成CPU，通过主板将CPU等各种器件和输入输出部件有机地结合起来，并安装到机箱中，从而形成了一整套完整的系统。

微型计算机是以总线结构来连接各个功能部件的。总线是一种内部结构，它是CPU、内存、输入、输出设备传递信息的公用通道，主机的各个部件通过总线相连接，外部设备通过相应的接口电路再与总线相连接，从而形成了计算机硬件系统。一般包含三种总线：(1)数据总线。用于传送数据信息，可把CPU的数据传送到存储器或I/O接口等部件，也可将其他部件的数据传送到CPU。数据总线的数目与数据位数有关，每根数据总线每次传送1位数据。若计算机字长为32位，则需要32根数据总线。(2)地址总线。用来传送地址，由于地址只能从CPU传向外部存储器或I/O端口，所以地址总线总是单向的。地址总线的数目与存储空间大小有关，对于容量为2^n的存储器，需要n根地址总线。(3)控制总线。用来传送控制信号和时序信号，传送方向由具体控制信号而定，一般是双向的，位数则根据系统的实际控制需要而定。主要有读写控制总线和片选总线两种，读写控制总线用于指定是读操作还是写操作，片选总线用来决定该芯片是否被选中。

由于速度不匹配，输入/输出部件不能直接与连接CPU与存储器的总线相连，只能通过输入/输出控制器或接口器件连接到总线上，从而实现数据缓冲、速度同步和转换工作。目前常用的接口标准是Intel提出的通用串行总线(Universal Serial BUS，USB)，利用串行总线可使所有的低速外设均能连接到统一的USB控制器上。CPU和输入/输出部件的同步方式包括程序控制方式、中断驱动方式和直接存储器访问控制方式三种，其原理将在操作系统部分介绍。

4.1.1 机箱与电源

机箱一般包括外壳、支架、面板上的各种开关、指示灯等，如图4-3所示。机箱作为计算机配件中的一部分，其作用是：

(1) 支撑与固定主板、电源、光驱、软驱和硬盘等。

(2) 屏蔽电磁辐射。

(3) 防止灰尘，保护机箱内部元件。

图4-3 机箱

电源提供了计算机各部件所需要的电能，如图4-4所示。不间断电源(Uninterrupted Power Supply，UPS)能够在停电或电压不稳定及不能断电时，提供持续、稳定、不间断的电源供应，如图4-5所示。

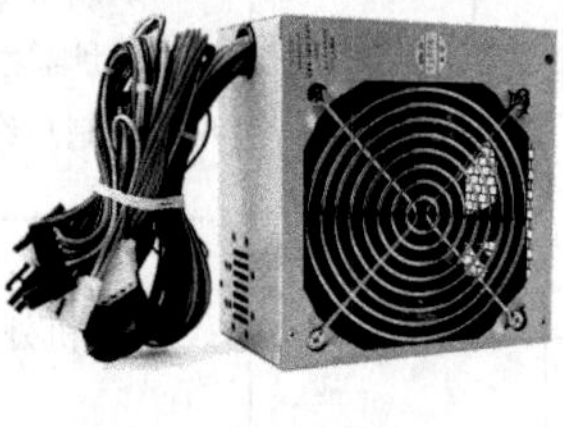

图4-4 电源

图4-5 UPS电源

4.1.2 主板

主板又称主机板(Mainboard)或系统板、母板，安装在机箱内，其上布满了各种电子元件、插槽和接口等，通过主板将机箱内的各种设备连接起来。主板的作用是：

(1) 为CPU、内存、声卡、显卡、网卡等提供安装插槽。

(2) 为硬盘、光驱、打印机、鼠标、键盘、摄像头、Modem等提供接口。

计算机正常运行时，对系统内存、存储设备和其他I/O设备的操控都必须通过主板来完成，计算机的整体运行速度和稳定性在相当程度上取决于主板的性能，如图4-6所示。

主板的组成为：芯片部分、扩展槽和对外接口。

1. 芯片部分

(1) BIOS芯片：是一块方块状的存储器，里面存有与该主板搭配的基本输入输出系统程序，能够让主板识别各种硬件，还可以设置引导系统的设备，调整CPU外频等。

图 4-6 主板

(2) 芯片组:分为南桥 SB 和北桥 NB。南桥芯片多位于 PCI 插槽的上面,集成了中断控制器、DMA 控制器,主要管理中低速外部设备,负责硬盘等存储设备和 PCI 之间的数据流通。而 CPU 插槽旁边,被散热片盖住的就是北桥芯片。北桥芯片主要负责处理 CPU、内存、显卡三者间的通信。由于发热量较大,因而需要散热片散热。南北桥芯片的位置是不固定的,由主板厂家确定。

(3) RAID 控制芯片:相当于一块 RAID 卡(实现磁盘阵列 RAID 功能的板卡)的作用,可支持多个硬盘组成各种 RAID 模式。

2. 扩展槽

(1) 内存插槽:用来插接内存条。

(2) AGP(Accelerated Graphics Port)插槽,用于插接图形显示卡,可对图形显示进行优化。

(3) PCI Express 插槽:由 Intel 提出的总线和接口标准,特点是数据传输速率高。

(4) PCI 插槽:主板的必备插槽,可插接显卡、声卡、网卡、内置 Modem、内置 ADSL Modem、USB2.0 卡、RAID 卡、电视卡、视频采集卡以及其他多功能卡。

(5) CNR(Communication Network Riser)插槽:可以接 Modem 或网卡。

3. 对外接口

(1) 硬盘接口:硬盘与主机系统间的连接部件,作用是在硬盘缓存和主机内存之间传输数据。硬盘接口的优劣直接影响着程序运行快慢和系统性能好坏。

(2) 软驱接口:连接软驱所用。

(3) COM 接口(串口):大多数主板都提供 COM1 和 COM2 两个接口,连接串行鼠标和外置 Modem 等设备。

(4) PS/2 接口:仅用于连接键盘和鼠标。

(5) USB 接口:目前最为流行的接口,最大可以支持 127 个外设,并且可以独立供电。

(6) LPT 接口(并口):一般用来连接打印机或扫描仪。

(7) MIDI 接口:声卡的 MIDI 接口和游戏杆接口。

4.1.3 中央处理单元

中央处理单元(Central Processing Unit,CPU)的主要功能是解释计算机指令和处理计算机软件中的数据,如图 4-7 所示。CPU 的主要技术指标有:字长、主频、外频、倍频系数和 Cache 容量等。

图 4-7 CPU

CPU 的内部结构由三部分组成:

(1) 控制单元。负责对指令译码,并且发出为完成每条指令所要执行的各个操作的控制信号。

(2) 算术逻辑单元。可执行定点或浮点的算术、移位与逻辑运算,以及地址运算和转换。

(3) 寄存器组。临时存放数据的高速独立单元,包括数据寄存器、指令寄存器、程序计数器。

【小常识】 安装 CPU 时,一定要注意把 CPU 一个角的缺口和主板上对应缺口对齐,否则容易把针脚弄坏。

4.1.4 主存储器

主存储器也叫内存(Memory),它是与 CPU 进行沟通的桥梁,计算机中所有程序的运行都是在内存中进行的,主要用于存放 CPU 中的临时运算数据和与硬盘等外部存储器交换的数据,如图 4-8 所示。

图 4-8 内存条

【小常识】 金手指(Connecting Finger),是指内存条上与内存插槽之间的连接部件,所有信号都是通过金手指进行传送的。金手指由众多金黄色的导电触片组成,因其表面镀金而且导电触片排列如手指状,所以称为"金手指"。安装内存条时,不要用手摸内存条的金手指,以免被氧化。计算机黑屏 80%原因都是内存条的问题,可以通过重新安装内存条解决。

内存中每个存储单元都有一个唯一的标识,类似于街道上的门牌号,称为地址。所有存储单元的总和称为地址空间。该地址空间以无符号二进制整数标识,存储单位用字节表示。

内存分为：

(1) ROM。只读存储器，内容由制造商写入，用户只能读不能写，即使掉电数据也不会丢失。常被用于存储重要的或机密的数据，如 BIOS ROM、PROM、EPROM、EEPROM。

(2) RAM。随机存取存储器，可随机地读写内存中的数据。分为静态 RAM(SRAM，通电时不需要刷新)和动态 RAM(DRAM，需要周期性刷新)。

计算机系统中，为了兼顾价格和性能等各种因素，往往采用存储器的层次结构，如图 4-9 所示。高速缓冲存储器 Cache，是一个读写速度比内存更快的存储器，位于 CPU 与内存之间，分为一级(L1)、二级(L2)和三级(L3)缓存。当 CPU 向内存中写入或读出数据时，这个数据也被存储进高速缓冲存储器中。当 CPU 再次需要这些数据时，CPU 就从高速缓冲存储器读取数据，而不是访问较慢的内存，当然，如需要的数据不在 Cache 中，CPU 会再去读取内存中的数据。

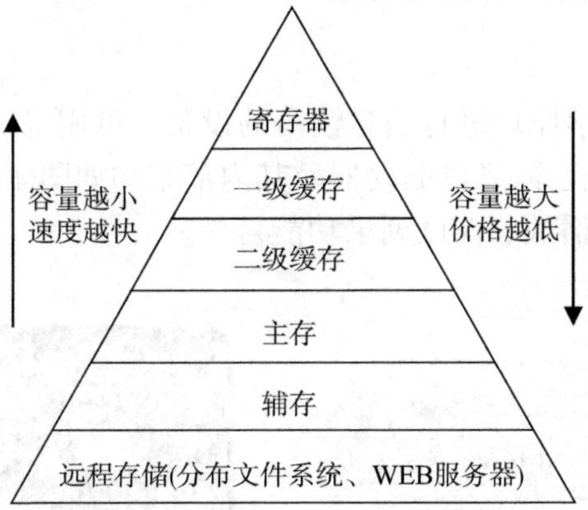

图 4-9　存储器的层次

4.1.5　输入设备

1. 键盘

可用于输入字符、数字和控制信息，分为有线和无线两种。

2. 鼠标

手持式输入设备，分有线和无线两种，现在比较流行的是无线三键鼠标。

除此之外，其他的输入设备还有操作杆、扫描仪、光笔、触摸屏以及语音输入设备等。

4.1.6　输出和存储设备

1. 硬盘驱动器

硬盘是计算机存储资料的主要地方，使用时要禁止振动，硬盘及其内部结构如图 4-10 所示。硬盘坏道分为物理坏道和逻辑坏道，逻辑坏道可用软件修复。对于硬盘中被删除的内容，只要存储区块没被数据覆盖，也可用软件找回。

2. 软盘驱动器

软盘是一种磁介质形式的存储器，可以用来存储数据或当启动盘使用，软盘驱动器如图4-11所示。软盘驱动器和软盘以前是买计算机的必备硬件，但随着优盘和移动硬盘的发展，软盘驱动器和软盘慢慢退出了历史舞台。

图4-10　硬盘及其内部结构

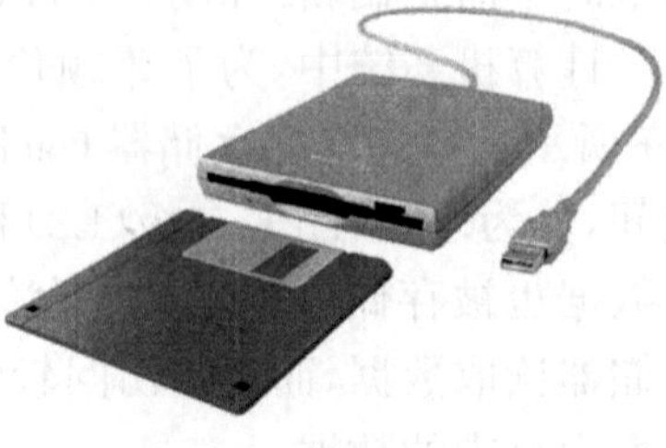

图4-11　软盘驱动器

3. 光盘驱动器

光盘驱动器是利用光学原理进行信息读写的设备。可用来安装操作系统、听音乐、看视频、读取重要数据、刻录光盘等，光盘驱动器及其内部结构如图4-12所示。光盘驱动器现在一般都买康宝(集成DVD播放、DVD刻录功能)。

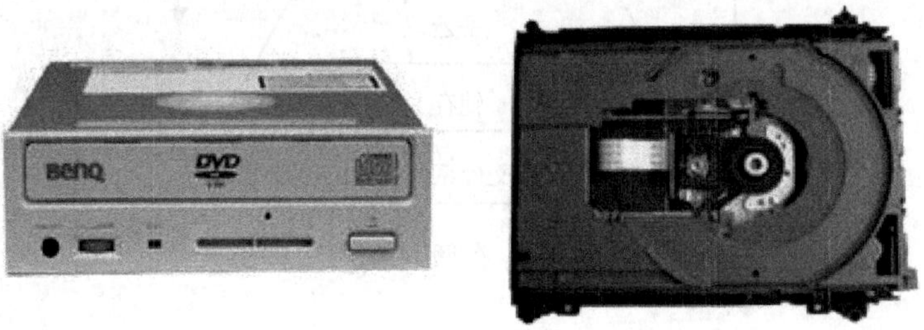

图4-12　光盘驱动器及其内部结构

【小常识】 光驱弹不出来或者关机了光盘还在光驱里面怎么办？可以用类似牙签一样的东西插在光驱前面小孔中顶一下就可以。时间长了光盘数据读不出来怎么办？可以用牙膏涂抹在光盘上面，然后再用水冲洗干净，再擦干就可以了。如果要经常读取光盘或者计算机没有光驱，怎么办？可以用软件在计算机中安装一个虚拟光驱。另外，最好把一些较大的文件做成镜像文件。

4. 显示器

显示器是利用视频显示技术以实现显示的输出设备，有CRT和液晶两种，现在市面上以液晶显示器为主。

5. 显卡

显卡也称为显示适配器(Video Adapter)，是连接显示器和主板的重要硬件，如图4-13所示。用途是将计算机系统所需要的显示信息进行转换驱动，向显示器提供行扫描信号，控制显示器的正确显示。其关键指标是刷新频率，一般为75Hz以上。

【小常识】 显卡有集成的显卡和独立的显卡，集成的显卡没有内存，它的内存空间靠内存条提供。所以，一般情况下不宜买集成的显卡。

6. 声卡

声卡是实现声波/数字信号相互转换的一种硬件。它的基本功能是把来自话筒、磁带、光盘的声音输出到耳机、音箱、录音机等声响设备(如图 4-14 所示)。一般主板都集成了声卡。

图 4-13　显卡

图 4-14　声卡

【小常识】 对于计算机,经常会遇到没有声音或者不能录音的情况。遇到这种情况时,一看线路是否插对,二看线头是否接触良好,三看计算机设置是否正确,四看声卡驱动是否正确。

7. 视频卡

多媒体计算机中处理活动图像的适配器,有视频叠加卡、视频捕获卡、电视编码卡等。

8. 打印机

打印机主要分为点阵打印机、喷墨式打印机和激光打印机。衡量打印机好坏的指标有打印速度、分辨率、打印幅面、色彩数目和噪声。

4.2　计算机软件系统

计算机硬件是计算机系统的载体,计算机软件则是整个系统的灵魂。所谓计算机软件系统,就是计算机上可运行的全部程序的集合。硬件与软件可以相互转化,即硬件可以用软件的方法实现,软件也可以固化成为固件。整个计算机系统呈现为层次结构。

4.2.1　计算机系统的层次结构

从软件角度看,计算机系统分为微程序设计级(硬件)、机器指令系统、操作系统、语言处理程序及其他系统软件和应用软件等五层,如图 4-15 所示。

系统最内层是硬件系统,是进行信息处理的实际物理装置。最外层是使用计算机的人,即用户。用户与硬件系统之间的接口界面就是软件系统。

从上面对计算机系统层次结构的描述,可以看到使用计算机解题的过程包括以下步骤:

(1) 提出要解决的问题,进行需求分析;

(2) 用算法进行问题描述,进行系统设计;

(3) 用语言编写程序,进行系统实现;

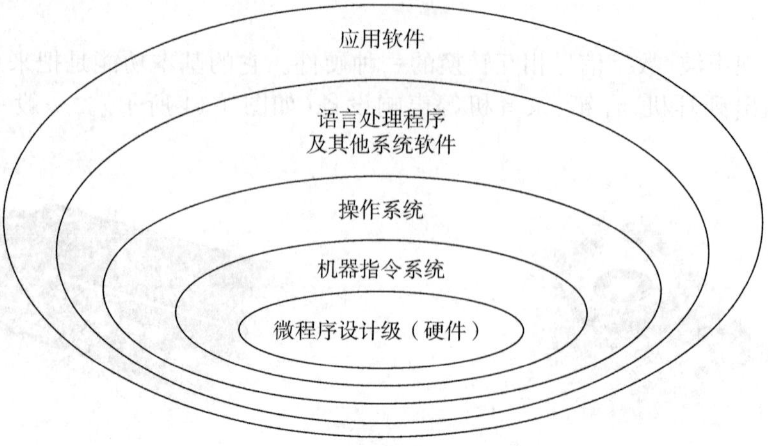

图 4-15　计算机系统的层次结构

(4) 用编译器调试程序,进行系统测试;

(5) 在硬件上执行程序,进行系统发布。

软件系统一般包括系统软件、应用软件,以及相关的支撑软件。支撑软件提供用机环境和软件研制工具,包括接口软件、工具软件和环境数据库,因此也可被认为是系统软件的一部分而列入系统软件。所以,归纳起来,软件系统包括系统软件和应用软件两大组成部分,如图 4-16 所示。系统软件对计算机硬件进行扩充与完善,应用软件借助系统软件的支持来运行。

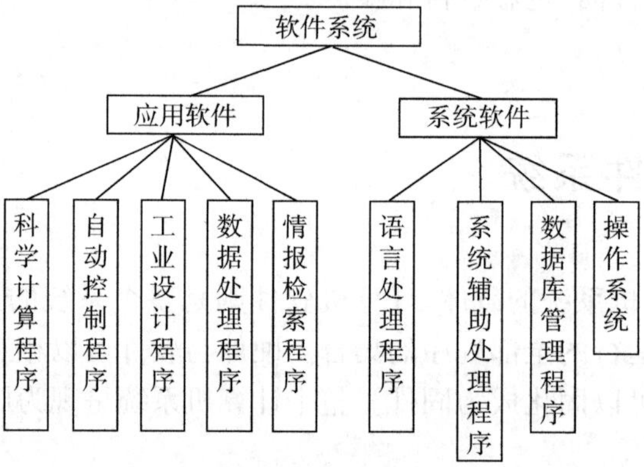

图 4-16　软件系统的组成

4.2.2　系统软件

系统软件(System Software)是指管理、调度、监视、协调和维护计算机系统软、硬件资源的程序集合,使系统资源得到合理调度,确保其高效率运行。常用的系统软件有:操作系统、语言处理程序、数据库管理系统、系统辅助处理程序等。

1. 操作系统

系统中最底层的软件,负责管理整个计算机的软硬件资源,控制所有程序的运行。操作系统具有处理机管理、存储器管理、设备管理和文件管理等功能。相关内容将在第 7 章中详细介绍。

2. 语言处理程序

计算机只能直接识别和执行机器语言，因此要在计算机上运行利用高级语言编写的程序就必须配备语言处理程序，它将源程序翻译为目标程序。相关内容将在第 6 章中详细介绍。

3. 数据库管理系统

数据库管理系统是一种操纵和管理数据库的大型软件，是用户或应用程序与数据库之间的接口，用于建立、使用和维护数据库。相关内容将在第 10 章中详细介绍。

4. 系统辅助处理程序

也称为支撑软件或软件工具，包含一些工具性的服务程序，主要有编译程序、调试程序、连接装配程序、打印管理程序和诊断程序等。

4.2.3　应用软件

应用软件(Application Software)是用户根据特定的任务需求所开发的各种程序的集合，分为应用软件包和用户程序。应用软件包是利用计算机解决某类问题而设计的程序的集合，常用的应用软件包有科学计算程序、自动控制程序、工业设计程序、数据处理程序和企业管理程序等。

4.3　计算机体系结构

计算机体系结构就是程序员所看到的计算机的属性(概念性结构与功能特性)。分为冯·诺依曼计算机模型和现代计算机模型。其中冯·诺依曼计算机模型以运算器为中心，在本书第 1 章中已有介绍。几十年来，虽然计算机的体系结构发生了许多变化，但冯·诺依曼提出的二进制、程序存储和程序控制，依然是普遍遵循的原则。而现代计算机模型框图以存储器为中心，如图 4-17 所示。

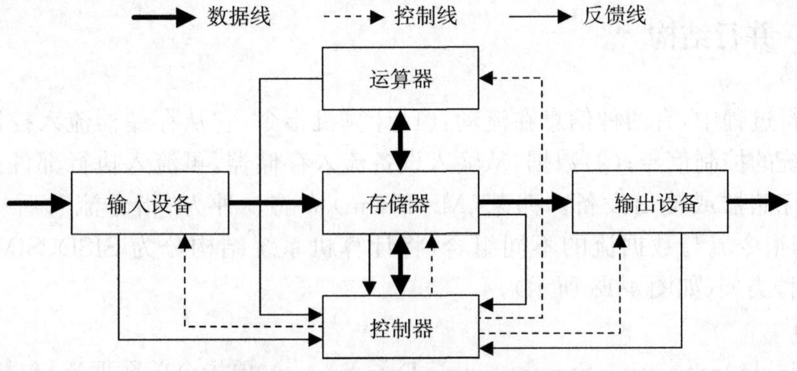

图 4-17　现代计算机模型框图

4.3.1 CISC 结构

早期的 CPU 全部是复杂指令集计算机(Complex Instruction Set Computer,CISC)。在 CISC 体系结构中,程序的各条指令是按顺序串行执行的,每条指令中的各个操作也是按顺序串行执行的。顺序执行的优点是控制简单,但计算机各部分的利用率不高,执行速度慢。CISC 体系结构的服务器主要以 IA-32 架构(Intel Architecture,英特尔架构)为主,而且多数为中低档服务器所采用。

在 CISC 指令集合的各种指令中,使用频率相差悬殊。大约有 20%的指令会被反复使用,占整个程序代码的 80%。而余下的 80%的指令却不经常使用,在程序设计中只占 20%。所以,这种计算机结构效率不高。

4.3.2 RISC 结构

1979 年,美国加州大学伯克利分校提出了精简指令集计算机(Reduced Instruction Set Computer,RISC)。RISC 并非只是简单地去减少指令,而是把着眼点放在了如何使 CPU 的结构更加简单,合理地提高运算速度上。

RISC 体系结构优先选取使用频率最高的简单指令,避免复杂指令,并且将指令长度固定,指令格式和寻址方式种类减少,使得以控制逻辑为主,不用或者少用微码控制。

4.3.3 流水线结构

流水线结构是一种将每条指令分解为多步,并让各步操作重叠,从而实现几条指令并行处理的技术。程序中的指令仍然是一条条顺序执行的,但可以预先取若干条指令,并在当前指令尚未执行完时,提前启动后续指令的另一些操作步骤,从而加速一段程序的运行过程。

CPU 的工作也可以大致分为指令的获取、解码、运算和结果的写入四个步骤,采用流水线设计之后,就可以连续不断地处理指令(好比待装配的汽车)。在同一个较长的时间段内,显然拥有流水线设计的 CPU 能够处理更多的指令。

4.3.4 并行结构

程序执行过程中,有两种信息在流动:(1)计算机指令,它从存储器流入控制器,变成整个计算机系统的控制信号;(2)数据,从输入设备流入存储器,再流入执行部件如运算器,运算结果流入存储器或输出设备。弗莱(M. Flynn)称前一种为“指令流”,后一种为“数据流”。他根据指令流与数据流的不同组合,将计算机系统结构分为 SISD、SIMD、MISD 和 MIMD 等四种类型(如图 4-18 所示)。

1. SISD

SISD(Single Instruction Stream Single Data Stream,单指令单数据流)包括一个控制单元、一个处理单元和一个存储单元。通过执行单一的指令流对单一的数据流进行操作,指令

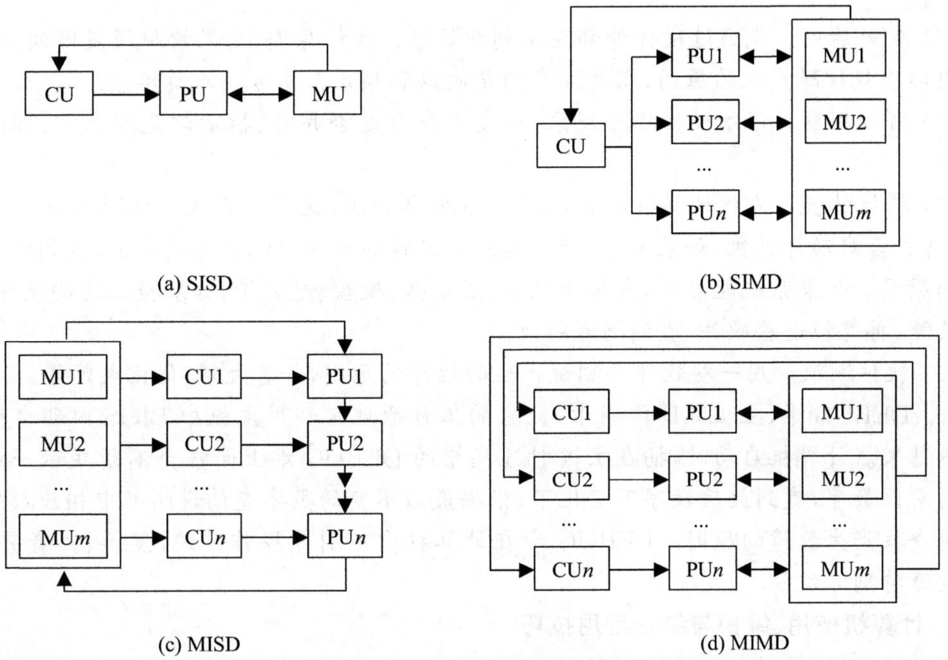

图 4-18　计算机系统结构

（注：图中 CU 代表控制单元，PU 代表处理单元，MU 代表存储单元）

按顺序执行，每一时刻只能读取一个数据。目前已很少采用 SISD 结构。

2. SIMD

SIMD(Single Instruction Stream Multiple Data Stream，单指令多数据流)包括一个控制单元、多个处理单元和一个存储单元。所有处理单元从控制单元接收相同的指令，但在不同数据项上操作。

3. MISD

MISD(Multiple Instruction Stream Single Data Stream，多指令流单数据流)包括多个控制单元、多个处理单元和一个存储单元。按照多条不同的指令要求同时对同一数据流及其处理输出的结果进行不同的处理，一个处理单元的输出被作为另一个处理单元的输入。这种结构还未实现过。

4. MIMD

MIMD(Multiple Instruction Stream Multiple Data Stream，多指令流多数据流)系统由多个控制单元、多个处理单元和一个存储单元组成，每个处理单元执行自己的指令，操作数也是各取各的。MIMD 结构中每个处理单元都可以单独编程，因而这种结构的可编程能力是最强的。

【扩展阅读】 计算机使用与维护

1. 常见故障判断方法

(1) 先软后硬。先从软件方面查找产生故障的原因，一般硬件很少出现问题，80%的问题都是由软件产生的，如病毒、驱动、文件损坏、配置不正确、软件版本、软件冲突、软件损坏等，排除以上问题后如果故障还没解决，再查找硬件的原因，如安装不正确、接触不良、硬件损坏等。

(2) 先外后内。先通过硬件外部现象判断故障产生的原因，如果故障还没解决，再打开硬件内部查找故障产生的原因，需要注意的是硬盘和显示器需专业人员维修。

(3) 仔细观察。仔细观察故障现象，如提示声音是否异常、指示灯是否正常、插线是否正确。

(4) 插拔替换。先把计算机配置成最小系统启动法，就是只有主板、CPU、内存和电源系统，看能否启动计算机，如果不能，就用能正常工作的硬件轮流去替换它们，直到找到产生故障的原因。如果系统能启动，再接上显卡、显示器、硬盘、光驱等，如果接上这些硬件，又产生了故障，再替换这些硬件，直到问题解决。

(5) 软件测试。用一些软件去测试产生的故障的原因，如鲁大师、优化大师等。

(6) DEBUG 卡(主板故障诊断卡)。它的工作原理是利用主板中 BIOS 内部自检程序的检测结果。计算机启动时，插在主板 PCI 插槽的 DEBUG 卡上面就会不断显示一些十六进制的两位数字，直到最后数字不变化了，根据最后不变的数字查询说明书中相应数字的含义就能查找产生故障的原因。DEBUG 卡在计算机中不引导操作系统，黑屏、声音异常时，判断故障特别方便。

2. 计算机使用、维护与维修常用技巧

计算机使用、维护与维修技巧有：

(1) 不要用计算机做坏事情。

(2) 遇到任何问题可先百度、Google 一下。

(3) 不要沉迷在计算机世界，不要迷恋游戏、小说、电影和聊天。有目的地使用计算机，在上网前想清楚你想要什么，漫无目的的网上乱逛将浪费你很多时间，并且你会觉得什么也没有学到。发挥你的特长，用计算机做些实用的和有趣的东西，和大家一起分享。

(4) 正常开机的顺序是先打开外设(如显示器、打印机、扫描仪等)的电源，然后打开主机的电源，关机的顺序则相反，关机与开机时间间隔至少应有 10 秒。计算机连续使用几小时后应该关机休息。人离开计算机时，最好关机或者使计算机休眠或者加载屏保。

(5) 学会使用 ghost、pqmagic、diskman、fdisk、CMOS、regedit。

(6) 每周备份一次重要的数据，一定要养成这个好习惯。将数据备份到优盘、移动硬盘、光盘、另一台电脑、服务器、邮箱、云存储等，误删时用 Easyrecovery、Finaldata 等软件恢复。重要数据千万不要放在 C 盘(包括桌面和我的文档)。

(7) 注意安全(防小偷、防黑客)，密码至少 8 位以上，要有数字、英文、标点；不打开不可信的链接、图片、视频、文档、邮件附件；各个地方设置的密码要不一样。计算机一定要安装杀毒软件和防火墙，打开不是自己的文件、优盘、移动硬盘、光盘前先进行扫描。

(8) 硬盘在使用时，禁止振动或者强制关机；使用移动硬盘时应该固定位置，小心不要跌落在地上；定期进行磁盘碎片清理、硬盘查错。少用 BT 下载电影。取走优盘和移动硬盘时要安全删除，不要直接拔掉。系统非正常退出，应该对硬盘进行扫描并及时修复错误。

(9) 光盘尽量不要放在光驱里面读取，最好做成镜像文件。

(10) 计算机黑屏，可以重新插内存，也可以查查“金手指”，也可以重新插显卡或者 CPU。

(11) 安装软件时不装在系统盘中，一般 C 盘是系统盘(最好为 NTFS 格式)，D 盘是软件和GHOST文件盘，E盘是文档盘，F盘是娱乐盘。可在D盘建立一个temp文件夹，把临时文件路径都修改到d:\temp。安装软件时，不要盲目点击“下一步”，一定要看清楚，看仔细，去掉无关插件。用控制面板-添加/删除程序删除软件。

(12) 修改加载项：开始→运行→msconfig→启动，把不要的启动项都去掉，提高计算机启动和运行的速度，也可以用360杀毒、超级兔子、优化大师等工具进行优化。

(13) 要经常更新桌面，屏幕刷新频率尽量高点。

(14) 不要在操作计算机时喝饮料、吃东西；键盘进水，立即用吹风机吹干；不要大力敲击回车键。

(15) 经常清洗鼠标、键盘、显示器及机箱内部灰尘。可以给显示器贴一个膜，给键盘安装一个防尘膜，给笔记本安装一个散热器。不要用手或者湿布擦洗显示器，买一个专业的清洗剂。

(16) 健康用计算机，需要注意的地方有：计算机桌子、椅子、鼠标垫、光线、温度、湿度、显示器、鼠标、键盘、手腕、眼睛、背部。每隔一小时起来活动活动。

3. 驱动程序的查找和安装方法

查找驱动程序的方法有：硬件的官方网站，随硬件附送的光盘，驱动之家，驱动精灵，百度查询，鲁大师测试或者Everest测试。

驱动程序的安装方法有：直接点击安装光盘里面的“Setup”或者“Install”，点击“我的电脑”，选“属性”，将有问号和感叹号的设备删掉，点“刷新”、“下一步”。

本章小结

整个计算机系统包含硬件系统和软件系统两大组成部分。硬件系统是计算机系统的物质基础，包括CPU、存储器和输入/输出设备等子系统，这些子系统之间以总线互联起来。软件系统包含系统软件和应用软件，应用软件在系统软件的支持下工作。计算机体系结构将硬件系统和软件系统组合在一起，常用的体系结构有CISC、RISC、流水线结构和并行结构。并行处理涉及多种不同的技术，并行结构可分为SISD、SIMD、MISD和MIMD四种类型。本章首先简要介绍了计算机系统的组成，然后详细介绍了硬件系统和软件系统的各个组成部分。最后，介绍了计算机的体系结构。

【推荐课余阅读材料】

[1] 格吉尔. 计算机硬件及组成原理[M]. 吴为民，喻文健，等译. 北京：机械工业出版社，2007.

[2] Bryant E, O'Hallaron R. 深入理解计算机系统[M]. 2版. 龚奕利，雷迎春，译. 北京：机械工业出版社，2011.

习题

1. 名词解释

计算机系统　CPU　存储器　输入/输出设备　总线　系统软件　应用软件　计算机

体系结构

2. 填充

(1) 机箱的功能除了支撑与固定主板、软驱、硬盘、光驱、电源,还有＿＿＿＿＿＿和＿＿＿＿＿＿。

(2) 主板作用是提供＿＿＿＿＿＿,提供＿＿＿＿＿＿。

(3) CPU 内部结构是由＿＿＿＿＿＿、＿＿＿＿＿＿和＿＿＿＿＿＿三大部分组成。

(4) 计算机读取数据速度最快的是＿＿＿＿＿＿。

(5) Flynn 将计算机分为＿＿＿＿＿＿、＿＿＿＿＿＿、＿＿＿＿＿＿和＿＿＿＿＿＿四种类型。

(6) 计算机内存类型包括:＿＿＿＿＿＿和＿＿＿＿＿＿。

(7) 计算机软件分为＿＿＿＿＿＿软件和＿＿＿＿＿＿软件两大类型。

(8) 芯片组分为＿＿＿＿＿＿和＿＿＿＿＿＿。

(9) 常用的计算机体系结构有＿＿＿＿＿＿、＿＿＿＿＿＿、＿＿＿＿＿＿和＿＿＿＿＿＿四种。

(10) 中央处理器 CPU 主要功能是＿＿＿＿＿＿和＿＿＿＿＿＿。

3. 选择

(1) 以下断电后仍能保存数据的有(　　)。

A. SRAM　　B. DRAM　　C. RAM　　D. ROM

(2) 下面哪一个是良好的使用计算机的习惯(　　)。

A. 先打开主机的电源,然后打开显示器的电源

B. 系统非正常退出或意外断电后,不进行硬盘扫描

C. 最好在安装或使用软件后要进行查毒和杀毒

D. 在操作计算机时喝饮料、吃东西

(3) 根据现代计算机结构框图,图 4-19 中的"Ⅱ"应该是(　　)。

A. 控制器　　B. 运算器　　C. 存储器　　D. 输出设备

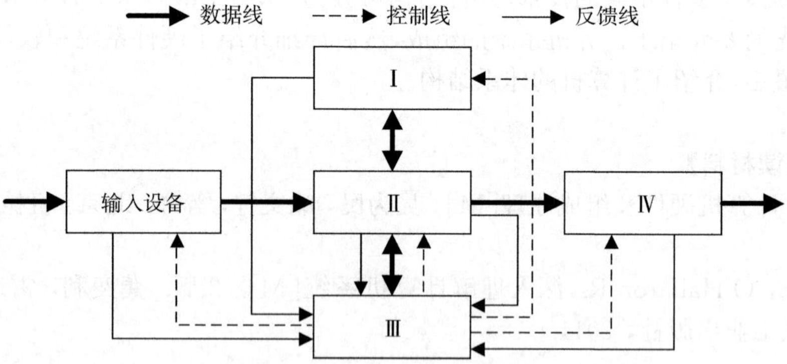

图 4-19

(4) 下面哪一个不是良好的使用计算机习惯(　　)。

A. 系统非正常退出,应进行硬盘扫描及时修复错误

B. 计算机一定要安装杀毒软件和防火墙，打开未知文件与闪存、光盘前先进行扫描

C. 不要在操作计算机时喝饮料、吃东西

D. 开机的顺序是：先打开主机的电源，然后打开外设的电源

(5) 下面哪一个不是输入设备(　　)。

A. 绘图仪　　B. 扫描仪　　C. 鼠标器　　D. 键盘

(6) 下面哪一个不是系统软件(　　)。

A. 操作系统　　B. 语言处理程序　　C. 数据库管理程序　　D. 数据处理程序

(7) 根据计算机系统层次结构，位于机器指令系统和语言处理程序之间的是(　　)。

A. 语言处理程序及其他系统软件　　B. 机器指令系统

C. 微程序设计级　　D. 操作系统

(8) 下面哪一个不是良好的使用计算机习惯(　　)。

A. 硬盘在使用时，禁止振动或者强制关机

B. 重要资料放在C盘

C. 设置密码至少8位以上，有数字、英文、标点

D. 不用手或者湿布擦洗显示器

(9) 下面哪一个不是输出设备(　　)。

A. 显示器　　B. 扫描仪　　C. 打印机　　D. 绘图仪

(10) 下面哪一个不是应用软件(　　)。

A. 自动控制程序　　B. 操作系统　　C. 企业管理程序　　D. 科学计算程序

4. 简答题

(1) 什么是冯·诺依曼结构？

(2) 硬件系统由哪几个部件组成？

(3) 什么是Michael Flynn分类法？

(4) 计算机故障判断方法有哪些？

(5) 请标出图4-20中各个数字标识部分应连接什么设备？

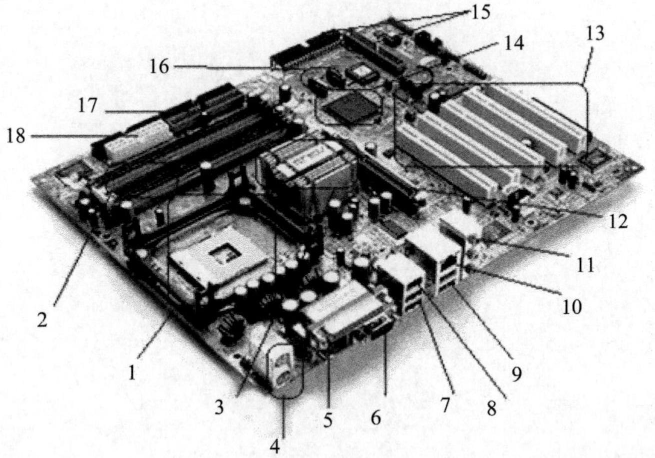

图 4-20

本章参考文献

[1] 李云峰，李婷. 计算机导论——理论篇[M]. 2 版. 北京：电子工业出版社，2009.
[2] 朱战立，杨谨全，李高和，等. 计算机导论[M]. 2 版. 北京：电子工业出版社，2010.
[3] 王志强，傅向华，梁正平，等. 计算机导论[M]. 北京：电子工业出版社，2008.
[4] 车光宏，张林，等. 计算机导论[M]. 上海：上海交通大学出版社，2006.
[5] 袁方，王兵，李继民. 计算机导论[M]. 2 版. 北京：清华大学出版社，2009.
[6] 王玉龙，付晓玲，方英兰. 计算机导论[M]. 3 版. 北京：电子工业出版社，2009.
[7] P. Norton. 计算机导论[M]. 6 版. 杨继萍，钱伟，等译. 北京：清华大学出版社，2009.
[8] E. Bryant，R. O'Hallaron. 深入理解计算机系统[M]. 2 版. 龚奕利，雷迎春，译. 北京：机械工业出版社，2011.
[9] Parsons J J，Oja D. 计算机文化[M]. 10 版. 吕云翔，傅尔也，译. 北京：机械工业出版社，2009.
[10] Brookshear J G. 计算机科学概论[M]. 9 版. 刘艺，冯坤，徐建桥，等译. 北京：人民邮电出版社，2008.
[11] Forouzan B，Mosharraf F. 计算机科学导论[M]. 2 版. 刘艺，瞿高峰，等译. 北京：机械工业出版社，2009.

第 5 章　计算机网络

【本章内容概要】　本章主要介绍网络的定义和现状、典型的计算机网络、网络的参考模型和拓扑结构。在此基础上分析了网络所用到的硬件，讲解 IP 地址和子网划分等，最后通过组建一个简单的网络分析 IP 地址的分配和所用到的一些协议。

【学习目的和要求】　掌握计算机网络的定义，了解计算机网络的形成和发展；掌握计算机网络组成、计算机网络的拓扑结构和典型的计算机网络；理解计算机网络参考模型、计算机网络的硬件、IP 地址及其子网划分。

【应掌握的知识点】　ARPANET，Internet，路由器，网络拓扑，参考模型，IP 地址分配，子网划分。

5.1　计算机网络的定义与分类

5.1.1　计算机网络的定义

在计算机网络发展过程的不同阶段，人们对计算机网络提出了不同的定义。这些定义分为广义的观点、资源共享的观点与用户透明性的观点三类，它们反映了当时网络技术发展的水平，以及人们对网络的认识程度。由于目前主要是使用计算机网络的共享性和连通性特征，资源共享观点的定义能比较准确地描述计算机网络的主要特征。相比之下，广义的观点只定义了计算机通信网络，而用户透明性的观点则只定义了分布式计算机系统。

资源共享的观点将计算机网络定义为“以能够相互共享资源的方式互联起来的自治计算机系统的集合”。上述定义主要描述了计算机网络的两个特性：共享性和连通性。资源共享的观点定义符合当前计算机网络的基本特征，这主要表现在以下三个方面：

(1) 建立计算机网络的主要目的是实现计算机资源的共享。计算机资源主要指计算机硬件、软件、服务与数据。网络用户不但可以使用本地计算机资源，而且可以通过网络访问联网的远程计算机资源，还可调用网络中几台不同的计算机共同完成某项任务，比如网格计算、普适计算、云计算等。

(2) 互联的计算机是分布在不同地理位置的多台独立的“自治计算机”。互联的计算机之间一般没有明确的主从关系，但可以通过一定的协议使得每台计算机既可以联网工作，也可以脱网独立工作。联网计算机可以为本地用户提供服务，也可以为远程网络的合法用户完成某项任务。

(3) 联网计算机之间的通信必须遵循共同的网络协议。计算机网络是由多个互联的节点组成的,节点之间要做到有条不紊地交换数据,每个节点都必须遵守一些事先规定好的通信规则(或者三要素:语法、语义和时序)。这就像人们之间的对话一样,需要大家都说同样的语言才能够进行沟通,如果一个人说英语一个人说法语,这时就需要找一个翻译才能交流。

总的来说,计算机网络就是在某种协议下实现计算机资源的共享和互通。

5.1.2 计算机网络的分类

可根据网络所使用的传输技术和覆盖范围与规模对计算机网络进行分类。

1. 按网络传输技术进行分类

在通信技术中,通信信道有两种类型:广播通信信道和点对点通信信道。在广播通信信道中,多个节点共享一个通信信道,一个节点广播信息,其他节点接受信息。但由于延迟等原因会存在冲突的问题,所以必须有一定的规则来确保避免冲突。在点对点通信信道中,一条通信线路只能连接一对节点,如果两个节点之间没有连接的线路,那么只能通过中间节点(如交换机等)设备进行转接。由此,计算机网络所采用的传输技术有两类:广播方式与点对点方式。

因此,相应的计算机网络可以分为广播式网络(broadcast networks)与点对点式网络(point-to-point networks)两类,这些内容都发生在数据链路层,相关的广播式与点对点式协议也是链路层协议的一部分。

(1) 广播式网络

在广播式网络中,所有联网计算机都共享一个公共通信信道。当一台计算机利用共享通信信道发送报文分组时,所有计算机都会"收到这个报文分组"。由于分组中带有目的地址与源地址和其他一些控制字段,接收到该分组的计算机将检查目的地址是否与本节点地址相同。如果被接收到的报文分组的目的地址与本节点地址相同,则接收该分组,否则丢弃该分组。

(2) 点对点式网络

在点对点式网络中,每条物理线路连接一对计算机。假如两台计算机之间没有直接连接的线路,则它们之间的分组传输需要通过中间节点(如交换机等)设备进行接收存储与转发,直至到达目的节点。由于连接多台计算机之间的线路结构可能很复杂,因此从源节点到目的节点可能存在多条路由。决定分组从源节点到目的节点的路由需要路由选择算法,采用分组存储转发与路由选择机制是点对点式网络与广播网络的重要区别之一。

广播式网络中,一个典型应用是共享介质式网络,如以太网,其运行的 CSMA/CD 协议,是一种轻负载协议。

2. 按网络覆盖范围与规模进行分类

(1) 局域网

局域网用于将有限范围内的各种计算机、终端与外部设备互联成网。目前,由于技术的发展,也把虚拟局域网(Virtual LAN,VLAN)看成一个局域网,其可以有较大的地理范围。

(2) 城域网

城域网是介于广域网与局域网之间的一种高速网络，设计目标是满足几十公里范围内的大型企业、机关、公司的多个局域网的互联要求，因此一般要通过路由器转发，需要配备路由设备。

(3) 广域网

广域网又称为远程网，覆盖范围从几十公里到几千公里。广域网可以覆盖一个国家、一个地区或跨几个洲，形成国际性的远程计算机网络，因此需要数目庞大的路由器、三层交换机等。

5.2 计算机网络的组成与结构

5.2.1 早期的网络体系结构

计算机网络要完成数据处理与数据通信两大基本功能。因此，它在结构上必然分成负责数据处理的主计算机与终端，负责数据通信处理的通信控制处理设备与通信线路。从计算机网络组成的角度看，早期的计算机网络从逻辑功能上可以分为资源子网和通信子网，基本结构如图5-1所示。

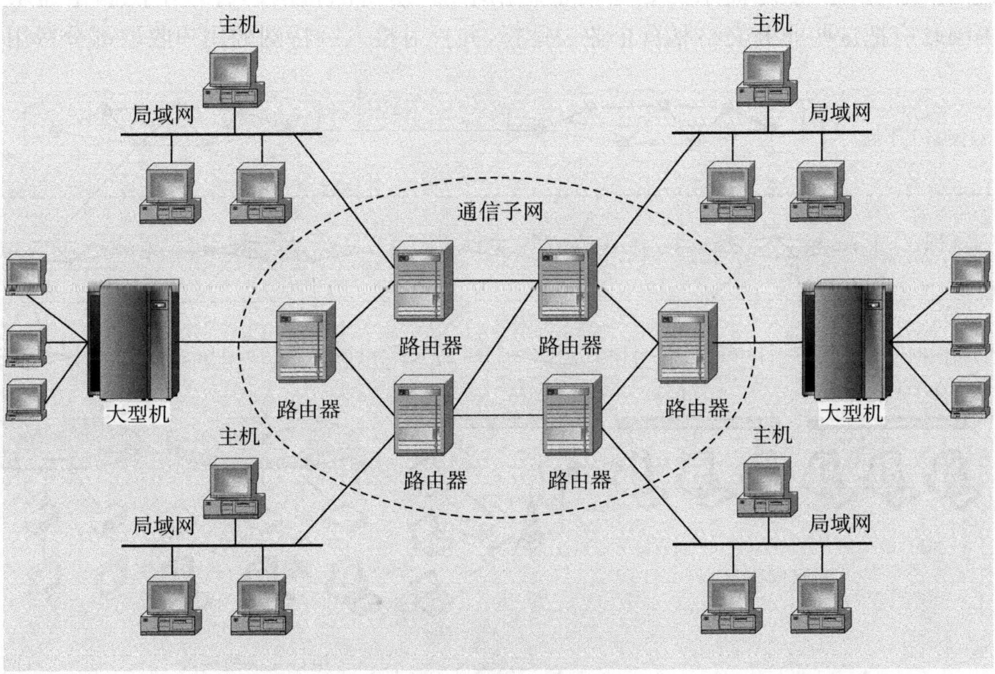

图5-1 早期的计算机网络结构

1. 资源子网的概念

资源子网由主计算机系统、终端控制器、外网外设、移动终端、各种软件资源与信息资源及其数据等组成。资源子网负责全网的数据处理业务，以及向网络用户提供各种网络资源与网络服务。

2. 通信子网的概念

通信子网由通信控制处理机、通信线路及其他通信设备组成，完成网络数据传输、转发等通信处理任务，其主要设备有交换机、路由器等，是实现网络数据包安全、可靠、快速到达目的地的高速公路。

5.2.2 现代计算机网络结构

随着微型计算机的广泛应用，现代网络相连的形式主要有广域网与广域网相连（WAN-WAN），以及广域网与局域网相连（WAN-LAN）。因此，在目前的网络中大量的微型计算机是通过局域网连入城域网。局域网、城域网、广域网之间的互联是通过路由器实现的。用户计算机可以通过局域网方式接入作为地区级主干网的城域网。城域网又通过路由器与光纤接入到作为国家级或区域主干网的广域网。多个广域网互联形成覆盖全世界的 Internet 网络系统，图 5-2 和图 5-3 给出了 Internet 理想和概念性的网络结构示意图。

图 5-2 是一个三级结构，分为国际或国家主干网、地区主干网和校园网（企业网）。这种结构覆盖了美国大部分校园、企业和地区，并且成为因特网的重要组成部分。美国政府发现，人们对因特网的需求很大，不仅仅局限于大学、研究中心或少数企业，于是将因特网向所有机构开放。但是，随之而来的是通信量急剧增加，使得因特网的容量不能满足需求。于是，美国政府把这些业务交给私营企业去运行，并且对接入因特网的用户收取部分费用。

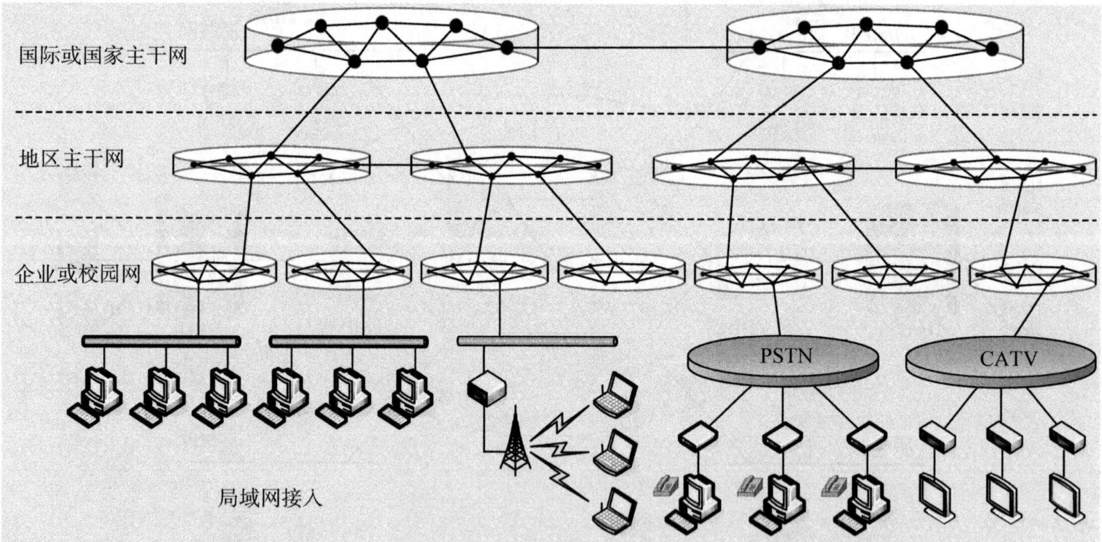

图 5-2 现代网络(一)

资料来源：本章文献[3]

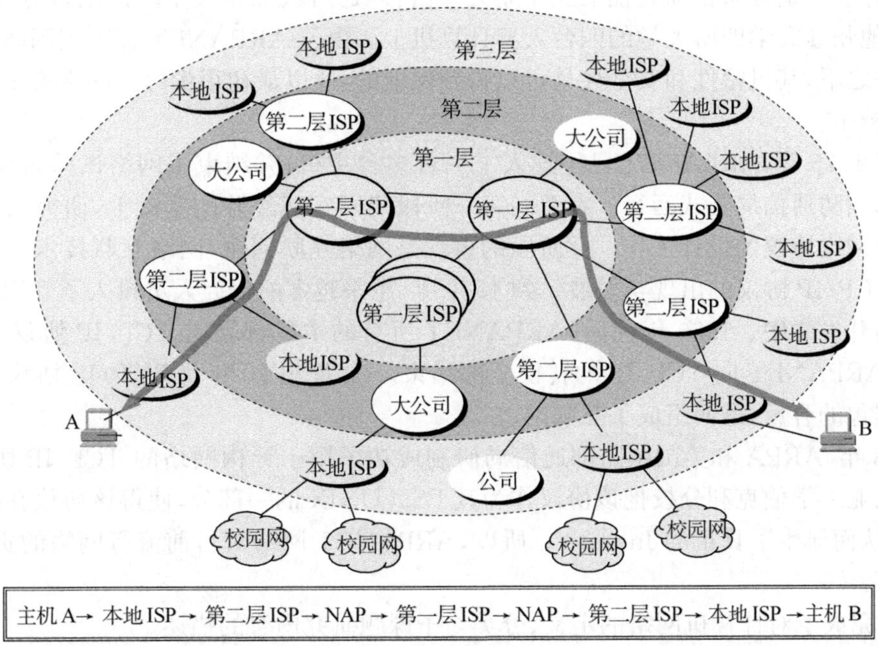

图 5-3　现代网络(二)

现代计算机网络的另一个特点就是采用了多层次 ISP 结构，如图 5-3 所示。由私营企业经营这些网络，而政府部门不再管理这些网络，但通过法律法规来规范这些私营企业行为。私营企业收取接入网络费用，于是他们就变成因特网服务提供商(Internet Service Provider，ISP)。ISP 从因特网管理机构申请到多个 IP 地址，同时拥有通信线路以及大量的路由器等设备。因此，任何个人或机构只要向他们缴纳一定的费用，就可以从他们那里得到 IP 地址，连接到因特网。目前国内一些高校中的学生宿舍可通过 ADSL 宽带连接入网，就类似于图 5-3 中的主机 A 与主机 B 通过网络通信。

5.3　典型的计算机网络

5.3.1　ARPANET(阿帕网)

【小插曲】　20 世纪 60 年代，由于美苏争霸，美国怕一个地区被炸从而影响地区间的通信问题，于是计划设计一个更加稳定、可靠和冗余的网络，显然当时的电话网络无法满足要求。1969 年 11 月，美国国防部高级研究计划管理局(Advanced Research Projects Agency，ARPA)开始建立一个名为 ARPANET 的网络。

20 世纪 60 年代，ARPANET 主要由于军事研究目的而产生，该网络基于如下的指导思想：网络必须经得住故障的考验而维持正常的工作，一旦发生战争，当网络的某一部分遭受攻击而失去工作能力时，网络的其他部分应能维持正常的通信工作。初期，ARPANET 只有四个结点，分别分布在加利福尼亚州立大学洛杉矶分校、加州大学圣巴巴拉分校、斯坦福大学、犹他州立大学四所大学的四台大型计算机上。由于 ARPANET 在美国国防部高级机密的保护之下，其机密性和安全性是可以得到保证的，所以最初很少考虑网络安全方面的问题，漏洞较多。

到了 1975 年，ARPANET 已经连入了一百多台主机，并结束了网络试验阶段，移交美国国防部国防通信局正式运行。在总结第一阶段建网实践经验的基础上，研究人员开始了第二阶段网络协议的设计工作。此阶段的重点是网络互联问题，网络互联技术研究的深入导致了 TCP/IP 协议的出现与发展。到 1979 年，越来越多的研究人员投入了 TCP/IP 协议的研究与开发之中。1980 年前后，ARPANET 所有的主机都转向 TCP/IP 协议。到 1983 年 1 月，ARPANET 向 TCP/IP 的转换全部结束。20 世纪 70 年代 TCP/IP 协议成功地扩大了数据包的容量，进而组成了互联网。

1983 年，ARPA 和美国国防部通信局研制成功了用于异构网络的 TCP/IP 协议，美国加利福尼亚大学伯克利分校把该协议作为其 BSD UNIX 的一部分，使得该协议在社会上流行起来，从而诞生了真正的 Internet。所以，ARPANET 网络对目前流行网络的贡献巨大，总结如下：

(1) 完成了对计算机网络的定义、分类与子课题研究内容的描述。

(2) 研究了报文分组交换的数据交换方法。

(3) 促进了 TCP/IP 协议的发展。

(4) 提出了通信子网和资源子网的两级网络结构机制。

(5) 为 Internet 的形成与发展奠定了基础。

(6) 采用了层次结构的网络体系模型。

综观 ARPANET 的发展历史，它是目前网络的前身，了解它对以后学习计算机网络有非常重要的借鉴意义。

5.3.2 internet(互联网)

互联网由多个计算机网络相互联接而成，是采用任意协议与技术的网络。例如，有的采用 TCP/IP 协议，有的采用 IPX/SPX 协议等。互联网是指将两台或者两台以上的计算机、计算机终端、客户端、服务端通过计算机信息技术和满足一定协议的手段互相连接起来的结果。

将计算机网络互相连接在一起的方法称为“网络互联”。从技术的角度可以如下定义互联网：

(1) 通过全球唯一的网络逻辑地址在网络媒介基础之上逻辑地连接在一起，这个地址是建立在“互联网协议”(IP)及其他协议基础之上的，所以就是 IP 地址。

(2) 可以使用“传输控制协议”和“互联网协议”(TCP/IP)。

(3) 以让公共用户或者私人用户享受现代计算机信息技术带来的高水平、全方位的服务为目的，这种服务是建立在上述通信及相关的基础设施之上的。

上述定义至少揭示了三个方面的内容：首先，互联网是全球性的；其次，互联网上的每一台主机都需要有“地址”；最后，这些主机必须按照共同的规则(协议)连接在一起。

5.3.3 Internet(因特网)

因特网是在全球范围内由采用TCP/IP协议组的众多计算机网络相互连接而成的最大的开放式计算机网络,其前身是美国的阿帕网。因特网是一组全球信息资源的总汇,有一种粗略的说法,认为Internet是由许多小的网络(子网)互联而成的一个逻辑网,每个子网中连接着若干台计算机(主机)。Internet以相互交流信息资源为目的,基于一些共同的协议,并通过许多路由器和公共互联网而成,它是一个信息资源共享的集合。20世纪90年代是Internet历史上发展最快的时期。

Internet应用主要有E-mail、WWW、Telnet、FTP与Usenet等,随着Internet规模和用户的不断增长,Internet上的应用领域也进一步得到开拓。

从用户的角度来看,Internet是一个全球范围的信息资源网。

从网络结构的角度看,Internet是一个由路由器互联起来的大型网际网。

此外还有一些网络,例如:Intranet、Extranet、Internet2等,在此不作详细介绍。

5.4 计算机网络参考模型

由于网络要处理的是一些涉及应用、数据、服务、软件、硬件等内容的复杂问题,因此必须对其分层。"分层"可将庞大而复杂的问题,转化为若干较小的局部问题,而这些较小的局部问题易于研究和处理。分层的好处很多,如各层之间是独立的,灵活性好,结构上可分割开,易于实现和维护,能促进标准化工作等。根据研究和实际应用的情况,目前有OSI参考模型和TCP/IP参考模型。

5.4.1 开放系统互联参考模型

1974年,ISO发布了著名的ISO/IEC 7498标准,它定义了网络互联的7层框架,就是开放系统互联(Open System Internetwork,OSI)参考模型。OSI中的"开放"是指只要遵循OSI标准,一个系统就可以与位于世界上任何地方、同样遵循同一标准的其他任何系统进行通信。这些通信协议由欧洲电信、欧共体以及美国政府所制定,并不是非常符合实际情况。

OSI参考模型定义了开放系统的层次结构以及各层所包括的可能的服务。这七层是:物理层、数据链路层、网络层、传输层、会话层、表示层和应用层,如图5-4所示。

(1) 物理层。利用传输介质为通信的网络节点之间建立、管理和释放物理连接,实现比特流的透明传输,为数据链路层提供数据传输服务。它传输的数据单元是比特,处理机械、电气、功能和过程等方面的特性。

(2) 数据链路层。在物理层提供的服务基础上,数据链路层在通信的实体间建立数据链路连接,目的是使有差错的物理线路变成无差错的数据链路。它传输的数据单元是帧。

(3) 网络层。利用路由选择算法为数据分组通过通信子网选择最适当的路径,以及实

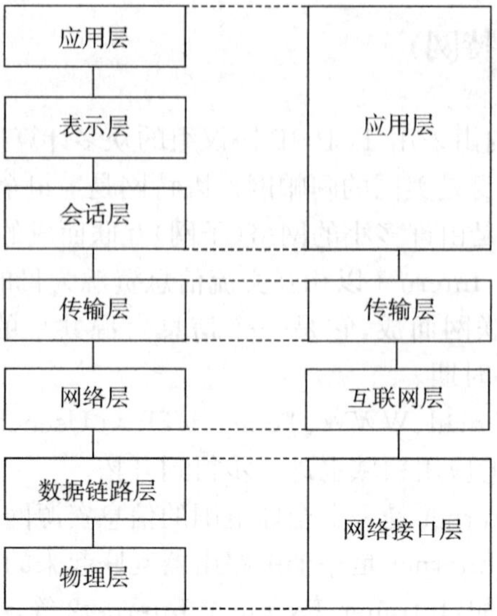

图 5-4　ISO 的 OSI 参考模型(左)和 TCP/IP 参考模型(右)

现拥塞控制、网络互联等功能。网络层的数据传输单元是分组。

(4) 传输层。向用户提供可靠的端到端(End-to-End)服务，也称进程通信，实际上就是两台互联的主机进程之间的对话。传输层向高层屏蔽了下层数据通信的细节，因此，它是计算机通信体系结构中最关键的一层。该层传输的数据单元是报文。

(5) 会话层。负责维护两个节点之间会话连接的建立、管理和终止，以及数据的交换。该层传输的数据单元是报文。

(6) 表示层。用于处理在两个通信系统中交换信息的表示方式、数据格式的变换、数据加密与解密、数据压缩与恢复。

(7) 应用层。提供网络与用户应用软件之间的接口服务，其作用是在实现多个系统应用进程相互通信的同时，完成一系列业务处理所需的服务。该层传输的数据单元是报文。

5.4.2　TCP/IP 参考模型

TCP/IP 参考模型是目前事实上的工业标准，目前的 Internet 均使用该模型，如图 5-4 所示。模型分为四层：主机-网络层(Host-to-Network Layer)、互联网层(internet Layer)、传输层(Transport Layer)和应用层(Application Layer)。

1. 主机-网络层(或网络接口层)

TCP/IP 参考模型的最底层，负责通过网络发送和接收 IP 数据报。TCP/IP 参考模型允许主机联入网络时使用多种物理网协议，例如 IEEE 802.3、IEEE 802.4、IEEE 802.5、IEEE 802.11、X.25 等。

2. 互联网层(或网际层)

互联网层的主要功能包括：(1)处理来自传输层的分组发送请求。在收到分组发送请求后，将分组装入 IP 数据报，填充报头，进行校验，然后选择发送路径，将数据报发送到相应的网络端口上去。(2)处理接收到的数据报。在接收到其他主机发送的数据报之后,检查目的地址,如需要转发,则选择发送路径转发出去。如目的地址为本节点IP地址,则除去报头,将分组交送传输层处理。(3)处理路由选择、流量控制与拥塞、校验等问题。

互联网层使用的协议是IP协议。IP协议是一种不可靠无连接的数据报传送服务协议,提供的是一种“尽力而为”的服务。IP协议的协议数据单元是IP分组。另外,本层还包括因特网报文控制协议(ICMP)、地址解析协议(ARP)、逆向地址解析协议(RARP)等。

3. 传输层

传输层负责在应用进程之间建立端到端通信(进程通信),用来在源主机与目的主机的对等实体之间建立用于会话的端到端连接。

本层定义了两种协议:传输控制协议(TCP)和用户数据报协议(UDP)。TCP是基于连接的传输层协议,UDP是基于无连接的传输层协议。

4. 应用层

应用层包括了所有的高层协议,并且总是不断有新的协议加入,各层次协议如图5-5所示。目前,应用层协议主要有远程登录协议(TELNET)、文件传输协议(FTP)、简单邮件传送协议(SMTP)、域名系统(DNS)、简单网络管理协议(SNMP)、简单文件传输协议(TFTP)、自举协议(BOOTP)、实时传送协议(RTP)与超文本传输协议(HTTP)等。

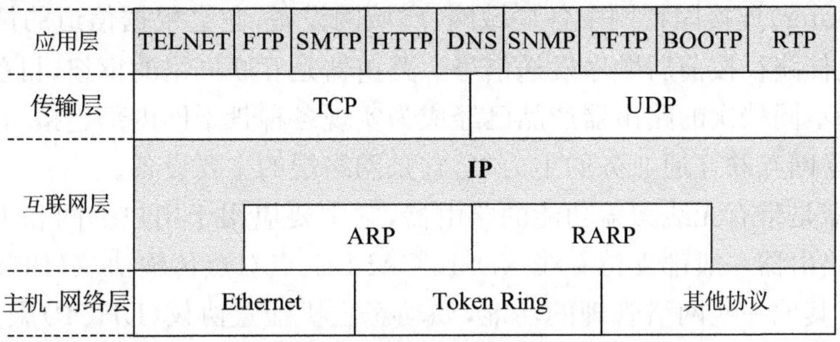

图5-5 各层次协议示意图

5.5 计算机网络硬件

计算机网络使用的硬件很多,如网线、集线器、网卡、调制解调器、网桥、交换机、路由器等。

1. 网线

常见的网线主要有双绞线、同轴电缆、光缆三种。目前,双绞线和光缆用得比较多。

2. 中继器和集线器

中继器从一个网络电缆里接收信号,放大它们,将其送入下一个电缆。集线器(HUB)作为网络中枢连接各类节点,以形成星状结构的一种网络设备。HUB的主要功能是对接收到的信号进行再生整形放大,以扩大网络的传输距离,同时把所有节点集中在以它为中心的节点上。中继器和HUB都工作在物理层。

3. 网卡

网卡又称网络接口板、通信适配器、网络适配器(adapter)、网络接口卡 NIC(Network Interface Card),负责计算机与外界局域网的连接。它可以处理 CSMA/CD 协议和曼彻斯特编码,工作在数据链路层。

4. 调制解调器

调制解调器又称猫(MODEM),能把计算机的数字信号翻译成可沿普通电话线传送的脉冲信号,而这些脉冲信号又可被线路另一端的另一个调制解调器接收,并译成计算机可懂的语言。这一简单过程完成了两台计算机间的通信。

5. 网桥

网桥(bridge)是一种根据转发表进行转发帧的技术,能将网络的多个网段在数据链路层连接起来,工作在数据链路层。

6. 交换机

交换机(switch)是一种用于电信号转发的网络设备,可以为接入交换机的任意两个网络节点提供独享的电信号通路。交换机分为二层交换机和三层交换机,二层交换机工作在数据链路层,三层交换机工作在网络层。

7. 路由器

路由器(router)连接因特网中各局域网、广域网设备,它会根据信道的情况自动选择和设定路由,以最佳路径按前后顺序发送信号。路由器是互联网络的枢纽,目前已广泛应用于各行各业,各种不同档次的路由器产品已经成为实现各种骨干网内部连接、骨干网之间互联和骨干网与互联网互联互通业务的主力军,它是网络层的主要设备。

无线路由器是带有无线覆盖功能的路由器,它主要应用于用户上网和无线覆盖。市场上流行的无线路由器一般都支持专线 XDSL/CABLE、点对点传输协议(PPTP)等多种接入方式,它还具有其他一些网络管理的功能,如动态主机配置协议(DHCP)服务、网络地址转换(NAT)、网络防火墙、物理地址(MAC)过滤等功能。

8. 防火墙

防火墙对流经它的网络信息进行扫描,这样能够过滤掉一些网络攻击。防火墙还可以关闭不使用的端口,禁止特定端口的流出通信和来自特殊站点的访问,封锁特洛伊木马,从而阻止来自不明入侵者的所有通信。

5.6 IP 地址及其子网划分

全世界的网络都使用统一的 IP 地址,采用基于 IP 的协议,互相连接起来就可以通信,比如:(1)要浏览网易网站,就是要知道对方的 IP 地址。如何知道呢?可以通过域名解析协议获知网易的 IP 地址,然后通过 IP 地址进行访问;(2)如果要访问 FTP 服务器,也要知道对方的 IP 地址。所以在 IP 协议中,IP 地址是非常重要的。IP 地址最初由网络地址和主机地址组成。

5.6.1　IP地址、子网掩码

IP地址长度为32位，分成4个字节，每个字节8位，采用十进制，所以每个字节的范围是0～255，采用×.×.×.×的格式来表示，如202.120.111.3。IP地址分为两部分：网络号和主机号。

IP地址分为五类：A类、B类、C类、D类、E类。

1. A类IP地址

第一个字节的第一位是0，第一个字节的后7位是网络号，所以网络号的范围是0～127(00000000～01111111)。网络号为全0和全1(用十进制表示为0与127)的两个地址保留用于特殊目的，实际允许有126个不同的A类网络。后三个字节是主机号，所以一个A类网络允许连接16777214($2^{24}-2$)个主机，因为全0和全1的两个地址保留用于特殊目的。地址范围是1.0.0.0～127.255.255.255，这类地址往往分配给大型网络使用。

2. B类IP地址

第一个字节的前2位是10，第一个字节的后6位和第二个字节的8位都是网络号，网络号第一字节的范围是128～191(10000000～10111111)。由于网络号长度为14位，因此允许有2^{14}=16384个不同的B类网络，实际允许连接16382个网络。后两个字节是主机号，所以一个B类网络允许连接65534($2^{16}-2$)个主机，因为全0和全1的两个地址保留用于特殊目的。地址范围是128.0.0.0～191.255.255.255，这类地址往往分配给大中型网络使用。

3. C类IP地址

第一个字节的前3位为110，第一个字节的后5位、第二个字节8位和第三个字节8位都是网络号，网络号第一字节的范围是192～223(11000000～11011111)。网络号长度为21位，因此允许有2^{21}=2097152个不同的C类网络，实际允许连接2097150个网络。第四个字节是主机号，所以一个C类网络允许连接254($2^{8}-2$)个主机，因为全0和全1的两个地址保留用于特殊目的。地址范围是192.0.0.0～223.255.255.255，这类地址往往分配给小型网络使用。

4. D类IP地址

第一个字节的前4位为1110，D类IP地址不标识网络，地址范围是224.0.0.0～239.255.255.255，用于其他特殊的用途，如多播地址Multicasting，在因特网上面还没使用。

5. E类IP地址

第一个字节的前5位为11110，暂时保留，地址范围是240.0.0.0～255.255.255.255，用于某些实验和留作将来使用，在因特网上面还没使用。

在一个网络内部，IP地址的分配有两种方法：静态分配和动态分配。静态分配是指预先给每一台网络设备分配一个固定的IP地址，要求这些网络设备之间没有IP地址冲突。动态分配则是指在网络设备启动网络功能时向某一台管理机申请IP地址，这样一台网络设备就没有固定的IP地址。动态IP地址协议有DHCP、NAT等。静态分配方法由于预先固定IP地址，如果网络发生问题，比较容易跟踪，但是由于某些网络设备可能并没有同时上网，IP地址浪费比较多。而动态分配方法则相反。

子网掩码是一个 32 位地址,用于屏蔽 IP 地址的一部分以区别网络标识(全"1"表示)和主机标识(全"0"表示),并说明 IP 地址是在局域网上,还是在远程网上。如 A 类 IP 地址的缺省子网掩码是 255.0.0.0,B 类 IP 地址的缺省子网掩码是 255.255.0.0,C 类 IP 地址的缺省子网掩码是 255.255.255.0,注意 D 类 IP 地址和 E 类 IP 地址没有子网掩码。

5.6.2 IP 地址子网划分和 CIDR 协议

在最初的 IP 地址划分方法中,分为 A 类、B 类、C 类、D 类、E 类,由于这样划分使用效率不高,如一个单位分到一个 B 类地址,但是又用不完,就浪费很多地址,因此后来出现了子网划分方法。子网就是将一个大的网络划分成几个较小的网络,而每一个网络都有其自己的子网地址。使用子网技术后,原先的主机地址被分成两个部分:子网地址和主机地址。子网地址和不使用子网标识的 IP 地址中的网络号一样,用来标识该网络,并用于进行互联网络范围内的路由选择,而主机地址标识是属于本地的那个物理网络以及主机,它是由本地来进行具体解释。子网技术使得用户可以更加方便、更加灵活地分配 IP 地址空间。

1987 年,RFC 1009 就指明了在一个划分子网的网络中可同时使用几个不同的子网掩码(可变长子网掩码划分方法)。使用可变长子网掩码划分方法(Variable Length Subnet Mask,VLSM)可进一步提高 IP 地址资源的利用率。在 VLSM 的基础上又进一步研究出无分类编址方法,它的正式名字是无分类域间路由选择(Classless Inter-Domain Routing,CIDR)。CIDR 消除了传统的 A 类、B 类、C 类、D 类、E 类地址以及划分子网的概念,因而可以更加有效地分配 IPv4 的地址空间。CIDR 使用各种长度的"网络前缀"(Network-Prefix)来代替分类地址中的网络号和子网号。IP 地址从三级编址(使用子网掩码)又回到了两级编址。由于其合理地使用 IP 地址,目前绝大部分路由器都支持这种协议。

5.6.3 IPv6 协议

使用 CIDR 方法还是无法解决 IP 地址数量不够用的问题,必须考虑新的方法来解决地址数量不够用的问题,因此就出现了 IPv6 协议。

IPv6 的地址长度是 128 位,因此它可以提供多达 3.4×10^{38} ($2^{128}-2$)个 IP 地址。IPv6 所能提供的巨大的地址容量可以从以下几个方面来说明:

(1) 全球可分配地址数为 340,282,366,920,938,463,463,374,607,431,768,211,456 个。

(2) 扣除一些地址使用上的特殊规定,IPv6 可以让地球上的每个人拥有可用地址约 1600 万个。

(3) 如果按土地面积来分配,每平方厘米可获得 2.2×1020 个地址。

IPv6 的主要特征包括:新的协议格式,巨大的地址空间,有效的分级寻址和路由结构,地址自动配置,内置的安全机制,更好的支持 QoS 服务。

IPv6 的协议头采用了一种新的格式,可以最大限度地减少协议头的处理开销。为实现这个目的,IPv6 将一些不是非常重要的和可选择的字段移到了固定协议头之后的扩展协议中。这样,网络中的中间转发路由器在处理这种简化的 IPv6 协议时效率会提高。

IPv6 解决了 IP 地址不够用的问题,但还要解决使用 IPv6 时的安全性和支持移动性等方面的问题。

5.7 网络组建实例

【需求分析】 有一个寝室有四台电脑,想组建成一局域网,能够互相访问资源。

【解决方法】 硬件设备可以用集线器、交换机或者路由器,如果用无线路由器就不用买网线了,否则需要买四根平行双绞线。下面假设四台电脑都安装的是 Windows 7 操作系统,每台电脑已经安装好了网卡驱动程序,寝室有一个交换机和四根平行双绞线,组网步骤如下:

第一步,连线。先把交换机的电源线插入电源插座,然后把四根平行双绞线分别插入四台电脑的网卡。

第二步,IP 地址配置。先在第一台电脑的最左下角点击"开始",在弹出菜单右边中间部分点击"网络",再点"网络和共享中心",再点"更改适配器设置",在"本地连接"上面点击右键,选择"属性",选择"Internet 协议版本 4(TCP/IPv4)"点击"属性",点击"使用下面的 IP 地址",在"IP 地址"输入 192.168.0.2,在"子网掩码"输入 255.255.255.0,在"默认网关"输入 192.168.0.1,最后点"确定"。然后按照同样的方法在第二台电脑的"IP 地址"输入 192.168.0.3,在"子网掩码"输入 255.255.255.0,在"默认网关"输入 192.168.0.1,最后点"确定"。在第三台电脑的"IP 地址"输入 192.168.0.4,在"子网掩码"输入 255.255.255.0,在"默认网关"输入 192.168.0.1,最后点"确定"。在第四台电脑的"IP 地址"输入 192.168.0.5,在"子网掩码"输入 255.255.255.0,在"默认网关"输入 192.168.0.1,最后点"确定"。

第三步,测试网络。在第一台电脑点最左下角的"开始",在运行框里面输入"cmd",然后敲回车,在弹出界面中,输入:ping 192.168.0.3,如果出现"来自 192.168.0.3 的回复:字节=32 时间<1ms TTL=64",说明网络已经通,如果出现"PING:传输失败。General failure.",说明网络可能不通,检查一下原因,有可能网线没插好,有可能 IP 地址配置不正确,有可能防火墙禁用了。用同样的方法可以在其他电脑 ping 一下另外的电脑验证网络是否正常。

第四步,共享文件。在第一台电脑里面,先把要共享的文件复制到一个文件夹里面,然后在这个文件夹上面点右键,选择"共享",再选择"家庭组(读取)",如果选择"家庭组(读取/写入)",其他用户可以把他电脑中的文件复制到这个文件夹里面,还可以把这个共享的文件夹里面的内容剪贴到他的电脑,所以为了安全,一般选择"家庭组(读取)"。在弹出的界面中,选择"是,共享这些项"。其他用户要访问第一台电脑的共享资源的方法是:点击"开始",在运行对话框中输入"\\192.168.0.2",然后敲回车,在弹出界面中输入第一台电脑的登录用户名和密码就可以看到共享资源了,如果 Guest 账户没禁用,不输入用户名和密码就能看到共享资源。

本章小结

计算机网络是实现计算机资源共享的有效途径和手段，是硬件和软件的组合，可将数据从一个地方发送到另一个地方。本章中，首先介绍了计算机网络的定义、分类。在此基础上，从组成与结构上分析对比了早期和现代的计算机网络，并详细地比较了阿帕网、互联网和因特网这三种典型的计算机网络。然后，分析了事实上的工业标准 TCP/IP 参考模型和 ISO 的 OSI 参考模型。接下来，对计算机网络所涉及的硬件进行了较系统的介绍。最后，分类阐述了 IP 地址及其子网划分方式，并通过一个实例介绍了网络的组建方法。

【推荐课余阅读材料】

[1] 谢希仁. 计算机网络[M]. 北京：电子工业出版社，2008.
[2] 吴功宜. 计算机网络[M]. 2 版. 北京:清华大学出版社，2007.
[3] 潘爱民. 计算机网络[M]. 北京:清华大学出版社，2004.
[4] Tanenbaum A S. Computer Networks (4nd)[M]. Prentice-Hall，2003.
[5] 王占全，杨建国. 计算机网络实验教程[M]. 上海：华东理工大学出版社，2009.

习题

1. 名词解释

路由器　交换机　CIDR 协议　互联网　因特网　计算机网络

2. 填充题

(1) 计算机网络按传输技术划分，分为广播式网络和__________式网络。
(2) 计算机网络按覆盖范围划分，分为__________、城域网和广域网。
(3) IP 地址 200.56.2.2 的 netid 是__________。
(4) 物理层的数据传输单元是__________。
(5) 一般情况下，网络层使用的硬件是__________。
(6) 计算机网络最本质的活动是分布在不同地理位置的主机之间的__________。
(7) TCP/IP 参考模型中，进行拥塞控制、路由转发的是__________层。
(8) 126.5.5.10 是__________类地址。
(9) 传输层分为__________和__________协议。
(10) IPv6 的地址长度是__________。

3. 选择题

(1) 网卡属于(　　)设备。
　A. 网络层　B. 应用层　C. 数据链路层　D. 物理层
(2) 网络层的数据传输单元是(　　)。
　A. 分组　B. 比特　C. 报文　D. 帧
(3) 下面哪个命令不是用来作网络配置的(　　)。
　A. arp　B. ipconfig　C. route　D. ping
(4) 在图 5-6 所示的一个简单互联网络中，路由器 2 的路由表中对应目的网络地址为

192.1.4.0 的下一跳的 IP 地址是(   )。

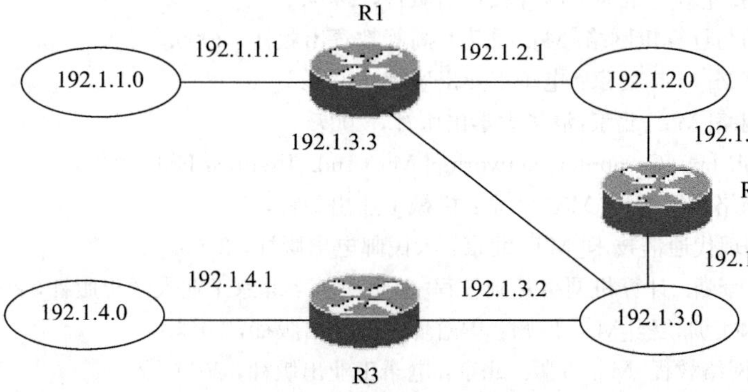

图 5-6

A. 192.1.3.1　　B. 192.1.2.2　　C. 192.1.4.1　　D. 192.1.3.2

(5) 路由器属于(   )设备。

A. 网络层　　B. 应用层　　C. 数据链路层　　D. 物理层

(6) 在下列网络设备中,(   )在数据链路层实现网络互联。

A. 中继器　　B. 网桥　　C. 路由器　　D. 网关

(7) 在 TCP/IP 协议中,UDP 协议是一种(   )协议。

A. 主机-网络层　　B. 互联网层　　C. 传输层　　D. 应用层

(8) 200.120.23.0/23 的子网掩码是(   )。

A. 255.255.254.0　　B. 255.255.255.255

C. 255.255.255.0　　D. 0.0.0.0

(9) Internet 是(   )。

A. 互联网　　B. 局域网　　C. 因特网　　D. 城域网

(10) IP 地址是 200.120.23.129,子网掩码是 255.255.255.0,那么网络地址是(   )。

A. 200.120.23.0　　B. 200.120.23.255

C. 200.120.23.129　　D. 0.0.0.0

4. 简答题

(1) 现代网络结构的特点是什么?

(2) ARPANET 是计算机网络技术发展的一个重要里程碑,它对计算机网络技术发展的主要贡献表现在哪些方面?

(3) TCP/IP 和 ISO 的 OSI 的区别是什么?

(4) 交换机和路由器的区别有哪些?

(5) 某个学校得到一个地址 203.120.111.0/24,现在有三个路由器互相连接,并且每个路由器各自连接一个局域网(最多有 30 台机器),请给出一种 IP 地址划分方法?

本章参考文献

[1] 冯博琴. 计算机网络[M]. 北京：高等教育出版社，2004.
[2] 高传善. 数据通信与计算机网络[M]. 北京：高等教育出版社，2009.
[3] 谢希仁. 计算机网络[M]. 北京：电子工业出版社，2008.
[4] 吴功宜. 计算机网络[M]. 北京:清华大学出版社，2007.
[5] Andrew S. Tanenbaum. Computer Networks [M]. 4nd. Prentice-Hall，2003.
[6] 骆耀祖. 计算机网络实用教程[M]. 北京：机械工业出版社，2005.
[7] 张金菊，孙学康. 现代通信技术[M]. 北京：人民邮电出版社，2005.
[8] 聂真理，李秀琴，李啸. 计算机网络基础教程[M]. 北京：北京工业大学出版社，2005.
[9] 姚幼敏. 组网技术实训教程[M]. 广州：华南理工大学出版社，2005.
[10] 吴功宜. 计算机网络教程[M]. 5 版. 北京：电子工业出版社，2011.
[11] 思科公司著. 思科网络技术学院教程[M]. 北京：人民邮电出版社，2004.
[12] 谢希仁. TCP/IP 协议族[M]. 3 版. 北京：清华大学出版社，2006.

第 6 章　计算机程序设计语言

【本章内容概要】 本章主要介绍计算机程序设计与程序设计语言的概念,并通过一个实例介绍使用程序设计语言开发程序的过程;其次介绍程序设计语言的历史和分类;最后介绍最常用的程序设计语言 C、C++、Java、C# 以及常见的脚本语言 Python。

【学习目的和要求】 掌握程序设计与程序设计语言的定义;了解计算机程序设计语言的历史;熟悉计算机程序设计语言的分类,学习结构化程序设计与面向对象程序设计,理解编译语言、解释性语言和常见的程序语言的特性。

【应掌握的知识点】 程序设计,程序设计语言,编译型语言,解释型语言,结构化程序设计,面向对象程序设计,脚本语言。

6.1　程序设计与程序设计语言

计算机系统一般包括软件和硬件两部分。硬件是物理存在的实体,软件指安装在硬件上的一组指令集合。软件一般也称为程序,表达了人们要求计算机所执行的一系列操作。为了方便与计算机系统进行交互,需要人们使用一组语法规则与计算机进行交流,这些用来定义计算机程序的语法规则就是计算机程序设计语言,通常简称为编程语言。编程语言能让程序员准确地定义计算机所需要使用的数据流和控制流。因而,计算机程序是用计算机语言所要求的规范描述出来的一系列动作。

人们发明计算机的目的是为了解决一系列特定问题。为此,需要给出解决某些问题的软件程序的创建过程,这个过程就是计算机程序设计。程序设计语言出现后,程序设计人员往往以某种程序设计语言为工具,给出采用这种语言表示的源代码,然后通过程序设计支持工具(如编译器、解释器)等获得能在计算机上执行的程序代码。程序设计过程一般包括分析、设计、编码、调试、测试等不同阶段。随着计算机技术的发展,计算机程序设计的范畴也越来越大,从应用软件构造到数据库设计、界面设计、通信协议设计、嵌入式系统开发等,这些复杂的应用都需要相应的计算机语言的支持;同时随着软件开发要求越来越高,软件开发过程中的管理越来越复杂,软件工程也逐渐成为软件开发的管理手段和工具,程序设计已成为软件工程的一部分。

在计算机领域,从事程序设计的人员一般称为程序员。程序设计的出现早于电子计算机的出现,由于在程序设计上的突出贡献,19 世纪的爱达·勒芙蕾丝(Ada Lovelace)被后人公认为第一位计算机程序员。

计算机程序设计语言是程序员与计算机交流的“语言”，作为一门“语言”，它的主要特点是人工定制的、与机器交互的、用于开发软件的一门语言。这也反映了程序设计语言的语法和语义，即人为定义语法、精确表达用于机器的语义。

计算机程序设计语言的发展是一个让程序员方便描述问题的过程，也是一个更容易让人理解程序的过程。本质上，一台计算机遵循冯·诺依曼体系，每次取出一条指令，然后执行该指令，改变某些存取单元的数据。最初，人们只使用计算机能读懂的机器语言进行编程，即直接使用计算机的原始语义作为机器语言的语义，机器语言只有操作码和地址码的定义，但这种语言不利于人们学习和理解。为了促进计算机程序语言的发展，人们定义了变量、数组、赋值、控制函数、过程、块等语义概念，经机器翻译将这些语义概念转成操作码、地址码，从而可以编制过程式程序。后来，人们把数据结构和在该数据结构上所做的操作进一步封装起来作为类对象，从而可以实现对象式程序。再后来，图形化的编程语言出现了。由于机器语言和汇编语言是面向机器的，通常被称为低级语言；之后出现的面向用户语言一般被称为高级语言。高级语言更具有通用性。

任何一个高级程序设计语言都具有一个“语言的规格说明”文档，规定了该语言的语法和它的语义，以及用该语言元素表达的程序如何组织。使用程序设计语言表示的程序，一般称为源代码，需要通过安装在计算机上的程序设计语言工具软件，将独立于机器的源程序翻译为可在具体的计算机上运行的目标代码程序，如图 6-1 所示。按照翻译模式的不同，一般分为解释型和编译型两类执行模式，相应的程序设计软件工具称为解释器和编译器。解释器读入一段相对完整的源代码，翻译为目标机器代码后，立即解释执行。编译器读入一个独立的编译单元(程序的逻辑单元，如主程序、函数，子程序，或若干个逻辑单元组成的编译单元，如文件、模块、包)翻译为可执行的目标代码单元，经过连接必要的库支持例程成为可执行内存映像，加载到内存中运行，由于它是按单元翻译，可以经过上下文分析作若干次优化，提高目标代码质量。一般说来，解释器能够迅速给出正确结果，但程序效率较差。对于运行量大和要求高效的应用程序都采用编译型语言。

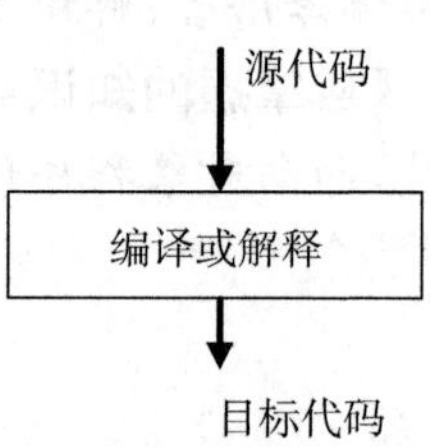

图 6-1　程序设计语言的执行

为了说明如何采用程序设计方式生成程序解决实际问题，下面以 C 语言为例，说明编写的程序如何从源代码变到可执行的机器代码。

问题描述：把 x 和 y 中的最大值取出交给 z。

该问题的 C 语言描述如下：

```
if (x>y)
    z=x;
else
    z=y;
```

当然，这不是个完整的 C 语言程序，根据 C 语言的规范，必须要有 main 函数；还需要为 x、y、z 变量在内存中分配空间。此外，为了让 x、y 之间比较判断有意义，必须要给 x、y 赋一个初值。为了让用户看到程序的运行结果，必须将最后的 z 值输出。综合考虑这些条件之后，完整的程序如下：

```
#include<stdio.h>
```

```
int main()
{
int x, y, z;
    x=10;
    y=20;
    if (x>y)
      z=x;
    else
      z=y;
    printf("z=%d\n",z);
    return 0;
}
```

为了将源代码变成可执行程序，需要用程序设计工具，我们这里选择 Microsoft Visual C++集成环境进行开发。将这个程序命名为 max.c，整个建立过程不再赘述。在这个项目中，首先需要对源代码进行输入和编辑（如图 6-2 所示），然后进行程序编译（在编译时 VC++会创建新的默认项目，如图 6-3 所示）、链接和执行。所得的结果是个控制台(console)程序，如图 6-4 所示。

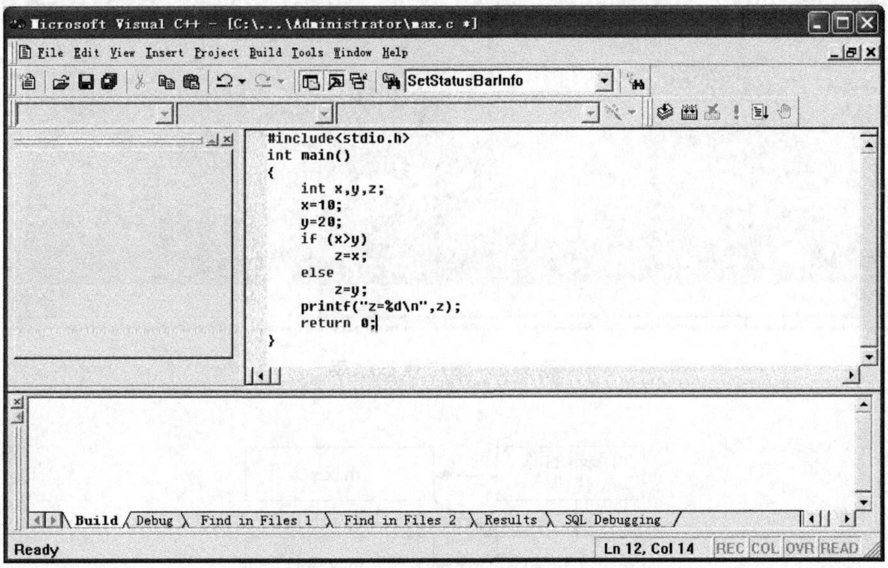

图 6-2　输入源程序到 VC++中

由于采用了 VC++集成开发环境，max.c 从源代码到形成最后的可执行文件的整个编译过程都被隐藏了，整个实际的编辑和编译流程如图 6-5 所示。

在图 6-5 中，右边一列由虚线箭头和主过程链接起来的方框展示了作为示例的"max"程序是如何从源文件被加工成可执行文件的：文本编辑产生的源程序"max.c"，经过编译器的编译产生目标文件"max.obj"。其中源程序可以由程序员阅读并理解，目标文件是一个二进制代码的序列，只有计算机可以执行，人是无法理解的。接下来由链接程序(link)将

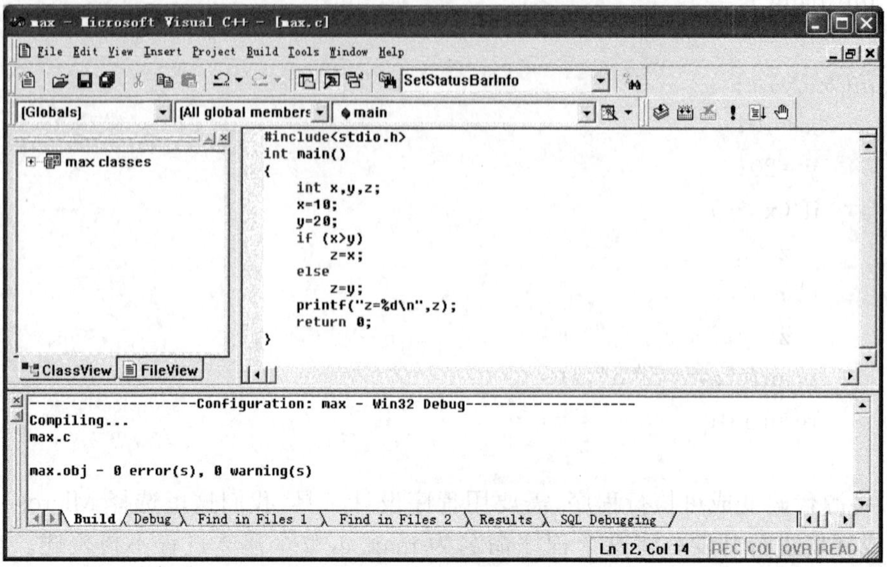

图 6-3　编译结果

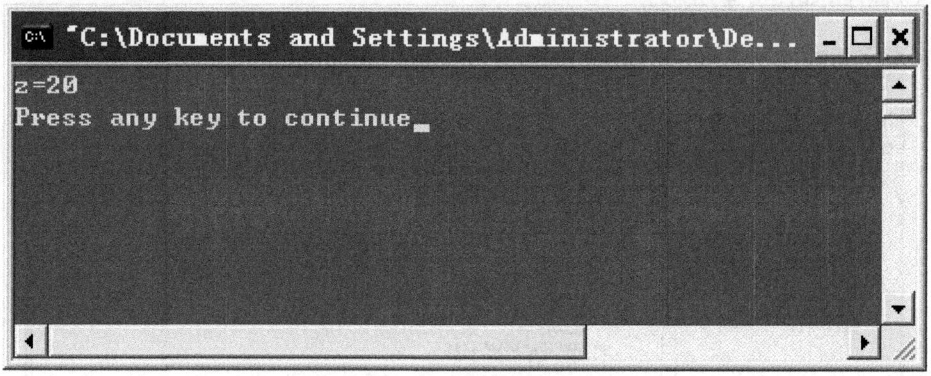

图 6-4　程序执行结果

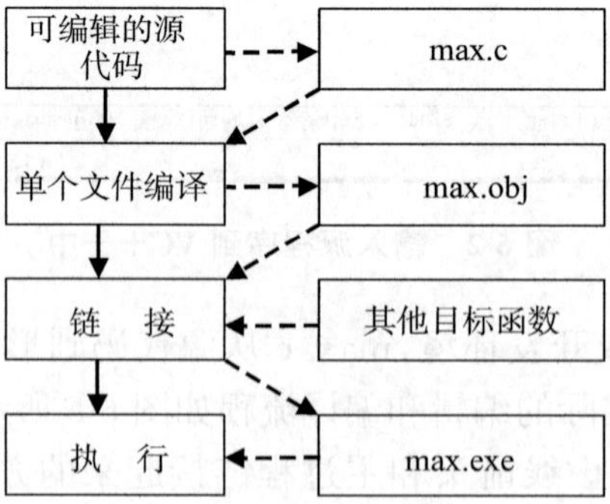

图 6-5　流程图

“max.obj”和其他目标函数链接起来形成完整的目标代码，即可执行的程序文件。

在以上流程中，单个文件的编译和链接步骤都属于编译过程。VC＋＋中的编译是把源程序翻译成.obj文件，链接把.obj文件和系统的库函数交叉地链接起来，变成可执行文件，即.exe文件。这是编译全过程的两大步骤。

该实例完全可以用其他编程语言实现。程序设计语言所关注的核心共性问题主要有两点：(1)如何描述数据和计算数据；(2)如何控制指令流程。以max程序为例，在描述数据和计算数据方面，使用“int x, y, z;”描述数据类型并申请相应的内存空间，使用“x>y”、“z＝x”和“z＝y”来进行数据计算。在指令流程控制上，使用if-else结构来实现分支判断。

6.2　计算机程序设计语言的历史

计算机程序设计语言经历了从机器语言、汇编语言到高级语言的过程。

第一台现代计算机ENIAC问世后，计算机都直接采用机器语言，即用“0”和“1”为指令代码来编写程序，难写难读，编程效率极低。单调的数字极易出错，为了方便编程，人们将操作码改作易记的字符，这就是汇编语言。汇编语言虽然提高了效率，但仍然不够直观简便。从1954年起，计算机界逐步开发了一批“高级语言”，采用英文词汇、符号和数字，遵照一定的规则来编写程序。

1954年，IBM公司程序师巴科斯(J. Backus)设计了第一个脱离机器的高级语言FORTRAN。FORTRAN主要用于科学计算的“公式翻译语言”(FORmula TRANslator)。1957年，FORTRAN正式商用。此后，不同版本的FORTRAN纷纷面世，1966年，美国统一了它的标准，称为FORTRAN 66语言。目前，FORTRAN仍然是科学计算选用的语言之一，巴科斯因此摘取了1977年度“图灵奖”。

1958年，欧洲和美国的部分计算机专家在苏黎世会晤成立了一个改进FORTRAN的委员会，这个委员会研制了ALGOL 58。1960年，该委员会发布了ALGOL新的语言版本——国际代数语言ALGOL 60。ALGOL语言没有被广泛运用，但它演变为其他程序语言的概念基础。

1960年，在美国国防部支持下，美国各厂商和机构组成的委员会发表了用于商用事务处理方面的程序设计语言COBOL-60语言。COBOL最重要的特征是与英文很接近，可以让不懂计算机的人也能看得懂程序。1963年，美国国家标准局将它进行了标准化。

1967年，为普及程序语言教育，美国达特茅斯学院的凯梅尼(J. Kemeny)和卡茨(T. E. Kurtz)在简化FORTRAN的基础上研制出交互式、解释型语言BASIC(Beginners All purpose Symbolic Instruction Code，初学者通用符号指令码)。由于解释程序小(仅8K)，且赶上20世纪70年代微机大普及，BASIC取得了众所周知的成就。但是BASIC的弱类型、全程量数据、无模块，决定了它只能编制小程序。它是程序员入门的启蒙语言，经过不断改进，一直沿用至今，出现了像QBASIC、VB等新一代的BASIC版本。

1967年，挪威计算机科学家达尔(O. J. Dahi)和奈加特(K. Nygaard)研制出通用模拟语言SIMULA 67。它以ALGOL 60为基础，为分层模拟离散事件提出了类(class)的概念。

类将数据和其上的操作集成为一体,定义出类似类型的样板。以实例进入运算。这是抽象数据类型及面向对象的先声。

1971 年,沃斯(N. Wirth)在 ALGOL 研究的基础上发明了另一种简单明晰的计算机语言,这就是以 Pascal 的名字命名的 PASCAL 语言。PASCAL 语言语法严谨,层次分明,程序易写,具有很强的可读性,是结构化程序设计教育的示范语言。

1972 年,作为 UNIX 系统研究的一项“副产品”,AT&T 贝尔实验室的两位科学家里奇(D. Ritchie)和他的协作者汤姆森(K. Thompson)完成了 C 语言的开发,这么说是因为研制 C 语言的初衷是为了用它编写 UNIX。C 语言结合了汇编语言和高级语言的优点,大受程序设计师的青睐。1983 年度的“图灵奖”被授予了里奇和汤姆森,以表彰他们共同发明著名的计算机语言 C 语言所作的贡献。C 语言现在是当今软件工程师最宠爱的语言之一。C 语言的原型是 1966 年由剑桥大学的理查斯开发的系统程序设计语言 BCPL。BCPL 是在 CPL 基础上发展而来的,而 CPL 深受 ALGOL 60 的影响。1970 年,汤姆森将 BCPL 改造成 B 语言,用于重写 UNIX 多用户操作系统。里奇最终将 B 语言改造成 C 语言。

1983 年,Ada 83 在美国军方的支持下开发成功,并成为美国军方的专用军方语言。由于 Ada 是过程语言,在推出后就已经落伍。1995 年,美国军方语言 Ada 完成面向对象改造推出了 Ada-95。Ada-95 很快被 ANSI 和 ISO 接受,成为世界上第一个有法定标准的面向对象的语言。

1972 年,美国施乐公司保罗·奥特研究中心的阿兰·凯(A. Kay)领导的软件概念小组为方便不同用户处理各种信息,在小机器上搞了一个 Dynabook 计划。它以全部的“对象”概念建立自己的系统。1980 年,Smalltalk-80 作为正式的发布版本。Smalltalk 类对象概念来自 SIMULA 67。

1983 年,贝尔实验室另一研究人员施特劳斯特鲁普(B. Stroustrup),把 C 语言扩展成一种面向对象的程序设计语言 C++。如今,数以百万计的程序员用它来编写各种软件用于数据处理、实时控制、系统仿真和网络通信等。

1995 年,升阳公司(Sun MicroSystems)发布了 Java 语言。Java 语言的雏形原本被命名为 Oak。由于 Java 的跨平台特性适用于互联网,因而伴随着互联网的迅猛发展,逐渐成为重要的网络编程语言。Java 编程语言继承了 C++语言面向对象的核心技术,用引用取代了 C++语言中的指针,具有垃圾回收器功能。

编程语言的发展历史和关系如图 6-6 所示。

6.3 程序设计语言的分类

程序设计语言的种类非常的多,可以根据语言的级别和语言的年代特征进行分类。

6.3.1 按语言级别分类

按语言级别可将语言分为低级语言和高级语言。

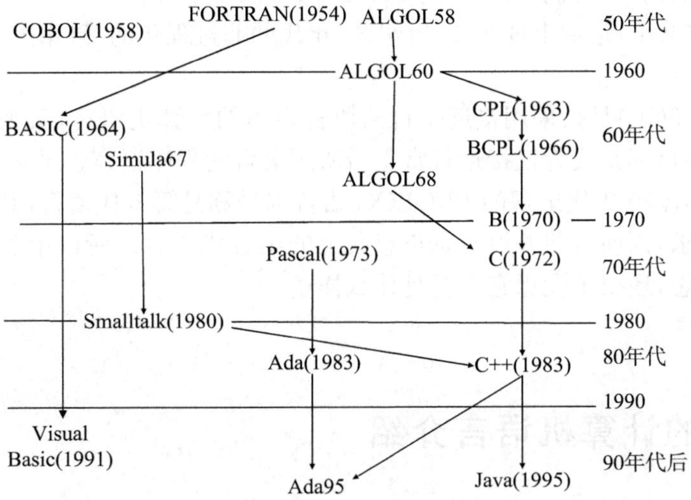

图 6-6　编程语言的发展历史和关系

低级语言是直接或间接采用机器提供的地址码、操作码编程的语言。机器语言和汇编语言都属于低级语言，例如 8086 汇编语言。高级语言是独立于机器的，用自然语言提供的语义概念和支持的范型编程。高级语言和低级语言相比，将许多相关的机器指令集合成单条指令，并且去掉了与具体操作有关但与完成工作无关的底层细节，大大简化了操作。在高级语言中，有一类语言，如 C 语言，能够通过编程操纵机器的硬件特征但不涉及地址码和操作码，这类语言具有低级语言的一些特性，有时候将它们称为中级语言。

高级语言所编制的程序不能直接被计算机识别，必须经过转换才能被执行，按转换方式可将它们分为两类：编译型语言和解释型语言。编译型语言中，用户将源程序一次写好，提交编译，运行编译得到目标码模块，再通过链接生成可执行目标码程序。由于目标码程序在程序执行之前就已经形成，因此其目标程序可以脱离语言环境独立执行，使用比较方便、效率较高。但应用程序一旦需要修改，必须先修改源代码，再重新编译生成新的目标文件程序。现在大多数的编程语言都是编译型的，例如 C＋＋、FORTRAN 等。在解释型语言中，在程序执行时，应用程序源代码一边由相应语言的解释器“翻译”成目标代码（机器语言），一边执行，因此效率比较低，而且不能生成可独立执行的可执行文件，应用程序一般不能脱离其解释器运行，如 BASIC、Java 等。它们的特点是所用翻译空间小，反应快，但运行效率慢。

6.3.2　按年代特征进行分类

第一代语言（1GL）是指 20 世纪 50 年代的面向机器的语言，它们的主要特性是与具体机器相关。机器语言和汇编语言即是典型的代表。

第二代语言（2GL）是指 20 世纪 60 年代的与机器无关的面向过程的高级语言，其中，变量、赋值、子程序、函数调用等概念开始出现。代表性语言是 FORTRAN、BASIC、ALGOL 60、COBOL 等。

第三代语言（3GL）是指出现在 20 世纪 70 年代以后的，在早期以结构化为特点，晚期以面向对象为特点的语言。代表性语言有 Pascal、Ada、C++等。

第四代语言(4GL)是指出现在 20 世纪 80 年代的非过程化的、采用声明的、程序式的语言,如 SQL。

第五代语言(5GL)是指采用接近于自然语言表示的计算机语言,又被称为知识库语言或人工智能语言,目标是成为最接近日常生活所用语言的程序语言。虽然 1957 年开始研究的 LISP 和 20 世纪 70 年代出现的 PROLOG 语言都号称是第五代语言,其实还远远不能达到自然语言的要求,因而目前并没有真正意义上的第五代语言。所以第五代语言目前只能说有了初步的设想,还很难设想它究竟是什么样子。

6.4 常见的计算机语言介绍

目前计算机语言有成百上千种,常见的计算机语言有:Ada、Basic、C 、C++、C#、CG、FORTRAN、HTML、Java、LabVIEW、Lisp、MATLAB、Pascal、Delphi、Perl、PHP、Powerbuilder、Python、Ruby、Script、Shell、Smalltalk、SQL、XML 等及其变种。

【小插曲】 为了选择最有代表性的语言,参考了 TIOBE 软件公司的 TIOBE 编程社区指数(Programming Community Index)。TIOBE 编程社区指数是 TIOBE 软件公司根据互联网上富有经验的程序员、商业应用、著名的搜索引擎(诸如 Google、MSN、Yahoo)的关键字排名等数据采样生成的。该指数每个月发布一次,在一定程度上体现了编程语言在当前的流行趋势。在 2011 年 7 月编程社区指数中,Java 和 C 占据了榜单的前两名(见表 6-1)。综观该排行榜近十年的排名,Java 和 C 一直占据了前两名。下面章节中,综合考虑编程语言的流行性和代表性,选取了该榜单的前四名 Java、C、C++、C#和一个脚本语言 Python 作为常用语言的代表进行详细介绍。

表 6-1 2011 年 7 月编程社区指数前十名

排位	编程语言	占有率
1	Java	19.25%
2	C	17.28%
3	C++	9.02%
4	C#	6.22%
5	PHP	6.18%
6	Objective-C	5.18%
7	(Visual) Basic	5.11%
8	Python	3.58%
9	Perl	2.33%
10	JavaScript	2.24%

6.4.1 C语言

1. C语言的发展

C语言的原型是1966年由剑桥大学的理查斯开发的系统程序设计语言BCPL，汤姆森将BCPL改造成B语言，里奇在B语言的基础上将其改造成C语言。

1978年，由AT&T贝尔实验室正式发表了C语言。同时由科尼汉（B. W. Kernighan）和里奇合著了著名的《The C Programming Language》一书，在该书中并没有定义一个完整的标准C语言。1983年，美国国家标准协会（American National Standards Institute，ANSI）在此基础上制定了一个C语言标准，并于1989年12月14日成为美国国家标准协会标准——ANSI X3.159-1989，1990年正式颁布。1990年，国际标准化组织（International Standard Organization，ISO）接受ANSI C为ISO C的标准（ISO 9899—1990）。在ANSI标准化后，C语言的标准在一段相当长的时间内都保持不变，尽管C++继续在改进。ANSI标准在20世纪90年代才经历了改进，这就是ISO9899：1999（1999年出版）。这个版本就是通常提及的C99。它被ANSI于2000年3月采用。

C语言发表之前，程序设计人员所使用的编程语言很有限，只有FORTRAN、COBOL、BASIC、汇编语言等。在C语言兴起的同时，结构化设计原则已经在研究中了。结构化程序设计语言的典型代表是PASCAL，但PASCAL语言的设计效率较低，不能用于系统级别的编程。因此，很有必要尝试创造一种更好的具有统一性的计算机语言。

C语言的产生被认为是现代计算机语言时代的开端，它是高效的、功能强大的、简单易学的结构化语言。C语言的设计、开发、实现、推广由真正的从事编程工作的程序员来完成，反映了实际编程工作（如编写UNIX系统）的需求。随着UNIX的流行，C语言的特性更加突出，C语言也成为程序员们喜欢使用的语言。总之，C语言是由程序员设计开发给程序员使用的一种语言。

2. C语言的特点

最初的C语言是为了更好地实现UNIX操作系统而开发的一种专用语言，因而它具有实现操作系统所必须的汇编语言的一些特性。C语言所具有的速度优势和灵活性令其他高级语言无法相比，而其简单的语法规则和易读性又弥补了汇编语言的繁琐、难以调试和难以理解的缺点。C语言是一种通用型编程语言，即不是为某一专有领域的应用而特有的。通俗地说，在计算机技术领域，C语言几乎是“万能”的，如实现数学科学计算软件、操作系统、网络协议栈等。

C语言的广泛应用是由以下主要特点决定的：

(1) 从目标代码质量和可移植性的特性来说，C语言生成目标代码质量高，程序执行效率高，一般只比汇编程序生成的目标代码效率低10%～20%；用C语言写的程序可移植性好（与汇编语言比），基本上不做修改就能用于各种型号的计算机和各种操作系统。

(2) 从语言特性来说，C语言具有简洁、紧凑、使用方便、灵活、运算符和数据结构丰富、结构化的控制等特点。C语言共有32个关键字和9种控制语句，程序书写形式自由。C语言的运算符包含的范围很广泛，共有34种运算符。C语言把括号、赋值、强制类型转换等作为运算符处理，从而使C语言的运算类型极其丰富，表达式类型多样化。灵活使用各种运算符可以实现在其他语言中难以实现的运算。C语言的数据类型有整型、实型、字符型、数组类型、指针类型、结构体类型、共用体类型等。C语言能用来实现各种复杂的数据结构(如链表、树、栈等)的运算,尤其是指针类型数据,使用起来更为灵活、多样。C语言具有结构化程序设计的控制语句,使用函数作为程序的模块单位。

(3) C语言允许进行底层操作。C语言能直接访问物理地址,能进行位(bit)操作,能实现汇编语言的大部分功能,可以直接对硬件进行操作。C语言的这种双重性,使它能够成为系统软件和应用软件两者的设计语言。

(4) C语言程序设计有较大自由度。与一般的高级程序设计语言不同,C语言的语法检查条件放得较宽。语法限制不太严格,程序设计自由度大。例如C语言语法检查中,对数组下标越界不做检查。一般的高级语言语法检查比较严格,能检查出几乎所有的语法错误。程序员应当仔细检查程序,保证其正确,而不要过分依赖C语言编译程序去查错。随着软件工程的不断规范化和标准化,许多商业化C语言的语法检查器也逐渐严格起来,但总的来说C语言的语法检查比其他高级语言宽松得多,当然,这个也可以认为是C语言的缺点。

3. C语言的基本结构和实例

C语言程序由一个且只能有一个main( )函数(又称主函数)和若干个其他函数结合而成的,或仅由一个main()函数构成。

【例6-1】 编写显示字符串“Hello, world!”的程序。

```
#include <stdio.h>
int main(void)
{
    printf("Hello, world! \n");
    return 0;
}
```

或:

```
#include <stdio.h>
int main(void)
{
    puts("Hello, world!");
    return 0;
}
```

本程序的作用是输出以下一行信息:

Hello, world!

其中main是主函数名,每一个C语言程序有且只有一个main函数。其后的一对圆括号是函数的标志,圆括号中间可以是空的,但这一对圆括号不能省略。函数体由大括弧{}括起来。本例中主函数内只有一个输出语句,分别使用printf和puts实现。printf是C语言中的格式输出函数,puts只能用来输出字符串。双引号(双括号)内的字符串原样输出。“\n”是换行符,即在输出“Hello,World!”后回车换行。每条语句最后有一分号。程序一般用小写字母书写,大、小写字母是有区别的。

【例 6-2】 使用函数来实现“把 x 和 y 中的最大值取出交给 z”。

```
#include<stdio.h>
int max(int a, int b)            /*定义用户函数*/
{
  if (a>b)   return a;
  else       return b;
}
int main( )                      /*主函数定义*/
{
  int x,y,z;
  printf("please input x y:");
  scanf("%d %d", &x, &y);
  z= max(x,y);
  printf("z=%d\n",z);
  return 0;
}
```

本例由一个主函数(main 函数)和一个自定义函数组成。C 语言程序由 main 函数的首句开始执行,由 main( )函数的最后一句结束,函数中可调用其他函数。自定义函数的定义由函数头与函数体两部分组成,函数头(函数说明部分)包括函数返回值类型、函数名、函数参数及参数的数据类型,函数体部分是函数功能的实现部分,包括变量定义与执行语句。自定义函数可在 main 函数和其他函数中调用。

从以上两个例子可以看出,一个较完整的 C 语言程序通常包括:包含文件(一组 #include 语句)、用户函数说明部分、全局变量定义、主函数和若干用户函数。在主函数和用户函数中又包括局部变量定义、若干个库函数调用语句、控制流程语句、用户函数调用语句等。

一般说来,可先用文本编辑器建立源文件,然后用编译程序生成可执行的目标程序。

4. C 语言的开发环境

目前最著名的 C 语言开发环境是 Borland 的 Turbo C 和 Microsoft 的 Visual C++。Visual C++已在 6.1 节初步介绍了,下面简单介绍一下 Turbo C。

Turbo C 是一个集程序编辑、编译、链接、调试为一体的 C 语言程序开发软件,具有速度快、效率高、功能强等优点,使用非常方便。C 语言程序人员可在 Turbo C 环境下进行全屏幕编辑,利用窗口功能进行编译、链接、调试、运行、环境设置等工作。Turbo C 的工作窗口如图 6-7 所示。

它包括以下几个方面的内容

(1) 主菜单条:在 Turbo C 屏幕的顶部。它包括 8 个主菜单:File(文件)、Edit(编辑)、Run(运行)、Compile(编译)、Project(项目)、Options(选项)、Debug(调试)、Break/watch(断点/监视),每一个主菜单还有其子菜单,分别用来实现各项操作。

(2) 编辑窗口:在主菜单窗口的下面,正上方有 Edit 字样作为标志。编辑窗口的作用是对 Turbo C 源程序进行输入和编辑。源程序都在这个窗口中显示,因而编辑窗口占据了屏幕的大部分面积。

在编辑窗口的 Edit 字样下部有一行英文：

Line 1　Col 1　Insert　Indent　Tab　Fill　Unindent　D：GDY1.C

其中 Line 1 和 Col 1 表示当前光标的位置在第 1 行第 1 列。当光标移动时，Line 和 Col 后面的数字也随之改变，它们用来告诉用户光标当前所在的位置。

该行最右端显示的是当前正在编辑的文件名，对新文件自动命名为 NONAME.C。如果从磁盘调入一个已存在的文件，则在该位置上显示的不再是 NONAME.C，而是该文件的名字。

(3) 信息窗口：在屏幕的下部，用来显示编译和链接时的有关信息。在信息窗口上方有"Message"字样作为标志。在编辑源程序时不用此窗口。

(4) 功能键提示行：在屏幕最下方(信息窗口的底部)，显示了一些功能键的作用。

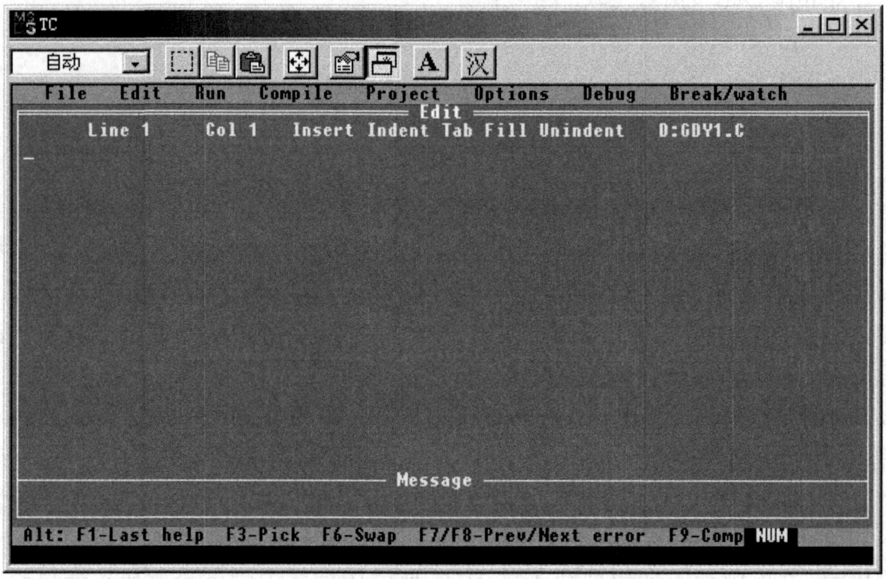

图 6-7　Turbo C 界面

6.4.2　C++语言

1. 面向对象程序设计

所谓面向对象程序设计是在结构化程序设计的基础上发展起来的。结构化程序设计的基本思想是自顶向下、逐步求精，将整个程序结构划分成若干个功能相对独立的模块，模块之间的联系尽可能简单。程序的每个模块用顺序、选择、循环三种基本结构来实现。同时每个模块只有一个入口和一个出口。在面向对象程序设计中，对象是构成软件系统的基本单元，并从相同类型的对象中抽象出一种新型的数据类型——类，对象是类的实例。类的成员中不仅包含有描述类对象属性的数据，还包含有对这些数据进行操作的代码。将对象的属性和行为放在一起作为一个整体的方法称为封装，它将对象大部分行为的实现隐藏起来，仅通过一个可控的接口与外界交互。面向对象程序设计提供了类的继承性，可通过对一个被称为基类的类增添不同的特性来派生出多种被称为派生类的特殊类，从而使得类与类之间建立了层次结构关系，为软件复用提供了有效的途径。面向对象程序设计支持多态性。多态性与继承性相结合，使不同结构的对象以不同的方式响应同一个消息。

总之，面向对象程序设计的核心思想是数据的分解，着重点放在被操作的数据上而不是实现操作的过程上。它把数据及其操作作为一个整体对待，数据本身不能被外部过程直接存取。面向对象程序设计中，程序一般由类的定义和类的使用两部分组成，主程序中定义各个对象并规定它们之间传递消息的规律，程序中的一切操作都通过向对象发送消息来实现，对象接收到消息后，调用有关对象的行为来完成相应的操作。用这种方法开发的软件可维护性和可复用性较高。

支持面向对象的程序设计语言很多，C++就是一种被广泛使用的、全面支持面向对象程序设计的程序设计语言。此外，Java也是一种被广泛使用的面向对象程序设计语言。

2. C++语言的发展

C++起源于对C语言的改进。80年代初期，随着软件工程的发展，许多软件项目的复杂性都超过了结构化方法的能力范围。随着技术的发展，诞生了面向对象编程(Object-Oriented Programming，OOP)新方法，即通过使用继承性、封装性和多态性来帮助组织复杂程序的编程方法。为了增强C语言处理复杂项目的能力，在C语言中引入面向对象思想，形成了一种新的语言C++。C++能够帮助程序员理解和管理更大的程序。

贝尔实验室的施特劳斯特鲁普于1979开始在C语言中加入一些Simula语言的特点，并吸取其他语言如ALGOL 68、Ada等的优点，形成了一种新的语言C with Classes(带类的C)。1983年，C with Classes改名为C++。一开始C++是作为C语言的增强版出现的，之后不断地给C语言增加新特性。虚函数(Virtual Function)、运算符重载(Operator Overloading)、多重继承(Multiple Inheritance)、模板(template)、异常(exception)、运行时类型信息(RTTI)、命名空间(Name Space)等功能逐渐被加入。随着C++语言的演变，也逐渐演化出相应的标准程序库。最先加入C++标准库的是流I/O程序库，用其取代传统的C函数输入输出流，如printf和scanf。随后引入C++程序库中最重要的库便是标准模板库，简称STL。1998年，一个联合的ANSI-ISO委员会对C++进行了标准化(ISO/IEC 14882:1998)，2003年发布了一个C++标准的修正版本(ISO/IEC 1482:2003)。C++处于不断发展中，下一版的标准制定工作早已经开始了，现在处在尾声阶段，新标准一开始预期是在2009年完成，但实际上现在还没有完成。新版本被称为C++0X。

C++语言的发展可分为三大步：第一步从20世纪80年代到1995年。这时C++语言基本上是传统类型上的面向对象语言，并且凭借着接近C语言的效率，在工业界开发语言的使用中占据了相当大的份额。第二步从1995年到2000年，由于标准模板库(STL)和后来的Boost等程序库的出现，泛型程序设计在C++中占据了越来越大的比重。第三步从2000年至今，产生式编程和模板元编程出现，由于这些新技术的出现以及新技术和原有技术的融合，C++已经成为当今主流程序设计语言中最复杂的一员。

由于C++语言的这些发展特点，《Effective C++》将C++看成是四个“子语言”组成的联邦：C语言，面向对象的C++，模板C++(泛型编程语言)，STL。

C++语言受到软件厂商的极大支持，纷纷推出他们的商业化C++编译系统，从早期的

Turbo C++、Borland C++到目前流行的 Visual C++。开源的 C++编译系统有 GNU C++、DEV C++等。

3. C++语言的特点

最初，C++语言只是C语言加上一些面向对象的特性，但后来随着这个语言的逐渐成熟，C++已经成为一个多重泛型编程语言，一个同时支持过程形式、面向对象形式、函数形式、泛型形式、元编程形式的语言。这些能力和弹性增加了C++的性能和复杂度。

《Effective C++》将C++看成是四个“子语言”组成的联邦。

(1) C语言的子语言，全面支持面向过程的结构化程序设计。C++语言仍然是以C语言为基础，如区块、语句、预处理器、内置数据类型、数组、指针等都来自C语言。C++语言是C语言的超集，大多数C程序代码略作修改或不作修改就可在C++编译系统下编译通过。这样，既保护了用C语言开发的软件资源，也保护了用C语言进行软件开发的人力资源。

(2) 面向对象的C++(Object-Oriented C++)子语言，该语言全面支持面向对象程序设计。以对象为基本模块，使程序模块的划分更合理，模块的独立性更强，程序的可读性、可理解性、可重用性、可扩充性、可测试性和可维护性等更好，程序结构更加合理。这一部分是面向对象设计思想在C++上的直接实施。

(3) 模板C++(Template C++)子语言，支持泛型编程。所谓泛型编程(Generic Programming)是指编程与类型无关，编写的算法可以在各种类型上使用。

(4) STL(Standard Template Library)库子语言。STL是一个模板库，提供了基本的数据结构和算法实现，比如链表、集合等。这些标准的数据结构称为容器，包括顺序容器(元素按照线性顺序排列的容器，比如向量、链表等)和关联容器(元素按照关键字关系存储，能够通过关键字快速查找元素，比如 map、集合等)。STL封装的算法提供了可以在多种容器上进行的一些通用操作，比如 find、min 等，它们可以作用在数组、向量、链表等容器上。为了实现算法与容器无关，算法不以容器为参数，而是以迭代器为参数。STL对容器、迭代器、算法以及函数对象的管理效率极高，当然也可以用其他方法构建自己的特殊库。STL有自己特殊的用法，在使用STL之前需要掌握。

因此，C++的功能很强大，其使用也很复杂。如果从某一个子语言转到另一个子语言，需要注意这个子语言的规范。

4. C++程序实例

目前，C++的编程环境都是集多种编程工具如源程序的编辑、编译、链接、运行、调试等于一体，使用非常方便，这种编程环境称为集成开发环境(IDE)。如 Microsoft Visual C++、Dev C++。

C++的编程环境同时支持C程序和C++程序的编译和调试。通常，C++的编程环境约定：当源程序文件的扩展名为“. c”时，则为C程序；而当文件的扩展名为“. cpp”时，则为C++程序。

C++中通过定义类来描述对象，程序中需要定义类的数据属性和函数属性，其中数据属性反映对象的状态，函数属性反映对象的行为。数据属性通常是不直接对外的，以最大限度地保证对象行为的正常性。函数属性是对象为外界提供服务的窗口，它是按功能分解的函数，通常包括建立和初始化对象的构造函数、清理和撤销对象的析构函数、设置和获取数据属性的成员函数，以及解决实际问题的函数。类是数据类型，用这种数据类型定义的变量叫对象，即类的实例是对象。

```
#include<iostream.h>
class Basketball{                       //定义一个计算篮球体积的类 Basketball
private:
    float r;                            //定义成员数据变量 r,用于存放篮球的半径
public:
    Basketball (float a)                //定义构造函数,用于创建和初始化对象
    {  r=a;  }
    ~ Basketball ( )                    //定义析构函数,用于清理和撤销对象
    {    }
    void SetRadius(float a)             //定义成员函数,用于设置篮球的半径 r
    {  r=a;  }
    float GetRadius( )                  //定义成员函数,用于获取篮球的半径 r
    {  return r;  }
    float Volume ( )                    //定义成员函数 Volume,用于计算篮球体积
    {  return 4/3 * 3.14159f * r * r * r;  }
};
void main(void)
{
  float r;                              //定义浮点型变量 r,用于存放篮球的半径
  int c;                                //定义整型变量 c,用于存放篮球的颜色
    cout <<"输入篮球的半径:";            //显示提示信息,方便用户输入数据
    cin >>r;                            //从键盘上输入篮球的半径送给变量 r
    Basketball ball(r);                 //定义 Basketball 类的对象 ball
    cout <<"半径为"<<ball.GetRadius()<<"的篮球的体积="
         <<ball. Volume ( )<<'\n';//输出运算结果
}
```

上述程序定义了一个计算篮球体积的类 Basketball，包括一个成员数据变量和五个成员函数。为了最大限度地保证成员数据 r 的安全性和正确性，首先将数据成员的对外访问权限设定为私有的，即不允许外界直接访问，如程序第 3 行的“private:”所示；其次，设立了成员函数 SetRadius 和 GetRadius 为外界间接访问篮球的半径 r 提供服务。而对于为外界提供特定服务的成员函数来说，其对外访问权限设定为公有，如程序第 5 行的“public:”所示。在 C++中，类是数据类型，与前面看到的 float 类似，但 float 是 C++语言预定义的，用户可以直接使用，而对于用户自定义的数据类型来说，必须先定义后使用。例如，程序的第 2～16 行定义了 Basketball 类，程序的第 23 行定义了一个 Basketball 类的对象 ball。

程序的主函数 main( )将要解决的问题分解成三个简单对象：输入对象 cin 用于输入篮球的半径，自定义对象 ball 计算篮球的体积，输出对象 cout 输出篮球的体积。最终解决整个问题，运行结果如图 6-8 所示。

图 6-8　Basketball 程序运行结果

需要说明的是,用面向对象的程序设计方法设计程序时,对于类的定义既要考虑到成员数据的安全性,又要考虑其通用性(即能解决一类问题),还要考虑未来代码的可重用性,因此,类的功能通常是自我完善的,即自治的,尽管类的定义看起来有些"臃肿"。

6.4.3　Java 语言

1. Java 语言的发展

Java 是由升阳公司戈士林(J. Gosling)等人在 20 世纪 90 年代初设计出来的,开始名叫"Oak"。Oak 最初应用在微波炉、遥控器、电视机等家用电器的控制和通信上。由于互联网的发展,升阳公司看见 Oak 在互联网上应用的前景,于是改造了 Oak,由于 Oak 的商标已经被其他公司注册,所以 Oak 于 1995 年 5 月以 Java 的名称正式发布。Java 伴随着互联网的迅猛发展而发展,已成为重要的网络编程语言。后来升阳公司被甲骨文公司并购,Java 也随之成为甲骨文公司的产品。

Java 语言使用的目标是开发用于微波炉、遥控器等各种家用电器设备的嵌入式软件,因而一开始 Java 语言就具有一种特性,即平台独立性。在 Java 语言创建前,由于 C 和 C++ 只能对特定的目标机器进行编译,因而需要创建支持各种家用电器设备的 C 和 C++ 编译器,开销极大,因而在最开始 Java 就被设计成一种可移植的、跨平台的语言,能够生成运行于不同环境、不同 CPU 芯片上的代码。

【小插曲】 Java 语言流行的一个主要因素是因特网的出现。随着因特网和 Web 的出现,带出了一个关于可移植性语言的问题。由于因特网由不同的、分布式的系统组成,其中包括各种类型的计算机、操作系统和 CPU,在这样复杂多变的平台上,保证用户能运行同样的程序的问题即可移植性问题又出现了。Java 的设计人员发现,Java 语言能用于解决嵌入式设备控制器代码运行时遇到的可移植性问题,同时可以被用在大范围的因特网上。这使得 Java 设计人员将 Java 的重心由电子消费品转移到 Internet 编程,最终因特网的流行造就了 Java 的成功。

Java 不同于一般的编译语言和解释语言。它首先将源代码编译成字节码(bytecode),然后依赖各种不同平台上的虚拟机来解释执行字节码,从而实现了"一次编译、到处执行"的跨平台特性。不过,这同时也在一定程度上降低了 Java 程序的运行效率。

升阳公司在推出 Java 时就将其作为开放的技术,全球数以万计的 Java 开发公司被要求所设计的Java软件相互兼容。

Java版本分为J2SE、J2EE和J2ME三种。这三种的区别在于其应用领域。

(1) Java SDK Micro Edition(J2ME)。用来开发掌上计算机、手机等移动通信设备。现阶段,不是所有移动设备都支持Java,只有具备其运行环境的设备才能运行它。

(2) Java SDK Standard Edition(J2SE)。主要用于开发一般的台式机应用程序,平时说的JDK其实就是指J2SE。

(3) Java SDK Enterprise Edition(J2EE)。用于开发分布式的企业级大型应用程序,其中的核心被称为EJB(Enterprise Java Beans)。

从开发运行的角度,Java又可分为:

(1) Java Runtime Environment(JRE)。指Java运行环境,所有的Java程序都需要安装此环境,它是面向最终用户的。

(2) Java Developers Kits(JDK)。指Java开发工具箱,其中除了JRE外还包括Java的开发工具,比如编译、调试环境等,它是面向Java开发人员的。

2. Java语言的特点

Java语言在设计之初就借鉴了C++的许多特性,因而Java语言的风格十分接近C++语言。Java语言继承了C++语言面向对象技术的核心,用引用取代了C++语言中容易引起错误的指针,同时移除运算符重载和多重继承等特性,改用接口取代,增加垃圾回收器功能。在Java的后续版本中还引入了泛型编程、类型安全的枚举、不定长参数等特性。

Java语言主要有以下特性:

(1) 面向对象特性。这个特性是从C++集成而来。Java语言的设计集中于对象及其接口,提供了简单的类机制以及动态的接口模型。对象中封装了状态变量以及相应的方法,实现了模块化和信息隐藏。而类则提供了类对象的原型,并且通过继承机制,实现代码的复用。

(2) 跨平台性。Java语言编写的程序可以在编译后不用经过任何更改,就能在任何硬件设备条件下运行。这个特性经常被称为"一次编译,到处运行"。执行Java应用程序必须安装JRE,JRE内部有一个Java虚拟机(Java Virtual Machine,JVM)以及一些标准的类库(Class Library)。通过JVM的虚拟机才能在计算机系统执行Java应用程序(Java Application),所以计算机上没有安装JVM,那么这些Java程序将不能够执行。实现跨平台性的方法是大多数编译器在进行Java语言程序的编码时候会生成一个用字节码(Bytecode)写成的"半成品",这个"半成品"会在Java虚拟机(解释层)的帮助下运行,虚拟机会把它转换成当前所处硬件平台的原始代码。之后,Java虚拟机会打开标准库,进行数据(图片、线程和网络)的访问工作。值得注意的是,尽管已经存在一个进行代码翻译的解释层,有些时候Java的字节码代码还是会被JIT编译器进行二次编译。平台无关性让Java在服务器端的软件领域非常成功,很多服务器端软件都使用Java或相关技术创建。

(3) 自动内存垃圾回收。这是Java与C++程序截然不同的方面。大多数C++编译器不支持垃圾收集机制,用这些编译器编写的程序很容易会出现用过的内存空间没有释放,形成所谓的"垃圾",因而程序运行的时候可能会生成许多垃圾,浪费了不必要的存储器空间。在Java语言中,对象的创建和放置都是在存储器堆栈上面进行的,当一个对象没有任何作用的时候,Java的自动垃圾收集机制就发挥作用,自动删除这个对象所占用的空间,释放存储器以避免存储器溢出。

3. Java的工作原理

Java语言编写的程序可以在编译后不用经过任何更改，就能在任何硬件设备条件下运行。这个特性经常被称为“一次编译，到处运行”。Java编译器将Java源文件（*.Java文件）编译成字节码文件，即*.class文件，而不是可执行的代码文件。所谓字节码，是一套能在Java虚拟机下执行的高度优化的指令集，在内存中也只不过是1010...这样的字节编码。

Java应用程序只能在安装了包含有Java虚拟机的JRE后才能运行。Java虚拟机从其表现形式来看，是一个字节码解释器，即可以解释执行字节码定义的动作。Java虚拟机是架构在不同操作系统上的，是能屏蔽不同操作系统差异的软件平台。Java虚拟机能保证用户看到其关心的代码的运行结果，而向用户屏蔽其不关心的代码在不同操作系统里的执行细节。

将Java程序解释成字节码，而不是产生最终的面向具体操作系统的可执行文件的特点，可以让它运行在不同平台的虚拟机上，事实上，只要在各种操作系统上都安装不同的Java虚拟机就可以做到这点。所以，在特定的操作系统中，只要有支持Java功能的jar包存在，Java程序就可以运行了。尽管不同平台的Java虚拟机和对应的支持jar包都是不同的，但它们的作用都是解释并运行Java字节码。因此，字节码的解释与运行机制保证了程序能很容易地在不同操作系统上运行。

Java源程序需要通过编译器编译成为.class文件，Java程序的编译和执行过程如图6-9所示。

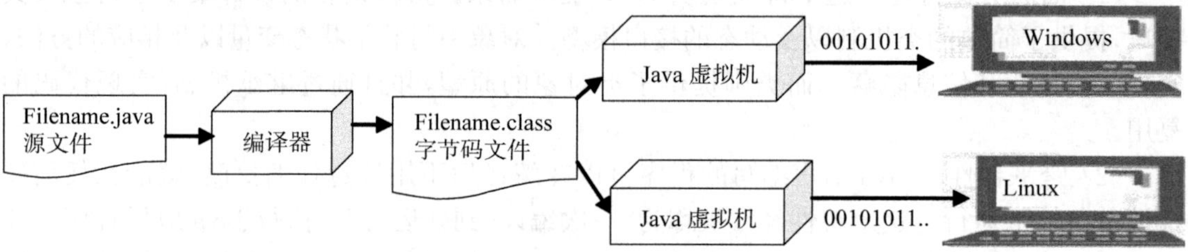

图6-9 Java程序的编译和执行过程

4. Java的实例介绍

甲骨文公司免费提供了JDK，它是一种开发环境，用于使用Java编程语言生成应用程序、applet和组件。不同的操作系统有不同的Java开发包安装程序，从甲骨文公司的网站可以下载Java开发包安装程序。下载JDK后，进行安装和配置后，就可以进行开发了。JDK的基本命令包括javac、java等。Javac命令是Java编译命令，用来将java程序编译成字节码；java命令是Java解释命令，执行已经转换成字节码的java应用程序。

Java代码可以在任何一种文本编辑器上编辑，例如记事本编辑器、UltraEdit编辑器等，它不需要特定的编程环境，这与Delphi或其他编程语言需要特定的编辑器有所不同。Java也有自己的集成开发环境——Eclipse。Eclipse是Java理想的集成开发环境，它拥有非常方便的代码编写和编译运行等功能，同时也可以方便地添加各种针对JSP等的扩展API包，是比较流行的Java开发工具。

源程序名为“HelloWorld.java”的程序，代码如下：

```
public class HelloWorld {
    public static void main(String[] args) {
        System.out.println("Hello,world!");
    }
}
```

这段代码主要是通过 System.out.println 语句，输出“Hello，world!”语句。

从中，可以看到 Java 语言格式与 C++不同，有如下特性：

- Java 的所有代码包含在一个 class 里，这个 class 就是“类”，这个类名必须要和文件名一致，连大小写也要完全相同，并且，它的前缀必须是 public，表示这个类是公共的。
- Java 代码是从 main 函数开始执行。
- 代码里，可以用“//”来编写注释，如果要编写多行注释，可以用“/* 注释语句 */”的方式。

然后对程序进行编译：javac HelloWorld.java

HelloWorld.java 目录下多了一个“HelloWorld.class”文件，这是 Javac 编译器将源代码编译成字节代码生成类文件的结果。再由 Java 解释和执行“HelloWorld.class”文件。

接下来运行可执行程序：java HelloWorld

程序运行结果是“Hello，world!”，如图 6-10 所示。

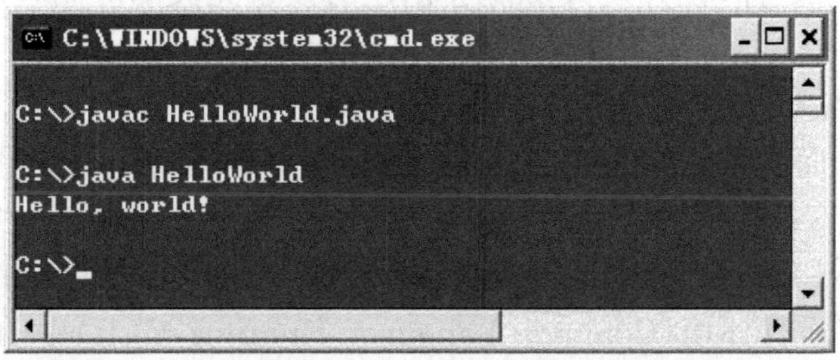

图 6-10　程序运行结果

6.4.4　C#语言

1. C#语言的发展

C#（发音为 C Sharp）是微软公司为抗衡 Java 而开发的。1995 年，Java 出现后，由于其跨平台的特点，Java 逐渐成为了企业级应用系统开发的首选工具，而且使得越来越多的基于 C/ C++的应用开发人员转向了从事基于 Java 的应用开发。在此背景下，微软公司也推出了自己基于 Java 语言的编译器 Visual J++，到 Visual J++ 6.0 版本时，Visual J++的虚拟机（JVM）具有很快的运行速度，还支持调用 Windows API 等新特性，成为 Windows 平台系统开发的常用编译器；但升阳公司认为 Visual J++违反了 Java 开发平台的中立性协议，对微软公司提出了诉讼。为此，微软公司在 Visual J++基础上推出了新的开发语言 C#，同时推出进军互联网的庞大.NET 计划。C# 的开发团队由原 Borland 公司的首席研发设计师海尔斯伯格(A. Hejlsberg)领导。

2000 年 6 月 26 日微软在奥兰多举行的"职业开发人员技术大会"(PDC 2000)上,发表了新的语言 C♯,取代了 Visual J++,其语言本身深受 Java、C 和 C++的影响。

微软公司对 C♯的定义是:"C♯是一种类型安全的、现代的、简单的,由 C 和 C++衍生出来的面向对象的编程语言,它牢牢根植于 C 和 C++语言之上,并可立即被 C 和 C++的使用者所熟悉。C♯的目的就是综合 Visual Basic 的高生产率和 C++的行动力。"

2. .NET 框架

为了和升阳公司的 Java 平台竞争,微软公司开发了 .NET 框架(.NET Framework)。.NET 框架一个致力于敏捷软件开发、快速应用开发、平台无关性和网络透明化的软件开发平台。.NET 是微软为下一个十年对服务器和桌面型软件工程迈出的第一步。.NET 包含许多有助于互联网和内部网运用的敏捷开发的技术。

.NET 框架是一种采用系统虚拟机运行的编程平台,以通用语言运行库(Common Language Runtime)为基础,支持多种语言(C♯、VB. NET、C++、Python 等)的开发。.NET 也为应用程序接口(API)提供了新功能和开发工具,使得程序设计员可以对 Windows 应用软件、网络应用软件以及组件和服务进行开发。

.NET 系统由以下五个部分组成:.NET 开发平台,包括 .NET Framework 和 Visual Studio. net;.NET 服务器;.NET 基础服务;.NET 终端设备;.NET 用户服务。

总之,.NET 将 Internet 本身作为构建新一代操作系统的基础,并对 Internet 和操作系统的设计思想进行了延伸,使开发人员能够创建与设备无关的应用程序,很容易地实现了 Internet 连接。

3. C♯语言特点

C♯语言是一种面向对象的语言,语法和 C++及 Java 非常相似。用 C♯语言编写的源程序,必须用 C♯语言编译器编译为中间语言(MicroSoft Intermediate Language,MSIL)代码,形成扩展名为 exe 或 dll 的文件。中间语言代码不是 CPU 可执行的机器码,在程序运行时,必须由通用语言运行环境(Common Language Runtime,CLR)中的即时编译器(JUST IN Time,JIT)将中间语言代码翻译为 CPU 可执行的机器码,由 CPU 执行。CLR 为 C♯语言的中间语言代码运行提供了一种运行即时环境,C♯语言的 CLR 和 Java 语言的虚拟机类似。C♯语言的特点有

(1) 面向对象:C♯语言是完全面向对象的,不支持面向过程的程序设计,在 C♯中不再存在全局函数、全局变量,所有的函数、变量和常量都必须定义在类中,避免了命名冲突。C♯语言不支持多重继承。

(2) 遵守 .NET 的共同语言规范(Common Language Specification,CLS):.NET 系统包括如下语言——C♯、C++、VB、J♯,这些语言都遵守共同的语言规范。任何遵守共同语言规范的语言源程序,都可以编译为相同的中间语言代码,由 CLR 负责执行。只要为其他操作系统编制相应的 CLR,中间语言代码也可在其他系统中运行。不同语言设计的组件,可以互相通用,也可以从其他语言定义的类派生出本语言的新类。由于中间语言代码由 CLR 负责执行,因此程序异常处理方法是一致的,这在调试一种语言调用另一种语言的子程序时,显得特别方便。

(3) 自动内存管理:CLR 内建垃圾收集器,当变量实例的生命周期结束时,垃圾收集器

负责收回不被使用的实例占用的内存空间。不像C和C++语言,用语句在堆中建立的实例,必须用语句释放占用的内存空间。也就是说,CLR具有自动内存管理功能。

(4) 安全性提高:C#语言不支持指针,一切对内存的访问都必须通过对象的引用变量来实现,只允许访问内存中允许访问的部分,这就防止病毒程序使用非法指针访问私有成员。也避免了指针的误操作产生的错误。CLR执行中间语言代码前,要对中间语言代码的安全性、完整性进行验证,防止病毒对中间语言代码的修改。

4. C#实例

下面以简单的"Hello world!"为例说明C#中的编程。

```
using System;              //导入命名空间。为C#语言新增解释方法,解释到本行结束
class Welcome              //类定义
{
    static void main()     //主程序,程序入口函数,必须在一个类中定义
    {
        Console.WriteLine("Hello, World!");
    }
}
```

与Java类似,C#代码也包含在一个class"类"中,C#代码是从main函数开始执行。C#源文件是以cs作为文件的扩展名。和C语言相同,C#语言是区分大小写的。高级语言总是依赖于许多在程序外部预定义的变量和函数。在C或C++中这些定义一般放到头文件中,用#include语句来导入这个头文件。而在C#语言中使用using语句导入名字空间,using System语句的意义是导入System名字空间,C#中的using语句的用途与C++中#include语句的用途基本类似,用于导入预定义的变量和函数,这样在自己的程序中就可以自由地使用这些变量和函数。

6.4.5　Python语言

Python(发音类似于"帕松",英文原意是"蟒蛇"、"巨蛇"),是一种面向对象的脚本语言,也是一种功能强大而完善的通用型语言,已经具有十多年的发展历史,成熟且稳定。Python具有脚本语言中最丰富和强大的类库,足以支持绝大多数日常应用。Python支持几乎所有常用的操作系统。

Python属于脚本语言。所谓脚本,是使用一种特定的描述性语言,依据一定的格式编写的可执行文件,又称作宏或批处理文件。脚本通常可以由应用程序临时调用(解释)并执行。一般来说,脚本语言所编写的程序比较小。

Python具有简单易学、面向对象、具有扩展性等特点。Python的主要优点之一是简单易学。阅读一个良好的Python程序就感觉像是在读英语一样。Python使你能够专注于解决问题而不是去搞明白语言本身。Python语言开发者无需考虑诸如如何管理程序使用的内存等一类底层细节。Python是解释性语言,即Python语言写的程序不需要编译成二进制代码,可以直接从源代码运行程序。Python既支持面向过程的编程也支持面向对象的编程。如果希望一段关键代码运行得更快或者希望某些算法不被公开,可以把那部分程序用

C或C++编写，然后在Python程序中使用它们。也可以在C或C++程序中嵌入Python程序。

目前Python提供了丰富的库，其标准库很庞大。包括正则表达式、文档生成、单元测试、线程、数据库、网页浏览器、CGI、FTP、电子邮件、XML、XML-RPC、HTML、WAV文件、密码系统、GUI(图形用户界面)、Tk和其他与系统有关的操作。除了标准库以外，还有许多其他高质量的库，如wxPython、Twisted和Python图像库等。

本章小结

本章先介绍了计算机程序设计与程序设计语言的概念，分别给出了编译型语言和解释性语言的概念，通过一个C语言编程的实例介绍了使用程序设计语言开发程序的过程，给出了计算机程序设计语言关注的共性问题。其次，介绍了计算机语言从机器语言、汇编语言到高级语言的简要发展历史；对种类繁多的程序设计语言，根据语言的级别和语言的年代特征进行分类。本章最后对常见的计算机语言进行了介绍。Java、C、C++、C#语言都是通用语言，这些语言的出现和发展都有其历史必然性。在C语言诞生之前，没有适用的通用性编程语言，C语言的出现填补了这个空白，并随着UNIX操作系统的流行而流行；C++语言是将C语言发展到面向对象程序设计的领域，大大扩展了原先C语言的应用范围，同时引入了模板、STL库等概念，变得日益复杂；Java则是在C++的基础上做了修改和简化，提出了跨平台的概念，广泛应用于因特网；C#则是微软公司为了和Java语言竞争而发展出来的一种类Java语言，语言特点与Java非常类似。此外，Python是一种易用的脚本语言。

【推荐课余阅读材料】

[1] Kernighan B W, Ritchie D M. The C Programming Language(C程序设计语言)[M]. 2版. 徐宝文，李志，译. 北京：机械工业出版社，2004.

[2] Stroustrup B. C++程序设计语言(特别版)[M]. 裘宗燕，译. 北京：机械工业出版社，2010.

[3] Eckel B, Allison C. C++编程思想[M]. 刁成，译. 北京：机械工业出版社，2006.

[4] Gosling J, Joy B, Steele G，等. Java编程规范[M]. 3版. 陈宗斌，沈金河，译. 北京：中国电力出版社，2006.

[5] Watson K, Nagel C. C#入门经典[M]. 5版. 齐立波，译. 北京：清华大学出版社，2010.

习题

1. 名词解释

计算机程序设计　程序员　解释　Java虚拟机　.NET框架

2. 填充题

(1) 任何一个高级程序设计语言都具有一个__________文档，规定了该语言的语法和语义。

(2) 机器语言和汇编语言是面向机器的，常常称为____________。

(3)____________由一个且只能由一个 main( )函数和若干个其他函数组合而成，或者仅由一个 main( )函数组成。

(4) C 语言是由____________设计给____________用的语言。

(5) Pascal 属于第____________代语言。

(6) 第四代语言是指出现在 20 世纪 80 年代的非过程化的、____________的语言，如 SQL。

(7) IBM 公司程序师巴科斯设计了第一个脱离机器的高级语言是____________。

(8) C++起源于 C 语言和____________。

(9) Java 语言最初是被用于____________上开发编程的。

(10) C# 与____________很相似。

3. 选择题

(1) 程序设计语言所关注的核心共性问题主要有两点：数据操作和(　　)。

A. 与计算机交互　B. 控制指令流程　C. 保证程序不出错　D. 调试功能强大

(2) 主要用于商业的语言是(　　)。

A. FORTRAN　B. COBOL　C. Java　D. Python

(3) 以下(　　)是 UNIX 操作系统研究的一项“副产品”，并随着 UNIX 系统的流行而流行。

A. C 语言　B. C++语言　C. Java　D. Pascal

(4) 将机器操作码改作助记的字符后产生的语言是(　　)。

A. 自然语言　B. 机器语言　C. 汇编语言　D. 高级语言

(5) C 语言是典型的(　　)。

A. 结构化编程语言　B. 面向对象编程语言

C. 跨平台编程语言　D. 脚本语言

(6) C++语言中，类和对象的关系是(　　)。

A. 类的实例是对象　B. 对象的实例是对象

C. 有类无对象　D. 有对象无类

(7) Java 语言“一次编译，到处运行”特性一般是指(　　)

A. 面向对象　B. 跨平台性　C. 自动垃圾回收　D. 高安全性

(8) Java 编译器将 Java 源文件编译成(　　)。

A. 字节码文件　B. 可执行代码文件　C. 文本文件　D. 中间语言代码

(9) C# 中起着类似 Java 虚拟机作用的组件是(　　)。

A. CLR　B. CLS　C. JVM　D. 脚本解释器

(10) 以下不是 Python 语言的特性是(　　)。

A. 脚本语言　B. 面向对象　C. 编译执行　D. 类库丰富

4. 简答题

(1) 计算机程序设计语言的主要特性是什么？

(2) 什么是程序设计语言的编译型执行方式？

(3) 低级语言和高级语言的主要区别是什么？C语言成为流行语言的主要因素有哪些？

(4) 什么是面向对象程序设计？

(5) C++日益复杂，可将C++看成几个子语言组成？每个子语言的特点是什么？

(6) 比较一下Java和C#的特点。

本章参考文献

[1] 谭浩强. C程序设计[M]. 4版. 北京：清华大学出版社，2010.

[2] Kernighan B W，Ritchie D M. The C Programming Language(C程序设计语言)[M]. 2版. 徐宝文，李志，译. 北京：机械工业出版社，2004.

[3] Lippman S B，LaJoie J，Moo B E. C++Primer中文版[M]. 4版. 李师贤，蒋爱军，梅晓勇，等译. 北京：人民邮电出版社，2006.

[4] Meyers S. Effective C++[M]. 3版. 侯捷，译. 北京：电子工业出版社，2011.

[5] Stroustrup B. C++程序设计语言(特别版)[M]. 裘宗燕，译. 北京：机械工业出版社，2010.

[6] Eckel B，Allison C. C++编程思想[M]. 刁成，译. 北京：机械工业出版社，2006.

[7] Gosling J，Joy B，Steele G，等. Java编程规范[M]. 3版. 陈宗斌，沈金河，译. 北京：中国电力出版社，2006.

[8] Eckel B. Java编程思想[M]. 陈昊鹏，译. 北京：机械工业出版社，2007.

[9] Arnold K，Gosling J，Holmes D. Java编程语言[M]. 3版. 虞万荣，王玉峰，赵亮，译. 北京：中国电力出版社，2003.

[10] Watson K，Nagel C. C#入门经典[M]. 5版. 齐立波，译. 北京：清华大学出版社，2010.

[11] Lutz M. Python学习手册[M]. 4版. 李军，刘红伟，译. 北京：机械工业出版社，2011.

第 7 章　计算机操作系统

【本章内容概要】 操作系统是计算机系统最基本的和最重要的系统软件，是其他软件的支撑软件。它管理计算机系统资源，为用户使用计算机提供公共和基本的服务，从而成为用户与计算机之间的接口。本章简要介绍操作系统的概念和其在计算机系统中的地位，操作系统的形成和发展，操作系统的类型、功能及其特征，在此基础上介绍操作系统涉及的一些重要概念，重点阐述操作系统如何实现管理和控制功能。

【学习目的和要求】 学习本章的主要目的是使学生建立起操作系统的基本概念。要求掌握什么是操作系统，操作系统在计算机系统中的功能与作用；掌握操作系统的基本类型及特征。深入领会多道程序设计技术和并发性的概念；初步了解操作系统管理和控制功能的实现原理。

【应掌握的知识点】 操作系统概念，操作系统的地位和作用，操作系统的特征，进程和线程。

7.1　计算机系统概述

如前所述，计算机系统由硬件和软件两大部分组成。其中，硬件系统是计算机系统赖以工作的物质基础，包括处理器、存储器、输入/输出设备等三大部件。这些部件通过系统总线以某种方式连接在一起，可以按照用户的需求接收与存储信息、进行数据加工处理，以及输出运行结果。

但由硬件构成的机器是一个裸机，尚无法运行，必须配备一定的软件系统。软件系统是计算机的灵魂，软件能充分发挥硬件的性能和功能，完成各种应用系统和任务。软件系统包括程序、数据和文档，分为应用软件、支撑软件和系统软件。应用软件是用于解决用户特定应用领域专门问题的软件(如气象预报软件、银行信贷管理软件、电子邮件软件等)；支撑软件一般用于支持实际应用系统的开发和运行(如数据库管理系统软件、网络管理软件等)；应用软件和支撑软件通过系统软件与硬件紧密结合发挥作用。系统软件最靠近硬件，它提供了一个一般的环境，与具体的应用领域无关，包括编译程序和操作系统等。其中，操作系统(Operating System，OS)是计算机系统最基本和最重要的系统软件，是其他软件的支撑软件，如图 7-1 所示。

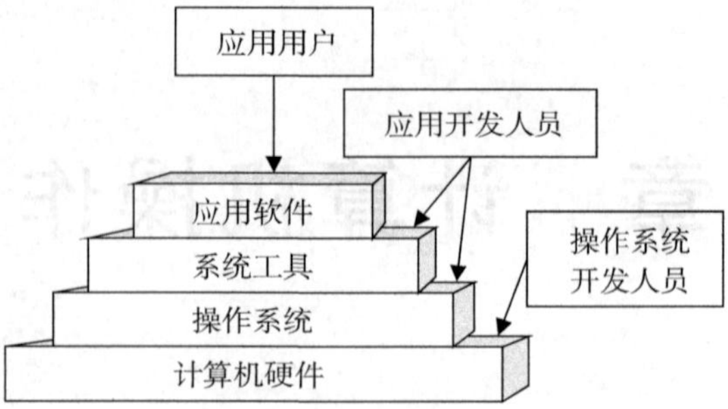

图 7-1 操作系统在计算机系统中的位置

7.2 操作系统概述

7.2.1 操作系统的概念、地位和作用

从图 7-1 可见，操作系统是一个介于系统硬件和应用软件之间的软件系统。确切地讲，操作系统的内核是一个确定的可执行程序，属于软件。同时，操作系统还包括一部分固件(比如有的系统内，由内核程序调用的一些与硬件结合得很紧的设备处理程序、中断处理程序是固化在 ROM 中的，叫作固件，如 DOS 中的 BIOS)。其次，操作系统的某些功能(如逻辑地址到物理地址的变换等)是直接由硬件来实现的。

操作系统是运行在计算机硬件之上的最基本的系统软件，它控制和管理着计算机系统中的所有软件(系统程序和用户程序等)。有了操作系统的支持，一个程序(用高级程序设计语言编写而成)要运行，首先会被编译和汇编，将其转变为机器语言程序，该程序被操作系统加载到计算机内存中。当条件允许时，操作系统调度该程序，建立相应的进程，并将处理机分配给该程序，程序得到所需数据，进行运行，并输出相应结果。

操作系统与计算机硬件和用户有着千丝万缕的联系，它位于计算机硬件和计算机用户之间，控制和管理计算机系统中的所有硬件(CPU、内存、各种硬件部件和外部设备)，为用户提供良好的操作环境。紧挨着硬件的就是操作系统，操作系统通过系统核心程序对系统中的各类资源(如处理机、存储器、输入/输出设备、数据与文档资料、用户作业等)进行管理，并通过虚拟机器界面向用户提供各种服务功能，通过这些服务功能将所有对硬件的复杂操作隐藏起来，为用户提供一个透明的操作环境。同时，操作系统也是位于不同应用程序之间、不同用户之间的一层软件，为其他各种应用系统提供了最基本的支撑环境，协调不同应用程序、不同用户的运行。

【小插曲】 乐队演奏时，乐队指挥有着至高无上的权威，整个乐队都由他指挥：高音还是低音，管乐还是弦乐，哪种乐器担任伴奏，何时加快节奏，何时放缓节奏等。一个操作系统就像乐队的指挥，整个计算机系统的运行均由操作系统指挥控制。

总结起来，操作系统的作用包括：(1)作为硬件和应用程序之间的软件层，在裸机上添加了处理机管理、存储器管理、设备管理和文件管理等功能，给用户提供虚拟机接口，隐匿了系统内部的繁杂细节，通过虚拟化、抽象化、简单化和标准化方式，使程序开发和执行、I/O设备访问、文件访问、系统访问、故障的诊断和排除等操作变得相对容易；(2)作为资源管理者，管理计算机系统中的所有软硬件资源，包括：CPU、存储器、外部设备、信息(数据和软件)。管理内容有：资源的当前状态(数量和使用情况)、资源的分配、回收、保护和访问操作，相应管理策略(包括用户权限)，并通过这种管理为用户使用计算机提供公共的和基本的服务，使每道程序都能得到利用资源的机会，提高资源的利用率和提供系统保护功能。

7.2.2 操作系统的发展

操作系统是随着计算机硬件的发展和应用需求的推动而形成的。操作系统的发展经历了以下四个阶段：

1. 第一阶段(1945—1955)

该阶段系统的主要组成部件是真空管，采用插接板方式，无操作系统。其特点是计算机硬件资源昂贵，用户既是程序员，又是操作员；用户必须是计算机专业人员，编程语言采用机器语言，通过纸带或卡片进行输入输出；用户独占全机，资源利用率低。计算步骤为：计算前，手工装入纸带或卡片；计算完成后，手工卸取纸带或卡片。CPU利用率很低(CPU等待用户)，存在着所谓的“人机矛盾”和“CPU-I/O设备速度不匹配的矛盾”，严重影响了计算机资源的利用率。

2. 第二阶段(1955—1965)

该阶段系统的主要组成部件是晶体管，操作系统为批处理操作系统。该阶段引进了批处理作业技术，即利用磁带把若干个作业分类编成作业执行序列，每个批作业由一个专门的监督程序(Monitor)自动依次处理，在监督程序的控制下对一批作业进行自动处理而无需人工干预，且可使用汇编语言开发，从而提高了资源的利用率和系统的吞吐量，在一定程度上使上面两对矛盾得到缓解。

但这时的批处理为单道批处理，由于其固有的单道性、自动性、顺序性，使得CPU和I/O设备忙闲不均，对以计算为主的作业，外设相对空闲，而对以I/O为主的作业，CPU相对空闲。

3. 第三阶段(1965—1980)

该阶段采用大规模集成电路，操作系统为多道批处理操作系统、分时操作系统或实时操作系统。该阶段的CPU利用率、内存和I/O设备利用率得到提高，系统吞吐量大大增加。

多道和分时技术将在下面的章节中介绍。而实时则是指计算机对于外来信息能以足够快的速度进行处理，并在被控对象允许的时间范围内做出反应，实时系统多用于工业过程控制、军事实时控制、金融等领域，主要用来进行实时控制、实时信息处理，对实时系统的要求是响应时间短，系统可靠性、安全性高。

现代操作系统，通常同时具有批处理、分时和实时功能，又称作通用操作系统。可适用于计算、事务处理等多种领域，能运行在多种硬件平台上。

4. 第四阶段(1980—)

1980年以后，PC机普及，网络技术发展迅速，现代操作系统得到了充分发展，网络操作系统、分布式操作系统出现。

7.2.3 操作系统的结构及类型

操作系统是一个大型的系统软件，其内部的组织结构经历了四代的变革。

1. 整体式结构

也叫无结构操作系统，早期的操作系统采用这种结构，其缺点是调试和维护不方便，而且可读性和可扩充性较差。

2. 模块化结构

采用了模块化程序设计技术，将操作系统按其功能划分成若干个具有一定独立性和大小的模块。采用这种结构的操作系统正确性高，可适应性好，但模块的划分和接口的规定较困难，而且模块间还存在着复杂的依赖关系，使 OS 结构变得不够清晰，如图 7-2 所示。

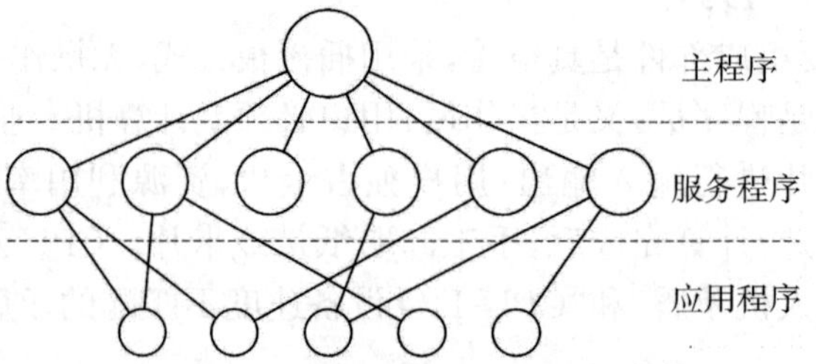

图 7-2 模块化的操作系统结构

3. 分层式结构

将操作系统按其功能流图的调用次序以及其他一些原则划分为若干个层次，每一层的代码只能使用较低层代码提供的功能和服务，见图 7-3。这种结构将模块之间的复杂依赖关系改为单向依赖关系，并消除了某些循环依赖关系。因此，操作系统结构变得非常清晰，从而使系统的调试和验证更方便，正确性更高。

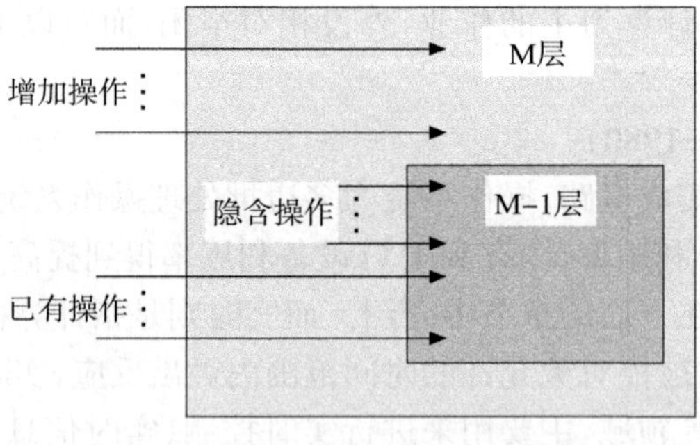

图 7-3 分层式的操作系统结构

4. 微内核结构

微内核结构是指将客户/服务器技术、面向对象技术用于基于微内核技术的操作系统中所形成的操作系统结构。在微内核结构中，操作系统内核只保留一些最基本的功能，而将其他服务从内核中分离出去，操作系统的大部分功能都是由相对独立的服务器来实现的，用户可以根据需要选配其中的部分或全部服务器,用若干个运行在用户态下的进程来实现。由于所有的服务器都是运行在用户态,它们不能直接访问硬件。因此,当某个服务器出现错误时,通常只会影响到它自己,不会引起内核和其他服务器的损坏和崩溃。因此,采用微内核结构不仅提高了系统的灵活性和可扩充性,还增加了系统的可靠性,比较适合于分布式系统。

操作系统的主要类型包括:

(1) 大型机操作系统。大型机和一般计算机的主要区别在于其超强的计算能力和I/O处理能力。用于大型机的操作系统,如OS/260、OS/390、CTSS等,主要面向多个作业的同时处理。

(2) 网络操作系统。主要运行在服务器(个人计算机、工作站或大型及小型机)上,如UNIX、Linux、Windows 2008等,它通过网络同时为多个用户服务,允许用户共享软硬件资源。

(3) 多处理机操作系统。多处理机是指通过将多个处理机连接而形成的单个系统,其能力是多个处理机的综合,如Novell Netware等。

(4) 个人计算机操作系统。PC机上所配备的操作系统,如Windows 7、Mac OS、Solaris等。

(5) 实时操作系统。工业控制、多媒体等系统中对时间的要求比较高,这类系统称为实时系统,其上配备了专门的操作系统,如VxWorks、DART、QNX等。

(6) 嵌入式操作系统。嵌入式系统就是包含了计算机的复杂设备,它们具有实时系统的特征,但在大小、内存等方面受到限制,如Palm OS、Windows CE、TOPPER等。

(7) 智能卡操作系统。智能卡是一块包含CPU芯片的信用卡设备,功能相对单一,其上所配备的操作系统就是智能卡操作系统。

7.2.4 操作系统的功能和基本特征

现代操作系统都具有如下四人功能。

1. 处理机管理　处理机管理的内容包括:进程控制、进程同步与互斥、进程通信和处理机调度。通过处理机管理,可达到分时控制和处理机合理分配的目标。管理中所涉及的问题有:避免浪费CPU资源,实现进程间的同步与互斥,保证进程间的公平性和消除死锁。

2. 存储器管理　管理目标为:给程序分配足够的存储空间以支持其运行,程序运行结束时回收该空间;利用覆盖、交换和虚拟存储技术,进行内存扩充,实现主存和辅存间转换,扩大程序的存储空间;实现程序逻辑地址到内存物理地址的变换(地址变换也叫地址映射)。存储器管理涉及程序执行效率和方便性、公平性和存储保护(保证进程间互不干扰、相互保密;如:访问合法性检查、甚至要防止从“垃圾”中窃取其他进程的信息)等问题。

3. I/O管理　管理目标为:利用设备驱动程序(通常在内核中)完成对设备的操作,实现系统设备和应用设备间的交互(如设备分配与回收,在多用户间共享I/O设备资源),支持添加新的设备,以及实现设备独立性(提供统一的I/O设备接口,使应用程序独立于物理设备,提高可适应性);在同样的接口和操作下完成不同的内容(如FAX Modem作为Windows上的打印机设备)。I/O管理涉及虚拟设备、缓冲区管理、有效性、公平性以及保护与共享等。

4. 文件管理 管理目标为：解决软件资源的存储、共享、保密和保护。管理内容包括：(1)文件存储空间管理：解决如何存放信息，以提高空间利用率和读写性能；(2)目录管理：解决信息检索问题。文件的属性(如文件名)、单一副本赋予多文件名；(3)文件的读写管理和存取控制：解决信息安全问题；(4)软件管理：软件的版本、相互依赖关系、安装和卸载等。

操作系统的基本特征包括：

1. 并发性 指两道或多道程序在同一时间间隔内发生。在多道程序环境下，并发性是指在一段时间内，宏观上有多道程序在同时运行。操作系统是一个并发系统，存在各进程间的并发，系统与应用间的并发等。操作系统要完成这些并发过程的管理。

2. 共享性 共享性是指系统中的资源可供内存中多个并发执行的作业同时使用。操作系统对系统资源进行合理分配和使用，使多个作业共享有限的计算机系统资源，使资源在一个时间段内被多个进程交替使用。根据资源性质的不同，资源共享方式分为互斥共享(如音频设备，资源分配后到释放前，不能被其他进程所用)和同时访问(如可重入代码，磁盘文件)两种。

3. 虚拟性 虚拟性是指通过OS的某种管理技术，要么将物理上的一个变成逻辑上的多个，如虚拟处理机；要么将物理上的多个变成逻辑上的一个，如虚拟存储器。用来实现虚拟的技术，被称为虚拟技术。

4. 异步性 又称为不确定性，是指在多道程序环境下，每个程序以不可预知的速度向前推进，即每个程序不知何时执行、何时暂停。但同时，操作系统应保证程序的执行结果是可再现的。例如，同样一个程序在同一个数据集上的多次运行，这次需要三分钟，下次可能需要五分钟；同一组程序P1、P2、P3，多次一起提交系统运行，这次可能P1先完成，然后是P2、P3完成，下一次则可能是P2先完成，然后是P1、P3，等等。这就是操作系统的异步性。

在操作系统四大基本特征中，最重要的特征是并发性，其他三个特征都是以并发性为前提的。并发性和共享性互为存在的条件，虚拟性以并发性和共享性为前提，异步性是并发性和共享性的必然结果。

7.3 操作系统的一些基本概念

7.3.1 中断

中断是计算机系统中最重要的机制之一，是操作系统获得计算机控制权的保证。它是指设备在完成自己的任务后向CPU发出中断请求，CPU在收到外部中断信号后，停止原来的工作，转去处理该中断事件，完毕后回到原来断点处继续工作。中断处理过程为：中断请求，中断响应，中断点保护(暂停当前任务并保存现场)，中断处理例程运行，中断返回(恢复中断点的现场并继续原有任务)。利用中断技术可处理算术溢出、非法操作码和死循环(利用时钟中断进行超时限定)。

7.3.2 用户态和核心态

大多数处理机有两种执行模式：用户态和核心态（或系统态）。一道程序当其在操作系统外壳上运行时，它处于用户态，用户态也叫作非特权态。用户程序一般运行在用户态下，如用户数据、编辑器、编译器以及部分网络管理等都在用户态执行。这时只允许执行一小部分指令，在该状态下，CPU受限制地访问部分资源，涉及I/O操作和内存保护的指令将不允许在用户态下运行；当其通过系统调用或访问指令进入操作系统内核运行时，它处于核心态，核心态也叫特权态。当在核心态运行时，CPU能执行指令集中的所有指令以及使用计算机的所有资源，如操作系统（CPU管理、内存管理）就运行在核心态，对可靠性和安全性要求高。

程序当前是在什么状态下运行取决于其对于资源和效率的需求，由CPU中的状态寄存器（PSW）指明。一个程序运行时，处理机是什么态，该程序就运行在什么态。

7.3.3 多道程序设计技术

多道程序设计是指把多个程序同时存放在内存中，这些程序共享处理机时间（CPU在这些程序之间来回切换）和外部设备以及其他资源。要注意区分多道程序系统和多处理系统，前者指多个程序同时在内存中交替运行，后者指多个处理器。

多道程序设计的目的是为了提高系统的吞吐量和系统资源的利用率。多道程序设计允许系统内有多道程序"同时"运行，这些程序要有较好的搭配，使得当一个程序不能在CPU上运行时可以调度另一个程序运行，从而使CPU和外部设备都尽可能地满负荷工作。

多道程序设计技术的主要特点是：多道、宏观上并行、微观上串行。多道是指计算机内存中同时存放多道相互独立的程序。宏观上并行是指同时进入系统中的多道程序都处于运行过程中。微观上串行是指在单处理机环境中，内存中的多道程序轮流占有CPU，交替执行，如图7-4所示为三道程序在处理机上分别独立和共同运行的情况。

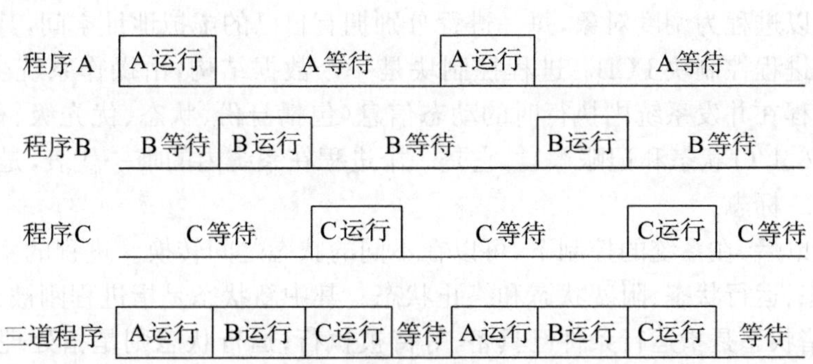

图7-4 三道程序在处理机上分别独立和共同运行情况

7.3.4 分时技术

分时是指把计算机的系统资源(尤其是CPU时间)进行时间上的分割,每个时间段称为一个时间片(time slice),每个用户依次轮流使用时间片。分时操作系统使用多道程序设计技术支持多个虚拟机,试图为每个虚拟机提供公平的处理机资源和内存资源,如图7-5所示。

分时系统支持多个用户同时工作,各用户独立操作,互不干扰,系统能及时对用户的操作进行响应,显著提高调试和修改程序的效率。同时,各用户可共享系统资源,提高了资源利用率,节省维护开支,远地用户通过终端联机使用。现在的操作系统都具有分时处理的功能,在分时系统的基础上,操作系统的发展开始分化成实时系统、通用系统、个人系统等。

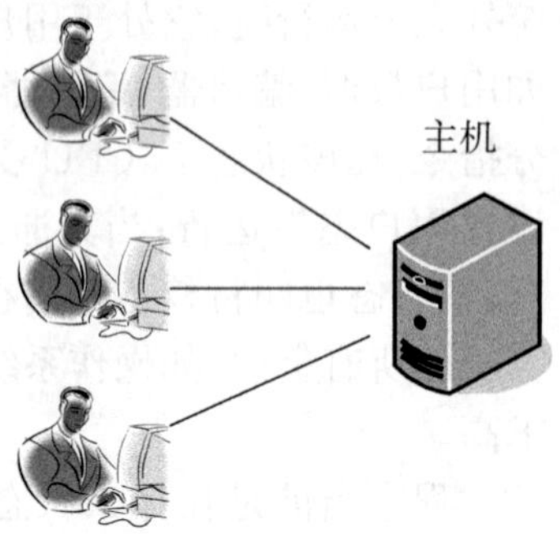

图7-5 分时系统

7.4 操作系统的管理与控制

7.4.1 进程与线程

进程是现代操作系统中最基本的概念模型。简单地说,进程就是指程序在并发系统内的某个数据集上的一次运行,是系统进行资源分配和调度运行(在无线程系统内)的一个独立单位。进程的提出是为了更容易地处理系统中的一些异步或并行的活动,以及用来描述并发的用户活动和各种形式的并行计算。进程的产生由以下事件引起:(1)新批处理任务的提交;(2)系统初始化或用户登录;(3)操作系统提供系统服务;(4)由现存进程生成。

操作系统以进程为调度对象,每一进程分别拥有自己的虚拟地址空间,其在系统中存在的唯一标志是进程控制块PCB。进程控制块是一个数据结构,由操作系统生成和管理,用来记录相应进程在并发系统内执行时的动态信息(包括身份、状态、优先级、程序计数器、存储指针、上下文、I/O状态和记账等)。它是一个进程在系统内的唯一代表,是系统能“感知”进程存在的唯一标志。

进程生成以后,在系统的控制下,可以在不同的状态之间转换。进程的主要状态包括新状态、就绪状态、运行状态、阻塞状态和终止状态。其中新状态是指进程刚被创建,但还没提交给系统;就绪状态是指运行条件已具备,等待被执行;运行状态则是指处理机正在执行进程;阻塞状态是指进程因为等待某事件的发生(如I/O完成),不能继续执行;进程执行完,则转为终止状态。

由于进程是一个资源的拥有者,因而在创建、撤销和切换中,系统必须为之付出较大的时空开销。因此,在系统中所设置的进程数不宜过多,进程切换的频率不宜过高,这限制了进程并发程度的进一步提高。为提高并发性,可将进程的两个属性分开,由操作系统分开处理,即对作为调度和分派的基本单位,不同时作为拥有资源的单位,而对于拥有资源的基本单位,又不作频繁切换,由此引入了线程的概念。在多线程操作系统中,通常在一个进程中包括多个线程,每个线程都是利用 CPU 的基本单位。线程是一个轻型实体,线程中的实体基本上不拥有系统资源,只拥有一点必不可少的、能保证线程独立运行的资源(如程序计数器、一些局部变量、少数状态参数和用于返回地址的一组寄存器和堆栈等),线程可作为独立调度和分派的基本单位,一个进程中的所有线程,以及不同进程中的线程都能并发执行。同一进程中的各个线程,都可共享该进程所拥有的资源。因此,相比进程,线程的生成、终止和切换等比进程更加迅速和方便。

7.4.2　进程的同步与互斥

一个系统中,有多个进程在同时运行,诸进程之间存在着相互制约关系。进程间的制约关系包括直接制约和间接制约。直接制约是指有意识地安排的进程间的相互协作,系统中多个进程中发生的事件存在某种时序关系,需要相互合作,共同完成一项任务。一个进程运行到某一点时要求另一伙伴进程为它提供消息,在未获得消息之前,该进程处于等待状态,获得消息后被唤醒进入就绪态,我们把这种制约关系称为“进程同步”;间接制约则是指由于竞争资源无意间造成的制约关系,由于一个进程独占分配到的部分或全部共享资源,使得进程之间互相排斥地使用这些资源(称为临界资源,涉及临界资源的代码区称为临界区)。这种制约关系称为“进程互斥”。即 A 进程在使用临界资源时 B 进程不能使用临界资源,B 进程在使用临界资源时 A 进程不能使用临界资源。从某种程度上说,进程互斥也是一种同步,它是进程之间的一种协调。如玩游戏时各个用户之间就要进行同步和互斥,如图 7-6 所示。

图 7-6　游戏时各个用户之间要进行同步和互斥

进程同步应遵循以下原则:(1)任意时刻,至多只有一个进程能进入临界区;(2)临界区外的进程不能阻止其他进程进入临界区;(3)如果一个进程请求进入临界区,则其请求必须在有限时间内得到响应;(4)任何进程都不能对系统中 CPU 的数量和速度做出假设。

进程的同步可通过软件方法、硬件方法和操作系统方法来实现。软件方法是指通过设计巧妙的算法,例如设置锁变量、使进程之间轮转进入临界区等方法来保证进程之间的同步与互斥。但完全利用软件方法,有很大局限性,现在已很少采用。硬件方法则是通过利用特殊的机器指令,如关中断、测试设置指令和交换指令等实现对同一存储单元的互斥访问。硬件方法较简单，但会造成忙等待、饥饿或死锁等现象。操作系统方法是目前解决同步互斥问题的比较常用的方法，原理是利用一些操作系统或编程语言本身的特性，即通过特殊函数或数据结构来实现。

操作系统方法中应用最广泛的是信号量、管程和消息传递机制。其中信号量是著名科学家迪科斯彻(E. W. Dijkstra)(见图 7-7)1965 年提出来的，顾名思义，信号量就好像信号灯一样，有通过和禁止通过两种情况，分别叫 P 操作(同时对临界区加锁)和 V 操作(对处于阻塞的进程解锁)。通过 P、V 操作的合理设置，一方面能实现同步和互斥，另一方面避免饥饿或死锁等情况的出现。

图 7-7　艾兹格·迪科斯彻

【小插曲】 迪科斯彻(E. W. Dijkstra)，1930—2002，荷兰人，计算机科学家。毕业后就职于荷兰 Leiden 大学，早年钻研物理及数学，而后转为计算学。获 1972 年度图灵奖、1974 年 AFIPS Harry Goode Memorial Award、1989 年 ACM SIGCSE 计算机科学教育教学杰出贡献奖、2002 年 ACM PODC 最具影响力论文奖。主要成就包括：提出"goto 有害论"；提出信号量和 P、V 原语；解决了"哲学家就餐"问题；是最短路径算法的创造者；第一个 Algol 60 编译器的设计者和实现者；THE 操作系统的设计者和开发者。因在计算机领域杰出的成就，与 D. E. Knuth 并称为我们这个时代最伟大的计算机科学家。

由于信号量的控制分布在整个程序中，对其进行正确性分析很困难。所以，由程序员处理同步、互斥问题有可能产生种种人为的错误。而管程机制把信号量及其操作原语封装在一个对象内部，所以比信号量好控制。管程可以用函数库的形式实现，主要管理对共享数据的操作和使用，从而把控制共享数据的互斥使用这一任务从程序员身上卸下来，交由编译程序去完成，这样做既方便了编程，又不会产生人为的同步、互斥上的错误。消息传递机制通过消息的发送与接收，来确保进程间既合作又相互限制的关系。

进程的同步问题可以通过一些经典问题，如生产者-消费者问题、读者-作者问题和贪睡理发师问题等来刻画。

7.4.3　死锁与饥饿

在计算机系统中有许多资源，这些资源大致上可分为可重用资源(每个时刻只有一个进程使用，但不会耗尽，在宏观上各个进程轮流使用，如打印机)和可消耗资源(可以被动态生成和消耗，一般不限制数量，如一条消息)。也可按能否被抢占分成可剥夺资源(能被进程剥夺走，如存储空间。一般由高优进程剥夺低优进程的资源)和不可剥夺资源(如打印机，该类资源一般不能被抢占，否则会出现严重后果)。

对计算机资源的利用必须以合理的方式进行，否则会造成进程的死锁或饥饿。死锁是指系统中多个进程无限制地等待永远不会发生的条件。饥饿则是指进程长时间处于等待状态，无法得到所需要的资源，不能继续向前推进。死锁与饥饿情况在现实生活中经常会碰到，如在十字路口，每个人若都遵守交通规则、各行其道，大家都能有条不紊地通过。但如果某个时刻，信号灯出现故障，恰巧这时，东、南、西、北四个方向各有一队车辆同时到达十字路口，每个方向的车都希望其他方向的车给自己让路，彼此互不相让，这种情况就是死锁。

死锁主要由于对互斥资源的共享或并发执行的顺序不当引起的。死锁的出现要满足四个条件：(1)互斥条件，进程要求互斥地使用资源；(2)保持并请求条件，进程已拥有一部分资源，但还需要其他资源才能运行；(3)不剥夺条件，在拥有资源的进程未运行结束前，其他进程不能剥夺该进程对资源的所有权；(4)环路等待条件，A 进程请求 B 进程占有的资源，B 进程请求 C 进程占有的资源，C 进程又请求 D 进程占有的资源……最后，形成了一个环状的请求序列，其资源分配如图 7-8 所示。

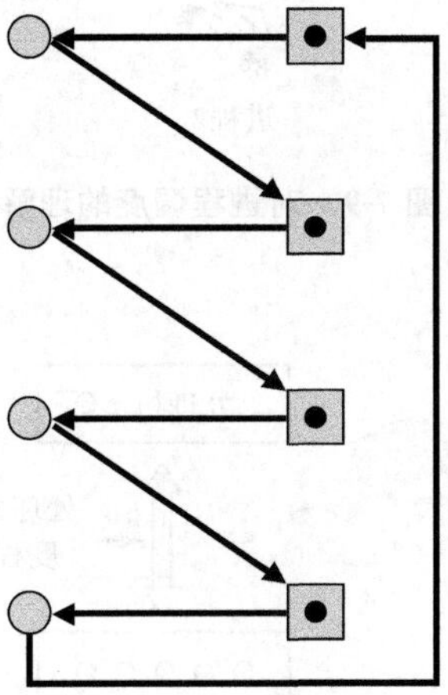

图 7-8　形成环路的资源分配

(图中，矩形框是资源节点，每个实心黑圆点代表一个资源，圆形框是进程节点)

对死锁的处理办法有以下几种：(1)死锁预防——即防止导致死锁的四个充要条件之一；(2)死锁避免——如果某个资源请求可能会导致死锁，则不满足本次资源请求；(3)死锁检测和解除——在可能的情况下尽可能满足资源请求，但定期检查系统中是否存在死锁。一旦发现存在死锁，则检查导致死锁的原因并排除。

7.4.4　进程调度

系统中存在多个进程及线程，这些进程和线程正等待某些资源，一旦得到资源马上就可以进入系统或投入运行。但由于有多个进程或线程均处于等待状态，哪个进程或线程优先得到资源呢？这时就需要进程调度。

【小插曲】　游客进了游乐场，都喜欢骑坐木马。进程调度就好比是分配游客骑木马，木马(资源)只有一个，但游客(进程)有多个，那么该谁骑呢？这就需要有一种方法或策略确定下一个骑木马的人，这就是进程调度，如图 7-9 所示。

调度又分为长程调度、中程调度和短程调度。长程调度决定哪个作业先进入内存，中程调度决定了内存中哪个进程被换出到辅存中，短程调度决定了哪个进程会得到处理机从而运行，见图 7-10 所示。本章只介绍短程调度，即进程调度。

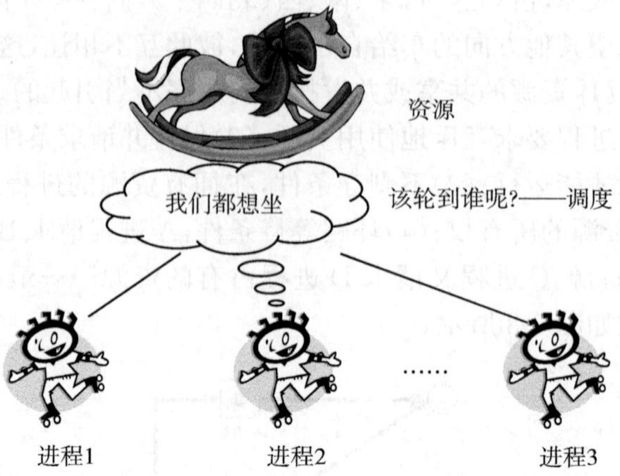

图 7-9 对进程调度的理解

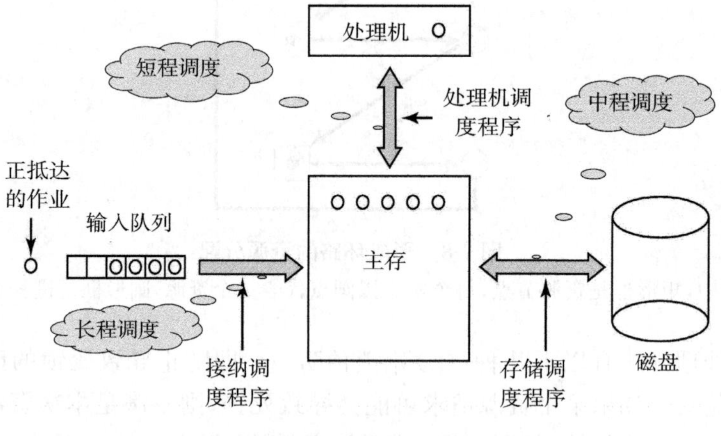

图 7-10 调度的类型

要进行调度,需要采取不同的策略,这些策略可通过不同的调度算法实现。优良的调度算法能保证系统具有较好的处理机利用率、较高的吞吐量和较低的反应时间等。

常用调度算法包括:先来先服务算法、短进程优先调度算法、优先权调度算法、时间片轮转调度算法和剩余时间最短进程优先调度算法等。

【小插曲】 骑木马的例子中,如果采取谁排在最前面谁就最早骑木马的策略,这就是先来先服务算法,它是最公平的方式。有时为了避免有些人长时间不下来,采取让骑木马时间最短的游客优先得到骑乘机会的策略,这是短进程优先调度算法的基本思想。在好的社会风气中,一般优先照顾老人和小孩,即他们的优先权大,优先获得机会,这就是优先权调度算法。如果出于公平起见,大家机会均等,每人轮番骑一会儿,然后重新排队,这就是时间片轮转调度算法。

7.4.5 存储管理

程序在成为进程前需要完成以下准备工作：(1)编辑——形成源文件(采用逻辑地址)；(2)编译——由编译程序形成目标模块；(3)链接——由多个目标模块或程序库生成可执行文件，获得装入模块；(4)装入——由装入程序将模块装入存储空间，构造 PCB，形成进程。

可见，只有程序被装入存储空间形成进程，才能执行。操作系统的存储管理功能完成对系统存储空间的组织(安排进程的地址空间的分配和回收)，从逻辑地址到物理地址的转换，实现对系统或用户信息的保护或共享，以及解决如何利用小空间办大事(运行大程序)等工作。

计算机系统的存储空间层次结构如图 7-11 所示。图中越靠近上层的存储结构容量越小，但速度越快。

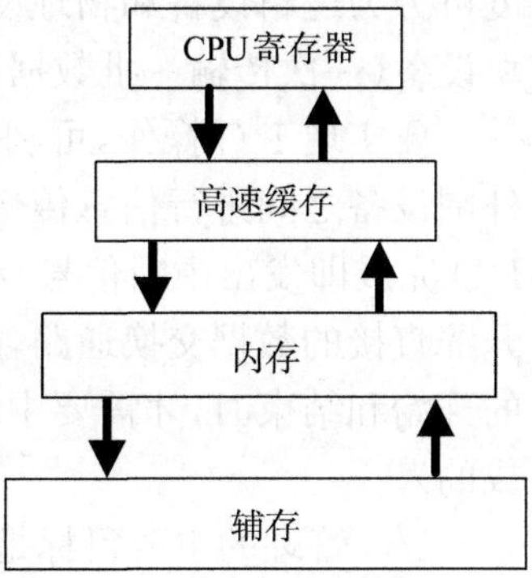

图 7-11　存储空间层次结构

存储管理方法包括分区管理、简单分页管理、简单分段管理和虚拟存储器管理，虚拟存储器也可采用分页与分段方案。

分区管理在一些早期的操作系统中采用，即将存储空间划分成若干个固定或不固定大小的区间，然后将进程分别装入到这些区间中。这种方法简单易实现，但往往程序本身大小不一定恰好与分区大小相等，故容易造成存储空间的浪费(会出现碎片)。其次，当内存分配找不到满足条件的空闲分区时，需要进行存储空间的紧缩(即将各个占用分区向内存一端移动，使各个空闲分区聚集在另一端，然后将各个空闲分区合并成为一个空闲分区)。对于分区管理，也采用动态分区方式，通过一定的算法，寻找某个大小大于或等于程序要求的空闲分区进行分配。

现代操作系统多采用分页和分段管理方案。分页管理将程序的逻辑地址空间划分为固定大小的页，物理内存划分为同样大小的页帧(块)，程序加载时，分配其所需的所有页，这些页不必连续。分页管理所用的数据结构是页表，在页表中存储了每页的逻辑页号和其物理地址的对应关系。分页管理中，很难做到进程大小恰好与每一页的大小相等，易造成碎片(内碎片)，代码的共享也比较困难。分段管理则将程序的地址空间划分为若干个段(程序上自然划分的一组逻辑意义完整的信息集合)，程序加载时，分配其所需的内存空间，这些段不必连续。分段管理需要借助于段表，其优点是便于改变进程占用空间的大小，但段与段之间易出现碎片(外碎片)。

由于程序的局部性原理，即程序在执行过程中的一个较短时期，所执行的指令地址和指令的操作数地址，分别局限于某个局部区域内。因此，可借助于虚拟技术，将内存和辅存进行综合考虑，即将进程运行时所必需的那部分代码调入内存，而其他暂时不用的代码则放到辅存上，一旦需要则再从辅存调入，从而使得小空间的内存可以运行比其大得多的程序。虚拟存储器可采用分页与分段策略，本章仅对虚拟存储器下的分页管理方法进行介绍。在该方案下，需要解决三个问题，即何时调入所需的页，调入的页放到何处，当存储空间不足时哪一个页将被置换。调入时机可采取预调页(预先调入所需页)和请求调页(需要时再调入页)两种方式，放入位置取决于空间的具体情况，而页面置换可采取一定算法实现，常用的页面置换算法有最优页面置换算法(理想情况是选择以后不再需要的或最远的将来才会用到的页面进行置换,但在实际执行中无法预知,因而不能实现,但可用作性能评价的依据)、先进先出页面置换算法(选择在内存中驻留时间最长的页面进行置换。该方法性能较差,因为较早调入的页往往是经常要被访问的页)、最近最少使用页面置换算法(检查页面的被访问时间,淘汰最长时间未被访问过的页面)等。

7.4.6 输入输出管理

计算机系统的I/O设备很多,按使用特性可分为存储设备、输入/输出(I/O)设备、终端设备和脱机设备,按设备的共享属性可分为独占设备、共享设备和虚拟设备,从程序使用角度可分为逻辑设备和物理设备,按传输的信息特点可分为字符设备(一次传输一个字符)和块设备(一次传输一批数据)。

要实现I/O操作,可利用程序控制I/O方式(由用户进程直接控制内存或控制CPU和外围设备之间进行信息传送的方式,通常又称为循环测试方式)、中断驱动I/O方式(一旦I/O完成即发出中断信号)和直接存储器访问I/O方式(即DMA方式,在外设和主存之间开辟直接的数据交换通路,数据传送的基本单位是数据块,使得仅在传送一个或多个数据块的开始和结束时,才需要中断CPU,请求干预,整块数据的传送是在DMA控制器控制下完成的)。

I/O管理的主要目标是提高系统的效率和实现通用性与设备独立性。设备独立性是指应用程序中的逻辑设备与实际系统中的物理设备是相互脱离和相互独立的。即程序中的一台逻辑设备究竟与系统中的哪台物理设备相联系,要到程序运行时由操作系统动态地确定。因此,程序中的同一逻辑设备在程序的多次运行(在同一或不同的机器上)时,可能与多台不同的物理设备相联系。为实现设备独立性,系统必须在设备驱动程序之上设置一层设备独立性软件,从而向用户层软件提供统一接口,执行所有设备的公共操作。

为了缓和处理机和I/O设备间速度不匹配的矛盾,减少对CPU的中断次数,放宽对中断响应时间的限制,提高CPU和I/O设备之间的并行性,在系统中需要引入缓冲区。根据系统设置缓冲区的个数,可以分为单缓冲、双缓冲、多缓冲以及缓冲池等。

I/O管理最重要的内容之一是磁盘管理。实际的硬盘都组织成许多柱面的形式,每一个柱面上的磁道数和磁头个数相同。磁道又被分成多个扇区,每条磁道上典型扇区数目为8~32个,每个扇区包含相同的字节数。磁盘的操作原理如图7-12所示。控制器可以同时控制两个或多个驱动器进行寻道,许多控制器也可以在对一个或多个其他驱动器寻道的同时在另一个驱动器上进行读写操作。为了完成一个磁盘的I/O任务,先要把移动臂移动到相应的柱面,然后等待数据所在的扇区旋转到磁头位置下,最后让指定的磁头读/写信息,完成数据的传输。磁盘性能的好坏由寻道时间、磁盘旋转延迟时间和数据传输时间决定。

磁盘是共享设备,当有很多进程向磁盘提出I/O请求时,就有一个调度的问题。磁盘调度算法包括:(1) 先进先出算法(以I/O请求到达的先后次序作为磁盘调度的顺序);(2) 最短查找时间优先调度算法(把距离磁头当前位置最近的I/O请求作为下一次调度的对象);(3) 扫描调度算法(总是沿着移动臂的移动方向选择距离磁头当前位置最近的I/O请求作为下一次调度的对象,如果该方向上已无I/O请求,则改变方向再做选择);(4) 循环扫

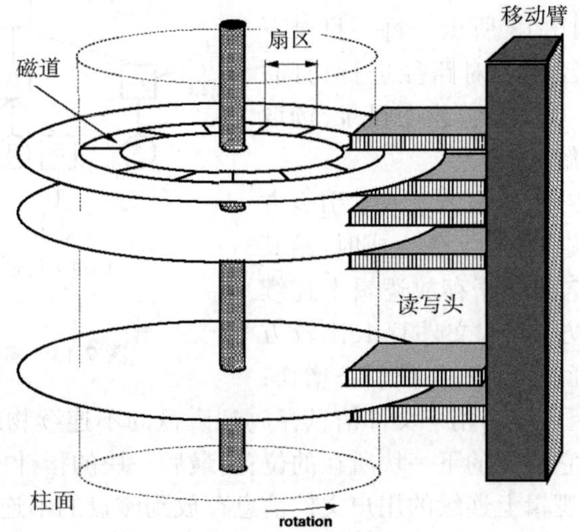

图 7-12　磁盘的操作原理

描调度算法(从 0 号柱面开始往里移动移动臂,遇到 I/O 请求就进行处理,直到到达最后一个请求柱面。然后移动臂立即带动磁头不做任何服务地快速返回到 0 号柱面,开始下一次扫描)等。

7.4.7　文件系统

计算机中的信息往往以文件形式存放在磁盘或其他外部介质上。对于结构化文件,文件中包括了不同的记录,每个记录又包含了不同的域(字段),每个域中可存放系统类型的数据。操作系统一般应包含文件系统,它是操作系统中处理文件的部分。

文件系统的目标是:(1)满足不同用户对数据管理的不同需要;(2)保证文件中的数据是可用的和可靠的;(3)从缩短访问时间、容易更新、减小存储空间及方便维护等角度优化系统性能;(4)为各种类型的存储设备的 I/O 操作提供支持,包括提供标准的接口程序和为多用户应用提供支持;(5)防止潜在的数据丢失或损坏等现象的发生。文件管理的难点在于文件随着系统的运行其大小会发生变化,随着文件的大小变得越来越大,对文件访问效率方面的要求越来越高。文件管理的内容包括标识和定位所要查找的文件、利用目录描述文件的位置及其属性、对于共享文件实施访问控制、对磁盘中的空闲部分进行分配和回收。

文件内容可按不同的方式进行组织:(1)字节流方式。数据按其到达的次序组织,无结构,访问时需按穷举的方式进行;(2)记录流方式。文件由固定长度的记录组成,每个记录都有其内部结构,文件属性包括文件名与长度;(3)树状方式。文件由一棵记录树组成,每个记录不必具有相同的长度,记录有一个关键字段,整个树按关键字排序。

文件的操作包括创建、删除、打开、关闭、读/写、添加、定位、设置/读取文件属性以及文件重命名等。文件存取可按顺序或随机方式存取,顺序方式必须按照从头到尾的次序逐个存取,不能跳过某些内容,而随机方式能以任意次序读取某一字节或记录。

文件系统通过目录或文件夹对文件进行管理,目录本身也可以看作一个文件,只不过该文件由操作系统所拥有。现代操作系统采用多级树状目录结构，如图 7-13 所示。每一目录下的文件可通过绝对路径或相对路径进行访问。目录操作有创建、删除、重命名、改变目录、读取目录内容、关闭、挂接/解挂等。

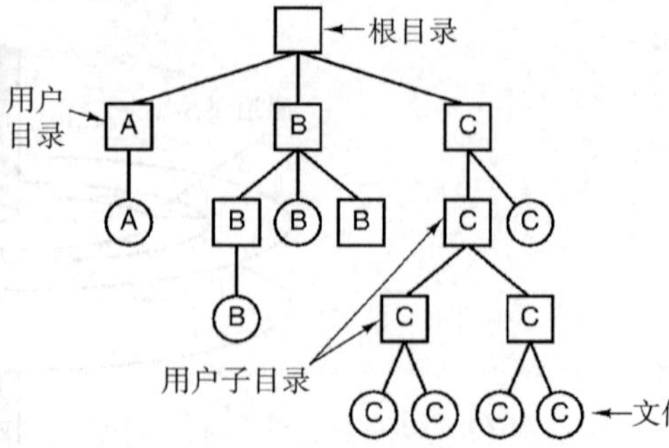

图 7-13　多级树状目录结构

文件可通过连续方式、链表方式或索引表方式存放。连续存放方式是指在文件生成时，给其分配一片连续的磁盘空间用于存放逻辑上连续的文件信息。在连续方式下，文件存取比较方便，但要给文件预留空间，且文件不能动态增长；链表方式则是把逻辑上连续的用户文件信息存放到磁盘的不连续物理块中，并在每一块中包含一个指针，指向与它链接的下一块所在的位置，最后一块的指针放上“0”，表示文件的结束；索引表方式是指把逻辑上连续的用户文件信息存放到磁盘的不连续物理块中，系统为每个文件建立一个专用数据结构——索引表，并将这些块的块号存放在一个索引表中。一个索引表就是磁盘块地址数组，其中第 i 个条目指向文件的第 i 块。

文件的管理还涉及对空闲磁盘空间的管理。管理方法有三种。(1)空闲块表：将所有空闲块的块号记录在一个表中；(2)采用空闲块存放空闲块表，其中需要一个部分存放指向下一块的指针，把所有空闲块链成一个链表；(3)位图法：用一串二进制位反映磁盘空间中的分配使用情况，每个物理块对应一位位图，已分配物理块为 0，否则为 1；申请物理块时，可以在位图中查找为 1 的位，返回对应物理块号，将对应位置为 0；归还时，将对应位转置为 1。

本章小结

操作系统是计算机系统中的核心系统软件，它负责控制和管理整个计算机系统的资源并协调用户间资源的利用。本章中，在了解操作系统概念的基础上，阐述了操作系统在整个计算机系统中的地位及其作用，指出操作系统是位于用户和硬件之间的最重要的系统软件，它为用户提供了一个虚拟机接口，隐藏了下层硬件的操作细节。操作系统同时也是一个资源管理者，使得每一个程序都能得到利用系统资源的机会和空间。操作系统的发展，经过批处理系统、多道程序设计系统、分时系统、个人计算机系统，发展到嵌入式操作系统、智能卡操作系统以及网络操作系统和分布式操作系统等。多道程序设计技术使得作业间的并发得以实现，分时技术提高了用户的交互性。操作系统可按整体式、模块化、层次式和微内核结构组织。操作系统中最重要的概念是进程和线程，进程是执行中的程序，一个程序加载到内存后就变成了进程，一个进程可生成自己的子进程，操作系统通过进程控制块管理进程。线程则将进程的调度运行职责承担起来，使得进程主要用于资源管理。每一个进程可以包含多个线程，同一进程的各线程共享该进程所拥有的资源。操作系统包括进程管理、存储管理、设备管理和文件管理四大功能。进程管理处理进程的同步与互斥、进程的死锁与饥饿、进程的调度等，存储管理则涉及存储空间的分配与回收、存储空间的虚拟化管理(将辅存纳入统一空间管理)等，设备管理涉及资源管理、设备驱动、设备中断处理以及设备的独立性等方面。文件是计算机系统中管理和存储数据的主要手段，数据可按字节流、记录流或树状方式组织，这些数据可通过连续方式、链表方式或索引表方式存放到磁盘等物理介质上。文件目录为用户查找文件提供了一个路径图，现代操作系统按多级树状目录结构管理文件。

【推荐课余阅读材料】

[1] 汤小丹，梁红兵，汤子瀛．计算机操作系统[M]．3版．西安：西安电子科技大学出版社，2007.

[2] 邹恒明．计算机的心智——操作系统之哲学原理[M]．北京：机械工业出版社，2009.

习题

1. 名词解释

并发性　虚拟性　操作系统　多道程序设计技术　分时系统　进程　线程　文件　设备独立性

2. 填充题

(1) 操作系统是一个介于__________和__________之间的软件系统。

(2) 操作系统的两大作用是__________和__________。

(3) 操作系统结构包括__________、__________、__________和__________等四种类型。

(4) 并发性是指__________。

(5) 操作系统有四大功能，即__________、__________、__________和__________。

(6) 大多数处理机有两种执行模式，它们是__________模式和__________模式。

(7) 进程间的制约关系包括__________和__________。

(8) 死锁产生的充要条件是__________、__________、__________和__________。

(9) 文件可按__________、__________和__________等三种方式存放到物理介质上。

(10) 输入输出设备按照信息传输的特点可分为__________和__________。

3. 选择题

(1) 下面对OS描述不正确的是(　　)。

A. OS是系统态程序的集合　　B. OS是为用户提供服务的程序

C. OS是其他软件的支撑软件　　D. OS是系统资源的管理程序

(2) OS的不确定性是指(　　)。

A. 程序的运行结果不确定　　B. 程序的运行次序不确定

C. 程序多次运行的时间不确定　　D. B和C

(3) 下面哪一个不是程序在并发系统内执行的特点。(　　)

A. 程序执行的间断性　　B. 相互通信的可能性

C. 产生死锁的必然性　　D. 资源分配的动态性

(4) 在下面关于并发性的叙述中正确的是(　　)。

A. 并发性是指若干事件在同一时刻发生

B. 并发性是指若干事件在同一时间间隔内发生

C. 并发性是指若干事件在不同时刻发生

D. 并发性是指若干事件在不同时间间隔内发生

(5) 在下面对OS功能的概括中,正确的是(　　)。

A. 进程管理、存储器管理、虚存管理、设备管理和文件管理

B. 处理机管理、存储器管理、设备管理和文件管理

C. 进程管理、处理机管理、存储器管理、设备管理和文件管理

D. 处理机管理、存储器管理、设备管理和作业管理

(6) 允许多个用户在其终端上同时交互用机的OS是(　　)。

A. 网络OS　　B. 分布式OS　　C. 分时OS　　D. 批处理OS

(7) 允许用户把若干个作业提交给计算机系统集中处理的OS是(　　)。

A. 网络OS　　B. 批处理OS　　C. 分时OS　　D. 实时OS

(8) 多道程序设计的主要目的是(　　)。

A. 提高内存的利用率　　B. 提高处理机的利用率

C. 提高外设的利用率　　D. 提高处理机和外设的利用率

(9) 死锁产生的根本原因在于(　　)。

A. 对互斥资源的共享　　B. 并发执行的顺序不当

C. A和B　　D. 以上均不是

(10) 实现虚拟存储器的理论基础是(　　)。

A. 分页方案　　B. 分段方案　　C. 段页式方案　　D. 局部性原理

4. 简答题

(1) 阐述操作系统在计算机系统中的地位和作用?

(2) 进程和线程的区别和联系是什么?

(3) 用户上机时所需要的最基本和公共的服务有哪些?

(4) 举例说明采用多道程序设计技术的系统上程序执行的特点。

本章参考文献

[1] 汤小丹,梁红兵,汤子瀛. 计算机操作系统[M]. 3版. 西安:西安电子科技大学出版社,2007.

[2] 邹恒明. 计算机的心智:操作系统之哲学原理[M]. 北京:机械工业出版社,2009.

[3] Stallings W. Operating Systems: Internals and Design Principles [M]. 6nd. Prentice Hall, 2008.

[4] Tanenbaum A S. Modern Operating Systems [M]. 2nd. Prentice Hall, 2001.

[5] Nutt G. Operating Systems [M]. 3nd. Addison-Wesley, 2004.

第 8 章　软件工程

【本章内容概要】 软件工程是指采用工程化的原理与方法对软件进行计划、开发和维护，其目的在于提高软件的生产率与可靠性。本章首先介绍软件工程的起源、含义、目标及研究内容，在此基础上系统介绍软件、软件生存周期和过程模型、软件开发方法与工具。最后，简要阐述软件工程管理和软件工程的发展趋势。

【学习目的和要求】 掌握软件工程的概念及研究内容；对软件生存周期和过程模型有一定程度的理解；熟悉瀑布模型的原理和软件生存周期各阶段的主要内容；了解软件开发方法与工具。

【应掌握的知识点】 软件工程概念，软件生存周期，瀑布模型，RUP。

在计算机系统发展的初期，硬件通常用来执行一个单一的程序，而这个程序又是为一个特定的目的而编制的，因而是简单的。但随着计算机系统功能越来越强，软件的规模越来越大，软件的复杂程度也越来越高，于是软件工程应运而生了。

8.1　软件工程的产生

从 20 世纪 60 年代中期起，软件开始作为一种产品被广泛使用。伴随着计算机应用的普及，人们需要的软件越来越多，而且趋向大型化和复杂化，使软件开发变得越来越复杂，软件数量越来越满足不了需要，软件产品质量也变得难以满足各方面的要求，加上软件生产率低，导致软件成本大幅度上涨，失败的软件开发项目屡见不鲜。“软件危机”就出现了。

8.1.1　软件危机

1968 年，北大西洋公约组织(NATO)的计算机科学家们在联邦德国召开的一次国际学术会议上，“软件危机”(Software Crisis)这个名词被首次提出。

产生软件危机的原因可以归结为三个方面：一是早期的软件开发存在着个体化、作坊式的特点，无统一的先进的开发方法；二是软件本身的逻辑特性导致软件不像硬件一样看得见摸得着，软件的开发主要依赖于人的智力劳动，软件开发是一种“艺术”和“个体行为”；三是软件的规模越来越庞大，结构越来越复杂。由此，落后的软件开发技术与迅速发展的计算机硬件技术和软件需求的日益增长产生了尖锐的矛盾，产生了软件危机，导致软件的开发、管理、维护越来越困难,成本越来越高。

【小插曲】 20 世纪 60 年代,由于软件系统的规模越来越大,复杂程度越来越高,软件可靠性问题越来越突出。原来的个人设计、个人使用的方式不再满足要求,软件危机开始爆发,迫切需要改变软件的生产方式,提高软件生产效率。软件危机的主要表现形式是软件开发成本不断升高,软件开发进度很难控制,软件功能不能满足用户的需要,软件性能和可靠性不好,软件维护困难等。

"软件危机"促使人们开始对软件及其特性进行更深一步的研究,人们改变了早期对软件的不正确看法,普遍认为优秀的程序除了功能正确、性能优良之外,还应该容易看懂、容易使用、容易修改和扩充。面对软件危机,许多软件专家意识到软件开发必须摒弃原来的开发方法,引入新的开发方法。一个重要手段就是将工程技术的思想运用到软件开发中来,将开发软件当作工程来做,分别从管理和技术的两个角度研究怎样高效、合理、正确地去开发软件,使软件开发走上工程学科的途径,从而摆脱软件危机的困境。因此,在 1968 年的会议上,一些计算机科学家提出了"软件工程"(Software Engineering,SE)这个名词。从此,软件工程作为一个学科正式诞生,它旨在应用计算机科学、数学及管理科学等原理,借鉴传统工程的原则、方法,以提高软件质量,降低开发成本。

8.1.2 软件工程

软件工程是一门研究如何用系统化、规范化等工程原则和方法去指导软件的计划、开发和维护的学科。软件工程的提出反映了软件人员认识到软件危机的出现以及为谋求解决这一危机的一种努力。自这一概念提出以来,围绕软件项目,开展了有关开发模型、开发方法和支持工具的研究,在软件开发模型、程序设计语言、软件开发方法等方面取得了很多成果。从 20 世纪 60 年代末至 20 世纪 80 年代初,研究前期着重研究系统实现技术,后期开始强调开发管理和软件质量,人们提出了瀑布模型,开发了一些结构化程序设计语言(例如 PASCAL 语言,C 语言)、结构化方法等。20 世纪 80 年代初,随着"软件工程"概念的提出,人们围绕软件过程以及软件复用,开展有关的研究与实践,提出了面向对象语言(如 C++、Java 语言)以及相关方法,大力开展了计算机辅助软件工程的研究与实践。尤其是近几年,针对软件复用、软件生产、软件构件技术以及软件质量控制技术、质量保证技术等都得到了广泛的应用。

经过四十多年的研究与实践,"软件危机"虽尚未得到彻底解决,但在软件开发方法和技术方面已经有了很大的进步。

8.1.3 软件工程的目标

软件工程的目标是按计划构造出符合预期要求、高质量的软件产品。具体而言,这一目标主要包括三个方面的含义:提高软件开发效率、提高软件质量和提高软件可维护性。

1. 提高软件开发效率

所谓软件开发效率是指单位时间和成本下所开发软件的数量。一个软件的开发之前都会制订包含开发进度和成本开销等在内的软件开发计划，如何用最少的时间、最低的成本提交软件成品是软件开发过程中应用软件工程思想指导的重要目的之一。

2. 提高软件质量

软件质量主要包括软件的功能性、可用性、可靠性和性能等。功能性指软件按要求完成功能或提供服务；可用性泛指能使最终用户方便地使用软件；可靠性包括与系统可靠运行相关的各种指标，一般有正常运行率(如规定可用时间百分比，或系统处于使用、维护等操作的小时数等)、平均故障间隔时间(通常表示为小时数，但也可表示为天数、月数或年数)、平均修复时间(指系统在发生故障后可以暂停运行的时间)等；性能指记录与系统性能相关的各种指标，包括对事务的响应时间、吞吐量(如每秒处理的事务数)、容量(如系统可以容纳的客户或事务数)等。

3. 提高软件可维护性

软件维护是指软件系统交付使用以后，为了改正或满足新的需要而修改软件的过程。所谓可维护性，是衡量维护容易程度的一种软件属性。定性地说，可维护性取决于软件的可理解性、可修改性与可测试性。提高软件的可维护性，最根本的是使每一开发人员懂得维护的重要性，在开发阶段就以减少今后的维护工作量为努力的目标。有三种开发活动对提高软件的维护性影响较大，即：(1)养成良好的编码风格，统一命名约定、类库；(2)提供完整和一致的文档，以帮助维护人员读懂程序；(3)采用现代化的开发方法和思想。

8.1.4 软件工程的内容

近 40 年来，人们围绕着实现软件优质高产这个目标，从技术到管理做了大量的努力，逐渐形成了“软件工程”这一计算机新学科，图 8-1 列举了它所包含的主要内容。

- 软件工程
  - 软件开发技术
    - 软件开发过程
    - 软件开发方法
    - 软件开发工具
  - 软件工程管理
    - 软件管理学
    - 软件经济学
    - 软件度量学

图 8-1 软件工程的主要内容

软件工程主要有两个分支：软件开发技术和软件工程管理。软件开发技术包括软件开发过程、方法和工具；软件工程管理包括软件管理学、软件经济学、软件度量学等。本章的后续内容将对软件工程的内容逐一展开介绍。

8.2 软件生存周期和过程模型

8.2.1 软件生存周期

人有从出生、幼儿、少年、青年、中年、老年到死亡的生存周期，软件(产品)也不例外。一个软件从开始立项起，到废弃不用止，统称为软件生存周期(Software Life Cycle)。大约在20世纪70年代，软件工程问世不久，人们就提出了软件生存周期的概念，如图8-2所示。由于整个生存周期被划分为较小的阶段，每个阶段只赋予有限的活动，使因软件规模增长而大大增加的软件复杂性变成较易控制和管理。本节将结合图8-2，简单说明生存周期各阶段的主要活动。

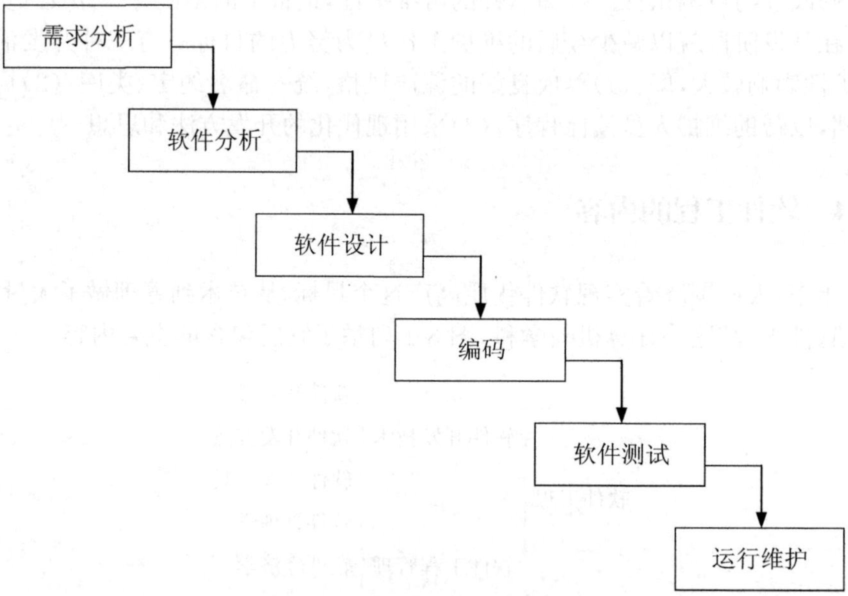

图8-2 典型的软件生存周期

1. 需求分析

这阶段要弄清“用户需要计算机解决什么问题”，由担任系统分析员的开发人员在了解需求的基础上根据自己对问题的理解，提出关于“系统目标与范围的说明”，从用户的视角对需求进行定义和分析，用需求模型的形式准确地表达出来，其中包括软件的功能需求、性能需求、环境约束和外部接口描述等。需求分析需请用户审查和认可，系统分析员与用户的良好配合，是搞好本阶段工作的关键。

2. 软件分析

软件分析的任务是从开发人员的视角对软件的需求模型进行分析，建立与需求模型一致的、与实现无关的软件分析模型，它既是对软件系统逻辑模型的描述，也是下一步进行软件设计的依据。

3. 软件设计

软件设计的任务，是将软件分析模型转变为考虑具体实现技术和平台的软件设计模型，也就是回答“怎么解决问题”的解决方案。这个阶段尤其重要，它一般又可细分为概要设计和详细设计，其中概要设计包括确定软件的总体结构和其他全局性的设计决定等，详细设计则是确定软件的每一个部件的数据结构和操作。软件设计阶段的工作是最需要创造性的，其设计结果对软件开发的成败起着关键性作用，为了完成本项活动，应选择资深开发人员来担任软件架构师和设计师进行设计工作，并编写出规定的设计文档。

4. 编码

编码就是按照选定的程序设计语言和可复用软件构件包，把设计文档翻译为源程序。与前三步相比，编码的难度相对比较简单，一般由编码员或初级程序员担任。需要指出的是，前面各个阶段产生的是软件文档，而这个阶段产生的是程序。早在20世纪60年代，人们就发现“编一点，测试一点”，比编完了再测试更省力，所以单元测试通常与编码同时进行，故亦称“编码(测试)”。

5. 软件测试

测试是提高软件质量的重要手段。软件测试通常由独立的测试工程师进行，通过运行程序，输入合适的测试数据，观察程序的输出结果是否符合要求，需要编写“测试报告”文档(包括测试计划、测试用例、测试结果等内容)。按照不同的目的，测试可细分为多个层次。除针对模块/对象错误的单元测试应与编码同时进行外，还要执行集成测试、确认测试和系统测试等步骤。

6. 运行维护

作为生存周期的最后一个阶段，运行维护阶段的主要任务是做好软件维护，使软件在整个生存周期内都能满足用户的需求，并延长软件的使用寿命。对于大型软件，维护是必不可少的。每次维护都应遵守规定的程序，填写并更新相关的文档。

8.2.2 软件过程模型

对软件生存周期的研究，导致了软件工程的另一个重要概念——软件过程的诞生。什么是软件过程？软件过程是围绕软件开发所进行的一系列活动。随着软件开发实践的不断深入，为适应各种技术和应用的发展，对如何组织和管理软件开发的这些活动，总结出了很多过程模型，这里介绍三种：瀑布模型、螺旋模型和构件集成模型。

1. 瀑布模型

瀑布模型是一种基于软件生存周期的线性过程模型，如图8-3所示，是由W. Royce在1970年首先提出。

(1) 阶段间的顺序性和依赖性。这里包含两重含义：第一，顺序性——只有等前一阶段的工作完成之后，后一阶段的工作才能开始；第二，依赖性——前一阶段的输出文档，就是后一阶段的输入文档。这表明，只有在前阶段有正确的输出，后阶段才能获得正确的结果。如果在某个开发阶段出现了问题，往往要追溯到在它之前的一些阶段，必要时可能要修改此前已完成的文档。

（2）推迟实现的观点。瀑布开发模型的实践表明，对于大、中型的软件，编码开始得越早，完成开发需要的时间反而越长。这是因为，过早地编码容易导致返工，甚至造成灾难性的严重后果。

所谓“推迟实现”，就是把待开发软件的逻辑设计与物理实现清楚地区别开来。在需求分析和软件设计阶段只考虑系统的逻辑模型，等到编码阶段再来完成程序。

（3）保证质量的观点。为了保证软件的质量，瀑布模型开发对软件文档采取了以下两条严格的措施：第一，每一阶段必须完成规定的文档。没有完成文档，就不能算完成该阶段的任务。软件开发是许多人参加的计划，完整与合格的文档，不仅是开发阶段软件人员相互通信的媒介，也是运行阶段对软件进行维护的重要依据。第二，每一阶段都要对完成的文档进行复审，以便尽早发现问题，消除隐患。从图8-3可知，越早时间潜伏下来的故障，暴露出来的时间就越晚，排除故障需付出的代价也越高。及时的复审是保证软件质量、降低开发成本的重要措施。

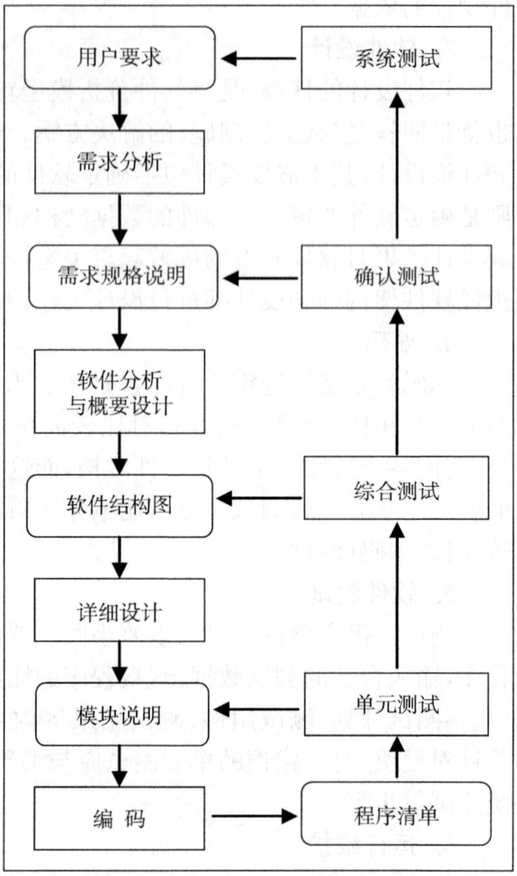

图 8-3 瀑布模型的各阶段和对应文档

（4）存在的问题。按照瀑布模型来开发软件，只有当分析员能够做出准确的需求分析时，才能够得到预期的结果。不幸的是，由于多数用户不熟悉计算机，系统分析员对用户的专业需求也往往了解不深，很难在开发的初始阶段彻底弄清软件需求。F. Brooks 甚至断言：“在软件产品的某个版本试用之前，要用户（即使有软件工程师的配合）完全、正确地对一个现代软件产品提出确切的需求，实际上是不可能的。”为此，在瀑布模型的基础上，人们提出了其他各种软件过程模型。

2. 螺旋模型

螺旋模型（Spiral Model）为当前软件开发中最常用的主流模型，尤其适用于大型软件的开发。

（1）典型的迭代模型

与瀑布模型的线性方式展开开发活动不同，螺旋模型是一种典型的迭代模型，即整个开发周期由多次迭代构成，每迭代一次，螺旋线就前进一周。如图 8-4 所示，当项目按照顺时针方向沿螺旋线移动时，每轮螺旋均包含“制订计划、风险分析、实施工程、客户评估”四种活动，按以下顺序周而复始，直到实现最终产品。

制订计划：用于选定完成本轮螺旋所定目标的策略，包括确定待开发系统的目标，选择方案，设定约束条件等。

风险分析：评估本轮螺旋可能存在的风险。必要时，可通过建立一个原型来确定风险的

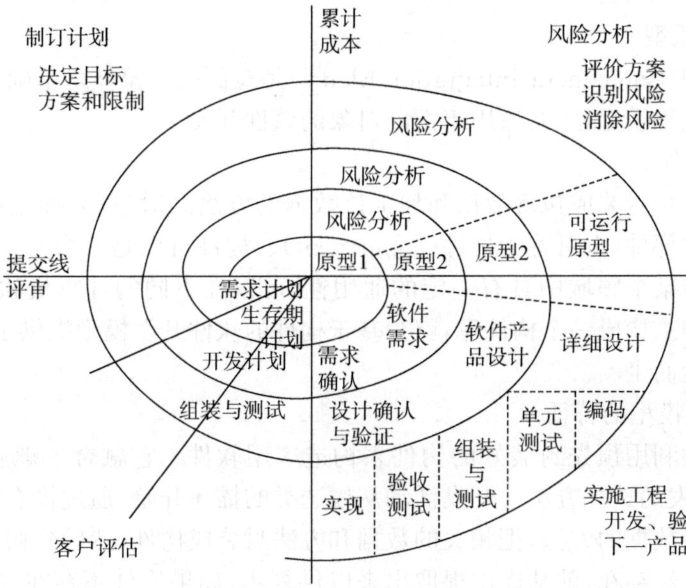

图 8-4　螺旋模型

大小，然后据此决定是按原定目标执行，还是修改目标或终止项目。

实施工程：在排除风险后，建立一个原型来实现本轮螺旋的目标。例如，第一圈可能产生产品的需求规格说明，第二圈可能实现产品设计，等等。

客户评估：由用户评价前一步的结果，同时计划下一轮的工作。

需要指出的是，如果开发小组对项目的需求已有较好的理解，则第一圈就可以直接采用瀑布模型，这时的螺旋模型可只含单圈螺线。反之，如果开发小组对项目的需求没有把握，就需要经过多圈螺线，并通过开发一个或多个原型来弄清软件的需求。

(2) 风险分析

同其他工程一样，软件开发也存在着风险。在制订项目计划时，对项目的预算、进度与人力，对需求、设计中采用的技术及存在的问题，都需要仔细分析与估算。项目越复杂，估算中的不确定因素越多，风险也越大，严重时可能会导致软件开发的失败。风险分析的目的，就是要了解、分析并设法降低这种风险。对于高风险的大型软件，螺旋模型是一个理想的开发过程。

当软件随着过程的进展而演化时，开发者和用户都需要更好地了解每一级演化存在的风险。螺旋模型建立了降低风险的机制，在任意一次迭代中均评估风险并尽可能降低风险；同时，在总体开发框架上，又保留了瀑布模型所固有的顺序性和“边开发，边评审”等特点。这种将两者融合在一起的迭代框架，无疑能更真实地反映客观世界。

(3) 螺旋模型的特点

螺旋模型在项目的所有阶段都考虑技术风险，从而能在风险变成问题之前降低它的危害。但是它也有不足的地方。例如，它难以使用户相信演化方法是可控的；过多的迭代周期，也会增加开发成本和时间等。可以说，螺旋模型开发的成败，在很大程度上依赖于风险评估的成败。而风险评估的结果又受到主观因素的影响，如果一个大的风险未被发现和控制，其后果显然是严重的。

3. 构件集成模型

构件集成模型(Component Integration Model)是在面向对象技术基础上发展起来的一种面向对象软件过程模型，主要适用于面向对象的软件开发。

(1) 什么是构件

对象技术将事物封装成包含数据和加工该数据的方法的对象，并抽象成为类。经过适当设计实现的软件部件，也可称为构件(component)。构件可以是一个类，也可以由多个类组合而成。它们在某个领域中具有一定的通用性，可以在不同的计算机软件系统中复用。将这些构件储存起来构成一个构件库，就为基于构件的软件开发模型提供了技术基础，于是构件集成模型应运而生。

(2) 构件集成模型的特征

构件集成模型利用预先封装好的构件来构造应用软件。它融合了螺旋模型的不少特征，也支持软件开发的迭代方法。开发活动从候选类的描述开始，通过检查软件系统处理的数据以及操作这些数据的方法，把相关的数据和方法封装成构件，然后到构件库中查找这个构件。如果构件已经存在，就从库中提取出来以供复用；如果构件不存在，则采用面向对象的方法使之实现，并把它添加到构件库中。这样，通过集成从构件库中提取的已有构件和为了满足应用程序的特定需要而构建的新构件，即可得到待开发软件的第一个迭代。然后进入下一轮螺旋周期，继续进行构件集成的迭代。图 8-5 显示了构件集成模型的流程。

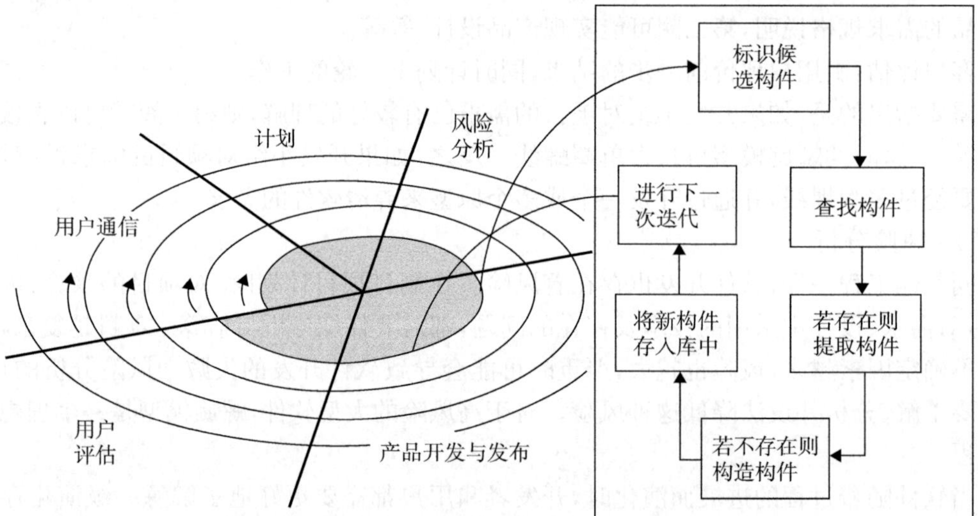

图 8-5 构件集成模型

8.2.3 过程模型新发展

除了上面介绍的三种典型的软件过程模型，常见的过程模型还有快速原型模型、增量模型、转换模型和净室模型等。各种过程模型各有优缺点，在选定软件开发过程时，开发者不仅应该了解开发过程的特点，还应该结合待开发系统的特点，选择合适的过程模型。如有必要，还可以同时组合多种模型或创建新的模型。

随着软件工程的发展，新的软件过程模型也不断出现，上世纪末出现的统一过程和敏捷过程，是两种与前迥异的软件过程模型。

1. 统一过程

统一过程(Rational Unified Process，RUP)，是由 IBM 公司首先提出的一种过程模型。简单地说，RUP 描述了软件开发中各个环节应该做什么、怎么做、什么时候做以及为什么要做，描述了一组以某种顺序完成的活动。过程的结果是一组有关系统的文档，例如模型和其他一些描述，以及对最初问题的解决方案等。过程描述的一个重要部分，是定义如何使用人力、机器、工具和信息等资源的一些规则来完成某个确定的目标，为用户的问题提供解决方案。

RUP 在一个二维空间中描述软件开发活动，如图 8-6 所示，水平轴代表时间，显示了过程动态的一面，它将一个软件生存周期分为四个阶段(phase)，每个阶段又可以分为一个或多个迭代(iteration)。迭代是一个完整的开发循环，它的结果是可执行产品的一个版本，是正在开发的最终产品的一个子集，从一个迭代到另一个迭代，不断递增地成长，直到最后成为最终系统。对每个阶段或迭代应该设定一个里程碑(milestone)，里程碑是一个时间点，在这个时间点上必须做出重要的决策，达到一些关键的目标。垂直轴代表过程静态的一面：用活动(activity)表示怎么做，制品(artifact)表示做什么，人员(actor)表示谁来做，工作流(workflow)表示什么时候来描述。

RUP 包括四个阶段，分别是初始阶段、细化阶段、构造阶段和交付阶段，每个阶段又分为若干次迭代，每次迭代有一个核心工作流，都会经历需求、分析、设计、实现、测试等活动。

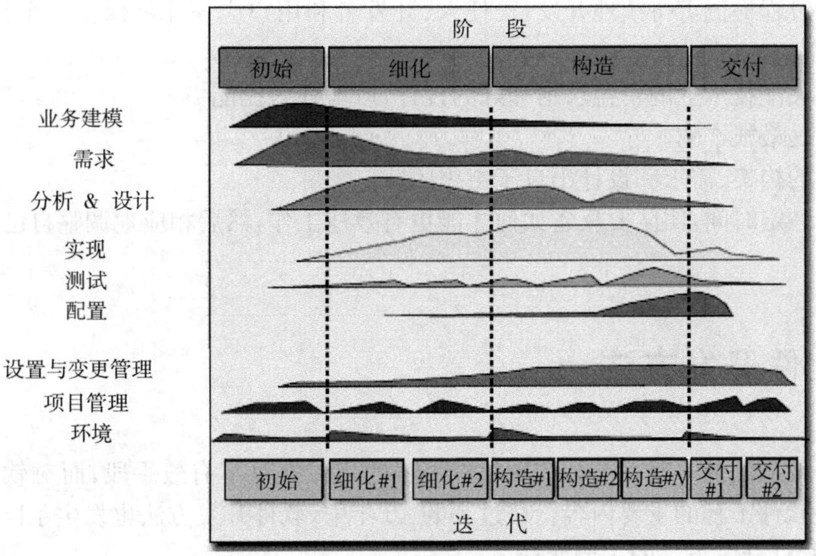

图 8-6 RUP 统一过程模型

2. 敏捷过程

敏捷开发(Agile Development)是一种以人为核心,迭代的、循序渐进的开发方法,其软件开发过程称为"敏捷过程"。在这一过程中,软件项目的构建被切分成多个子项目,各个子项目的成果都经过测试,具备集成和可运行的特征。简言之,就是把一个大项目分为多个相互联系、但也可独立运行的小项目,并分别完成,在此过程中软件一直处于可使用状态。

2001年初,由一些业界专家成立了敏捷联盟,起草了敏捷软件开发宣言。与统一过程的循规蹈矩不一样,敏捷过程提出了让软件开发团队具有快速工作、响应变化能力的若干价值观和原则,其中包括4个简单的价值观声明,以及敏捷开发方法要遵循的12条原则。

(1) 敏捷开发的价值观:

- 个人和交互胜过过程和工具。
- 可以运行的软件胜过面面俱到的文档。
- 客户合作胜过合同谈判。
- 响应变化胜过遵循计划。

(2) 敏捷开发应遵循的12条原则:

- 最优先要做的是通过尽早地、不断地提交有价值的软件来使客户满意。
- 即使到了开发的后期,也欢迎改变需求。敏捷过程利用变化来为客户创造竞争优势。
- 周期从几个星期到几个月,尽快地、不断地提交可运行的软件。
- 在整个项目开发期间,业务人员和开发人员必须天天都在一起工作。
- 以积极向上的员工为中心,建立项目组,给他们提供所需的环境和支持,并对他们的工作予以充分的信任。
- 在团队内部,最有效、并且效率最高的传递信息的方法,就是面对面的交流。
- 测量项目进展的首要依据是可运行软件。
- 敏捷过程提倡可持续地开发,责任人、开发者和用户应该能够保持一个长期的、恒定的开发速度。
- 时刻关注技术上的精益求精和好的设计,以增强敏捷能力。
- 简单是最根本的。
- 最好的构架、需求和设计出自于组织团队。
- 每隔一定时间,团队要反省如何才能更有效地工作,然后相应地调整自己的行为。

8.3 软件开发方法

软件开发方法的不断发展为实现软件工程的目标提供了有效手段,而对软件开发方法的研究也是软件工程的重要内容。在过去的40年中,软件开发方法也发生了巨大变化。图8-7描述了软件开发方法的主要变迁。

早期的程序设计基本上属于个人活动性质,程序员各行其是,并无统一的方法可循,这时的软件开发方法称为个性化软件开发。

20世纪60年代末期兴起的结构化开发方法,使人们认识到采用结构化的方法来编写程序，不仅可以改善程序的清晰度，而且也能提高软件的可靠性与生产率。随后，把结构化的思想扩展到分析阶段和设计阶段，于是形成了结构化软件开发（Structured Software Development，SSD）。与此同时，也出现了一些从不同基点出发的软件开发方法，如 Jackson 方法，LCP 方法等。尽管这些方法的具体内容各有不同，但它们都遵循结构化程序设计的原则，都对软件开发的步骤和文档格式提出了规范的要求。软件生产已经摆脱了过去随心所欲的“个人化”的状态，进入了有章可循的、向结构化和标准化迈进的“工程化”阶段。

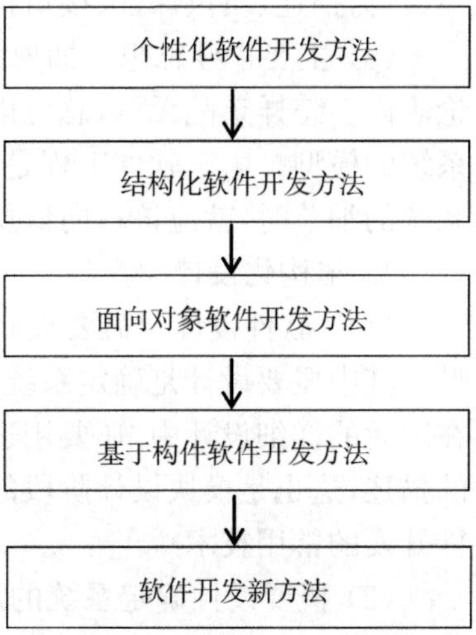

图 8-7 软件开发方法的变迁

20 世纪 80 年代以后出现的 C++、Java 等语言，促进了面向对象程序设计的广泛流行。但是，人们继而发现，仅仅使用面向对象程序设计不会产生最好的效果。只有在软件开发的早期乃至全过程都采用面向对象技术，才能更好地发挥该技术的固有优势。于是，包括“面向对象需求分析—面向对象设计—面向对象编码”在内的面向对象软件开发（Object Oriented Software Development，OOSD）方法开始形成，并且正在逐步取代传统的软件开发方法，成为许多软件工程师的首选方法。面向对象技术还进一步导致了“软件复用”、“构件”技术的发展。软件复用加快了开发，开发又产生了更多的可复用软件构件，形成了基于构件的软件开发方法（Component Based Software Development，CBSD）。

一些新的软件开发方法仍在陆续出现，它们对提高软件的开发效率和质量有很重要的意义。

8.3.1 结构化方法

早在 20 世纪 70 年代中期，Stevens、Myers 与 Constantine 等人就在“结构化程序设计”的基础上，率先倡导了一种称为“结构化设计”（Structured Design，SD）的软件设计技术。70 年代后期，Yourdon 等人又倡导了与 SD 配套的“结构化分析”（Structured Analysis，SA）技术，合称为“结构化分析与设计”方法。它是第一代软件工程时期最有代表性的开发方法，其将程序看作是“算法＋数据结构”。

结构化方法主要包括结构化分析、结构化设计和结构化程序设计等内容。

1. 结构化分析

结构化分析有两项基本任务，即建立系统分析模型（Analysis Model）和编写“软件需求说明书”（Software Requirements Specification，SRS），两者都是分析阶段必须完成的文档。

（1）建立分析模型。SA 模型包含描述软件需求的“一组”模型。其中通常有功能模型、数据模型和行为模型，分别表达待开发系统的功能需求、数据需求与行为需求。

（2）编写需求说明。SRS 是分析阶段编写的、以文字为主的文档。当一个项目决定开发后，开发人员就应与用户共同定义“软件的目标和范围”。在分析阶段，上述“问题定义（或称为问题陈述）” 被进一步细化为 SRS。SRS 文档的主要内容包括引言、信息描述、功能描述、行为描述、质量保证、接口描述、其他需求等。

(3) 主要指导思想。抽象与分解是结构化分析的主要指导思想。现实世界中的系统不论表面上怎样杂乱无章,总可以通过“分析与归纳”从中找出一些规律,再通过“抽象”建立起系统的模型。由于软件工程是一种层次化的技术,所以抽象通常也分为层次。当需要获得系统的细节时,就应该移向低层次的抽象。抽象的层次越低,呈现的细节也会越多。

2. 结构化设计

(1)“软件设计=概要设计+详细设计”。结构化设计阶段把分析模型转换为设计模型。其中概要设计是确定系统的总体结构,即系统由哪些模块组成以及各模块之间的关系;在随后的详细设计中,还要用适当的工具对各个模块采用的算法和数据结构进行足够细致的描述,这也是模块设计阶段的基本任务。结构化设计与模块设计相结合,共同形成传统软件开发的常用技术。

(2) 概要设计确定系统的总体结构。系统的总体结构通常用结构图(Structure Chart, SC 图)来描述,参见 8.4.2 节。结构化设计产生的 SC 图一般需分为两步完成:首先通过从分析模型“映射”获得初始 SC 图;然后通过“优化”获得最终 SC 图。

(3) 结构化设计的指导思想。在软件开发的所有阶段中,软件设计是最富有活力、最需要发挥创造精神的阶段。分解和细化,历来是重要的软件设计策略。而细化与抽象,又构成一对相反相成的概念。1971 年,N. Wirth 就发表了“用逐步细化(Stepwise Refinement)的方法开发程序”一文,指出程序设计是一个“渐进”的过程:“对于一个给定的程序,每一步都把其中的一条或数条指令分解为较多的更详细的指令。”Yourdon 称赞该文“开创了自顶向下设计的先河”,“虽然把一个大系统分为小片,然后又分为更小的小片在今天已众所周知,但在当时(20 世纪 70 年代初)确实是一种革命的思想”。有人甚至誉之为“结构化程序设计的心脏”。

细化的实质就是分解。在传统的软件开发中,“逐步细化”不仅相继应用于结构化程序设计,结构化设计和模块设计,后来也扩展应用于结构化分析(例如分层 DFD 图就是逐步细化的应用)。由此可见,它早已超出了设计策略的范畴,成为问题求解的一种通用技术了。

3. 结构化程序设计

结构化程序设计的概念是迪科斯彻在 20 世纪 60 年代末提出的,其实质是控制编程中的复杂性。其他的主要观点是采用自顶向下、逐步求精的程序设计方法;使用三种基本控制结构构造程序,任何程序都可由顺序、选择、重复三种基本控制结构来构造。

8.3.2 面向对象方法

人们在实践中发现,面对大型软件系统,用结构化方法,系统的重用性、稳定性、扩充性都难以实现。20 世纪 80 年代,面向对象的方法应运而生,给软件工程增添了活力。

1. 面向对象思想

面向对象思想的出发点和基本原则,是尽可能模拟人类的思维方式,使开发软件的方法与过程尽可能接近人类认识世界解决问题的方法与过程,使描述问题的问题空间(称为问题域)与实现空间(称为求解域)在结构上尽可能一致,使程序易于理解和维护。面向对象的方法要点包括:

(1) 把对象作为融合了数据及在数据上的操作行为的统一的软件部件。面向对象程序是由对象组成的,程序中任何元素都是对象,复杂对象由比较简单的对象组合而成。

(2) 把所有对象都划分成类。每个类都定义了一组数据和一组操作,类是对具有相同数据和相同操作的一组相似对象的定义。数据用于表示对象的静态属性,是对象的状态信息,而施加于数据上的操作用于实现对象的动态行为。

(3) 按照父类与子类的关系,把若干个相关类组成一个层次结构的类等级。在类等级中,下层派生类自动拥有上层基类中定义的数据和操作,这种现象称为继承。

(4) 对象彼此之间仅能通过发送消息互相联系。对象的所有私有信息都被封装在该对象内,不能从外界直接访问,这是封装性。

总之,面向对象就是既使用对象又使用类和继承等机制,并且对象之间仅能通过传递消息实现彼此通信。而面向对象方法就是同时使用对象、类、继承和消息的方法。

2. 面向对象软件开发方法

实际上,用面向对象(Object Oriented,OO)方法开发软件时,阶段的划分是十分模糊的。通常在分析、设计、实现等阶段之间多次迭代。

(1) 面向对象分析。面向对象分析(Object Oriented Analysis, OOA)就是抽取和整理用户需求并建立问题域精确模型的过程。面向对象分析的关键,是识别出问题域内的对象,并分析它们相互间的关系,最终建立起问题域的简洁、精确、可理解的正确模型。面向对象分析模型主要由对象模型、动态模型和功能模型组成。

(2) 面向对象设计。面向对象设计(Object Oriented Design,OOD)就是用面向对象观点建立求解域模型的过程。面向对象设计可再细分为系统设计和对象设计,系统设计确定实现系统的策略和目标系统的高层结构,对象设计确定解空间中的类、关联、接口形式及实现服务的算法。

(3) 面向对象实现。面向对象实现主要包括两项工作:第一项工作是把面向对象设计结果,翻译成用某种程序设计语言书写的面向对象程序(Object Oriented Programming, OOP);第二项工作是测试并调试面向对象的程序。

综上所述,OO软件开发方法可概括为如下的过程:分析用户需求,从问题中抽取对象模型;将模型细化,设计类和类之间的相互关系,同时考察是否有可以直接引用的已有类或部件;选定一种面向对象的编程语言,具体编码实现上一阶段的设计,并在开发过程中引入测试,完善整个解决方案。

3. 面向对象方法的优点

与结构化方法相比,面向对象方法具有以下优点:

(1) 符合人类的思维习惯。通常人类在认识客观世界的事物时,不仅会考虑到事物会有哪些属性,还会考虑到事物能完成哪些操作,也就是说静态的属性及动态的动作特征都是组成事物的一部分,它们组合起来才能完整地表达一个事物。而面向对象的软件工程方法最重要的特点就是把事物的属性和操作组成一个整体,以对象为核心,更符合人类的思维习惯。

(2) 稳定性好。传统的方法基于功能分析和功能分解。当软件功能发生变化时,易引起软件结构改变而OO的软件工程方法则是基于对象的概念,用对象来表示与待解决的问题相关的实体,以对象之间的联系来表示实体间的关系。当需求发生变化时,只要实体与实体间的联系不发生变化，就不会引起软件系统结构的变化，仅需对部分对象进行局部修改就可实现系统功能的扩充。

(3) 可复用性好。面向对象技术采用了继承和多态的机制，极大地提高了代码的可复用性。从父类派生出子类，一方面复用了父类中定义的数据结构和代码，另一方面提高了代码的可扩展性。

(4) 可维护性好。由于利用面向对象的软件工程方法开发的软件系统稳定性和可复用性好，而且采用了封装和信息隐藏机制，易于对局部软件进行调整，所以系统的可维护性比较好。

8.3.3 基于构件的方法

从20世纪90年代初开始，构件技术在面向对象技术的基础上发展起来了，它丰富了重用手段和方法，逐渐成为软件开发实践和研究的热点。所谓构件，是指具有相对独立的功能和可复用的软件成分。基于构件的软件开发方法与传统的软件开发有着很大的不同，其中最显著的一点就是软件开发不再是设计"算法＋数据结构"，而是"构件的开发＋基于体系结构的构件的组装"。

1. 基于构件的基本思想方法

构件技术是应用级别的集成技术，其基本思想是将应用软件分解成为一个个独立的单元，将软件开发的过程转变成为类似于积木的搭建过程，通过组装不同的软件构件单元来实现软件的集成，按照构件技术的观点，应用软件的开发就成为各种不同构件的集成过程，如图8-8所示。

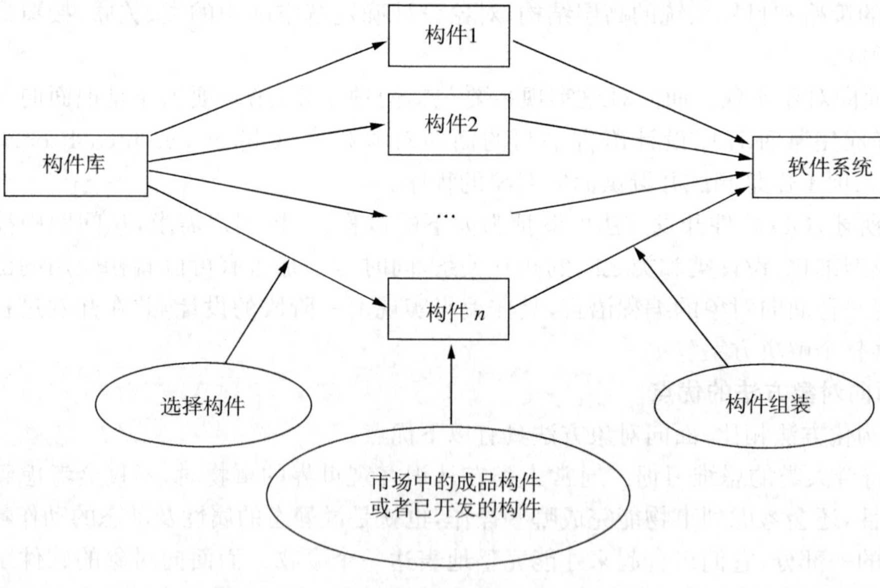

图8-8 基于构件的思想方法

2. 基于构件的软件开发

基于构件的软件系统的开发以构件为核心，而且在需求分析阶段就可着手进行构件收集工作，增加了开发的并行程度，这从另一个方面提高了开发效率。

基于构件的软件开发大体可以包括两部分:一是构件的开发,二是应用程序的开发。传统的开发方法包括面向对象的技术是以很小粒度的"软件片"开始的,而基于构件的软件系统的开发方法是面向重用的,面向接口的和面向连接的。如图 8-9 所示。

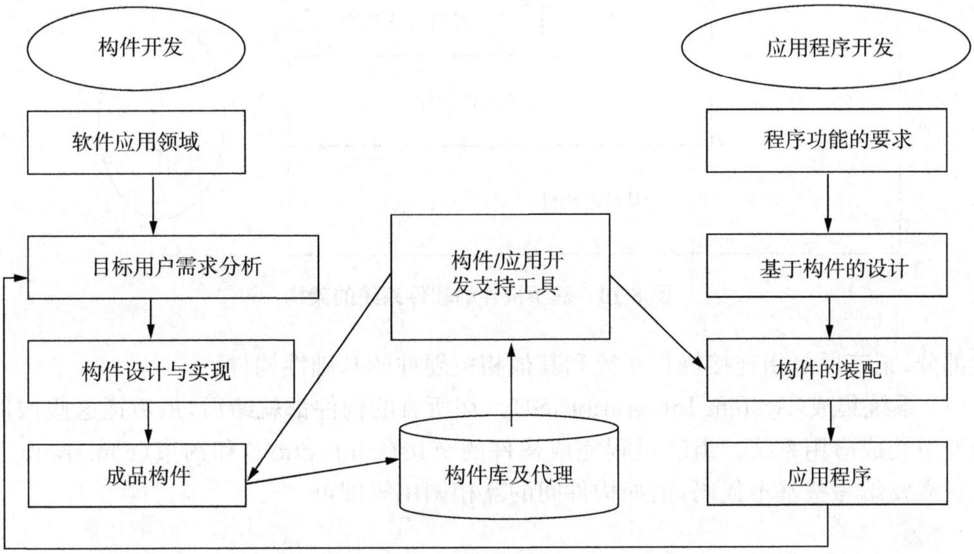

图 8-9 基于构件的软件开发过程

基于构件的软件开发的一般流程包括以下步骤:需求分析、构件的开发、选择与修改、软件架构设计、系统集成等。

(1) 需求分析(Requirement Analysis)。基于构件的软件开发过程的需求分析与传统的软件开发方法大体相同,都是对对象领域内的共性特征、共性需求、共性结构以及可变特征、特有需求进行归纳和一致性描述,本阶段的工作不必也未必能面面俱到,可以随着以后行为分析的进行而不断地进行调整、具体化和优化。

(2) 构件的开发、选择与修改(Component Development,Selection,Certification)。构件是整个构架中基本的逻辑单元和数据处理单元。选取合适的已有构件以及将新开发的领域构件加入构件库是本阶段乃至整个基于构件的开发方法的关键,它集中体现了软件复用的思想。这一阶段工作的核心就是对构件进行修改以求它能同其他构件兼容以及在特定的系统进行应用。可以从 Internet 上现有的构件库或商业性软件机构挑选已有的构件,也可以从先前开发的各种应用系统中提取。

(3) 软件架构的设计(System Architecture Design)。软件架构的设计是评估、选择和构建基于构件的软件系统架构的过程。系统架构设计的目标是综合用户的需求,确定系统的规范,选择合适的架构和确定系统的实施细节,例如实施平台、程序语言等。通过研究和企业的具体实践来看基于构件的软件系统的架构应当是分层模块结构。这一架构如图 8-10 所示。

软件的架构包括两大部分:一是应用层,它是支持一个企业正常运营的应用系统;二是构件层,包括软件中的各个构件,也分为三个层次,第一层仅仅包括应用在特殊的企业或者应用领域的构件,第二层指横跨企业内部的中层构件,包括普通的软件和与其他应用实体的

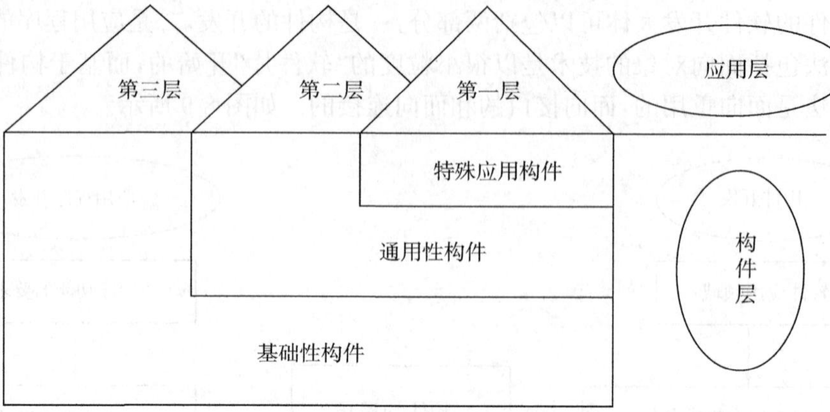

图 8-10 基于构件的软件系统的架构

链接部分，第三层是指连接操作系统和其他相关硬件的基础性构件。

(4) 系统集成(System Integration，SI)。在所有的构件都就绪后，最后把这些构件按系统构架组装成应用系统。组装过程完成构件的链接(connection)和约束(constraint)工作，一般只需要编写些基本代码，诸如构件间的互相调用等即可。

8.3.4 软件开发新方法

应用的深入和技术的进步推动着软件开发方法不断发展。进入 21 世纪以来，面向服务的软件开发(Service Oriented Software Development，SOSD)和模型驱动的软件开发(Model Driven Software Development，MDSD)等新方法的出现又为软件开发技术的进步注入了新的活力。

8.4 软件开发工具

"工欲善其事，必先利其器"，人类早就认识到工具在生产过程中的重要作用。伴随着软件开发的发展，也研制出了众多"帮助开发软件的软件"，人们称之为软件工具(Software Tools)。它们对提高软件生产率，促进软件生产的自动化都有重要的作用。

8.4.1 建模与软件开发

所谓建模，就是为了理解事物而对事物进行的抽象，是对事物的一种无歧义的书面描述的过程。通常，所建立的模型由一组图示符号和组织这些符号的规则组成，利用它们来定义和描述软件相关的术语和概念。随着问题的规模越来越大，复杂性也越来越高，解决问题的软件也越来越复杂。为了更好地理解问题、分析问题和解决问题，人们在开发软件时常常采用建立模型的方法。

【小插曲】 建模技术。在建筑业中,要建造房屋和大厦之前需要建筑设计师先完成建筑图和各种建筑模型的设计工作,对于一个大型的建筑设计,可能需要很多建筑设计师相互协作,互相沟通,才能完成最终的建筑设计和模型构造。同时,在施工单位按照建筑设计师的图纸和模型构建这些建筑的过程中,各施工联动单位也需要图纸和模型进行沟通、协调。同样在其他行业,如汽车行业、大型的飞行器如飞机或者宇航器等设计和生产过程、新型电器设计和生产甚至在社会学、经济学和商业管理领域等,也都需要应用建模技术来辅助人们理解将要设计的内容。

在开发软件的过程中,通常需要建立不同的模型来刻画问题或解决方案的不同侧面。软件开发的过程可以看作是一个建立各种模型的过程:需求模型→分析模型→设计模型→实现模型。

其中,需求模型用于从用户视角表述软件的功能、性能、可靠性、可维护性等方面,它注重软件的外在表现;分析模型则从软件开发人员角度刻画软件的职责,它更注重软件的内部逻辑结构;设计模型则完全从解决方案的角度描述软件的结构和组成;实现模型就是用某种程序设计语言编写的源代码,有些设计工具可以将设计模型自动转换为实现模型。模型也可以根据需要进一步细化,例如,设计模型可以进一步包括描述系统数据结构的对象模型,描述系统控制结构的动态模型和描述系统功能的功能模型。多个模型从不同但又密切相关的角度模拟目标系统,各自从不同侧面反映了系统的实质性内容,综合起来则全面地反映了整个目标系统。

8.4.2 结构化建模工具

对于结构化软件开发而言,其核心工作是结构化分析和结构化设计,也就是建立结构化分析模型和结构化设计模型。描述结构化分析模型的主要工具是数据流图(Data Flow Diagram,DFD)、数据字典(Data Dictionary,DD)和加工说明(Processing Specification,PSPEC),结构化设计模型的主要描述工具是结构图(Structure Chart,SC)。

下面简单介绍这些建模工具。

1. 数据流图 DFD

任何软件系统(或计算机系统)从根本上来说,都是对数据进行加工(processing)或变换(transform)的工具,DFD 通过描述数据流经过不同加工后的变换情况来描述一个软件系统。DFD 被认为是结构化开发方法中最重要的建模工具。图 8-11 是一个教材购销系统的 DFD 的例子。

(1) 组成符号。数据流图只使用四种基本图形符号:圆框代表加工;箭头代表数据的流向,数据名称总是标在箭头的边上;方框表示数据的源点和终点;双杠(或单杠)表示数据文件或数据库。文件与加工之间用箭头线连接,单向表示只读或只写,双向表示又读又写。注意,每一图形符号都必须标上名字,加工框还应该加上编号,以帮助识别。

(2) DFD 的性质。DFD 不能表示程序的控制结构,例如选择结构或循环结构等,它只用作软件分析阶段的工具。由于分析阶段只需考虑软件“干什么”,不必过问“怎么干”,当然不应包括“控制流”、“控制结构”或“激发条件”之类的信息。

DFD 的表现范围,可大到整个系统,小到一个模块。在结构化分析中,常常用一组 DFD

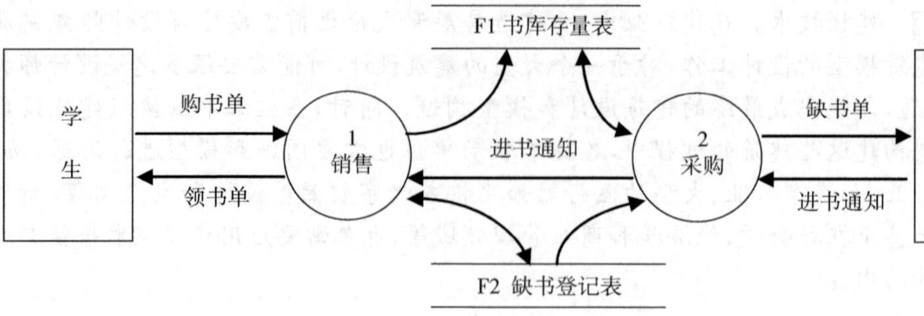

图 8-11　教材购销系统的 DFD 图

图由粗到精地表示同一软件在不同抽象级别上的功能模型，并称之为“分层数据流图”。

2. 数据字典 DD

一个软件系统含有许多数据。数据字典的作用，就是对软件中的每个数据规定一个定义条目，以保持数据在系统中的一致性。事实上由字典统一给出的所有数据的定义与属性，是结构化分析中分析建模的基础。

以下说明怎样编写各类数据的字典条目。

一个数据流的字典条目需要说明数据流名、别名、组成和备注，其中别名和备注是可选项。表 8-1 是以常见购书发票为例，编写的一个字典条目。

表 8-1　数据流“发票”的字典条目

数据流名：发票
别　　名：购书发票
组　　成：学号＋姓名＋{书号＋单价＋数量＋总价}＋书费合计
备　　注：

在组成栏中，“学号”、“姓名”、“书号”等都是数据项的名称。就本例而言，“学号”、“姓名”与“书费合计”在数据流中仅出现一次，其余各数据项则每购买一种书就要出现一次。条目中用{}表示重复，重复的次数不限。假定某学生购买了 5 种书，则{}中的四种数据项将各自重复 5 次。

为使定义简明，允许在字典中使用＝、＋、[ ]、{ }、( )等符号和注释符 *…* 将数据流或数据文件写成公式形状的定义。以下是这种用法的示例。

上述的数据流“发票”的公式定义为：

发票＝(学号)＋姓名＋{书号＋单价＋数量＋总价}＋书费合计

其中“学号”前后的( )，表示发票中要不要学号允许设计员自行决定，其余各项的含义前已说明，不再重复。

对于较长和较复杂的数据流，可用分层次描述使眉目更加清楚。如，数据流“发票”可表示为：

发票＝(学号)＋姓名＋{发票行}＋书费合计

发票行＝书号＋单价＋数量＋总价

注意在以上实例中，等号“＝”可读作“定义为”。等号左边是要定义的数据，等号右边，对数据项应指出它的取值和类型，对文件和数据流则列举其组成元素。显然，公式定义在形式上比字典条目更加简洁，但表现的内容不及条目丰富，通常只用作 DFD 图中的数据注释。

3. 加工说明 PSPEC

加工说明是对 DFD 中每个加工所作的说明。由输入数据、加工逻辑和输出数据等部分组成。加工逻辑阐明把输入数据转换为输出数据的策略(policy)，是加工说明的主体。显然，在需求分析阶段，策略仅需要指出要加工"做什么"，而不是"怎样去做"。

加工说明通常用结构化语言(Structured Language)、判断表(Decision Table)或判断树(Decision Tree)作为描述工具。每个加工说明可以像字典中的条目一样记在卡片上，也可以用其他工具例如 IPO 图(Input-Process-Output Chart)来描述。

(1) 结构化语言。自然语言加上结构化的形式，就成了结构化语言。它是一种介于自然语言与程序设计语言之间的语言，既具有结构化程序的清晰易读的优点，又具有自然语言的灵活性，不受程序设计语言那种严格的语法约束。

结构化程序可使用顺序、选择、循环等控制结构。结构化语言借用这些结构来描述加工，形式简洁，一般人(包括不熟悉计算机的用户)都能理解。

(2) 判断表或判断树。判断表采用表格化的形式，适于表达含有复杂判断的加工逻辑。条件越复杂，规则越多，越适宜用这种表格化的方式来描述。如果需要，还可在判断表中加上结构化语言，或者在结构化语言写的说明中插进判断表，以充分发挥它们各自的表现长处。

另一种 PSPEC 描述工具叫判断树，它是判断表的图形表示，其适用场合与判断表相同。分析员可根据用户的习惯，在两种方法中选用一种。

【例 8-1】 某公司为推销人员制订了奖励办法，把奖金与推销金额及预收货款的数额挂钩。凡每周推销金额不超过 10 000 元，按预收货款是否超过 50%，分别奖励推销额的 6%或 4%，对于月薪低于 1 000 元的推销员，另发鼓励奖 300 元，200 元。反之若推销金额超过 10 000 元，则按预收货款是否超过 50%，分别奖励推销额的 8%或 5%，对于月薪低于 1 000 元的推销员，另发鼓励奖 500 元、300 元。

解：对应的判断树如图 8-12 所示。

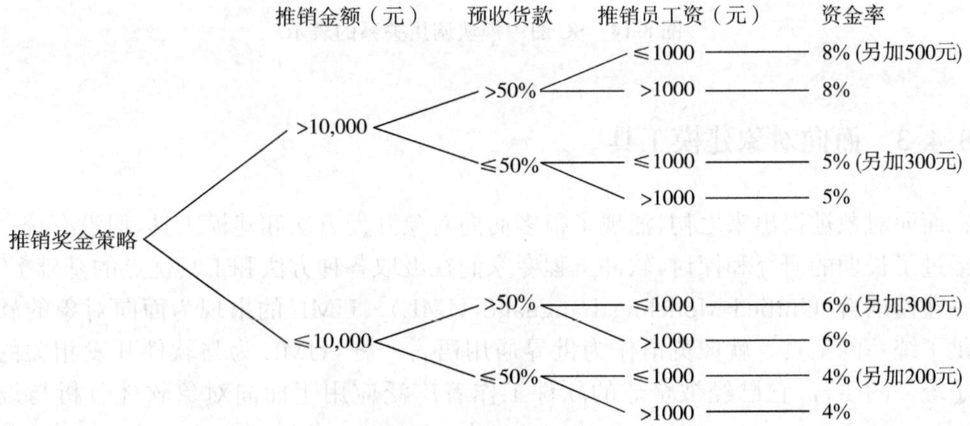

图 8-12 判断树示例

4. 结构图 SC

SC 图是 SD 方法使用的主要描述工具，用来表达软件的组成模块及其调用关系。

(1) SC 图的组成符号。SD 方法约定，用矩形框来表示模块，用带箭头的连线表示模块间的调用关系。在调用线的两旁，应标出传入和传出模块的数据流。图 8-13 显示了 SC 图允许使用的 6 种模块。其中传入、传出和变换模块用来组成变换结构中的各个相应部分。源模块是不调用其他模块的传入模块，只使用于传入部分的始端。漏模块是不调用其他模块的传出模块，仅用于传出部分的末端。控制模块是只调用其他模块，不受其他模块调用的模块。

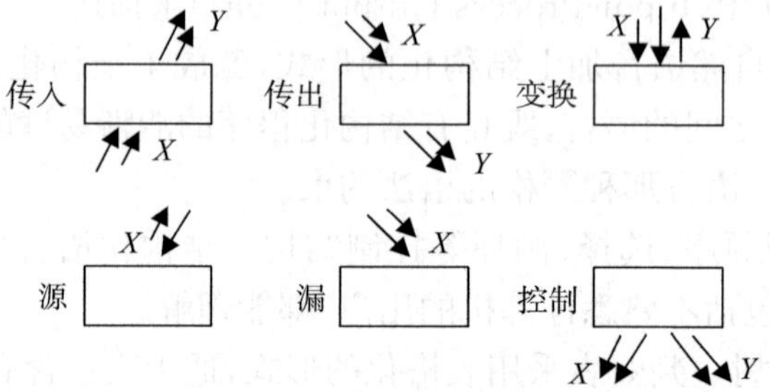

图 8-13　SC 图使用的模块符号

(2) SC 图的模块调用。图 8-14 显示了 SC 图中模块调用关系的表示方法，从左至右分别为简单调用、选择调用和循环调用。为了画面简洁，图中调用线的两旁均未标出数据流。实际的 SC 图中是不允许省略的。

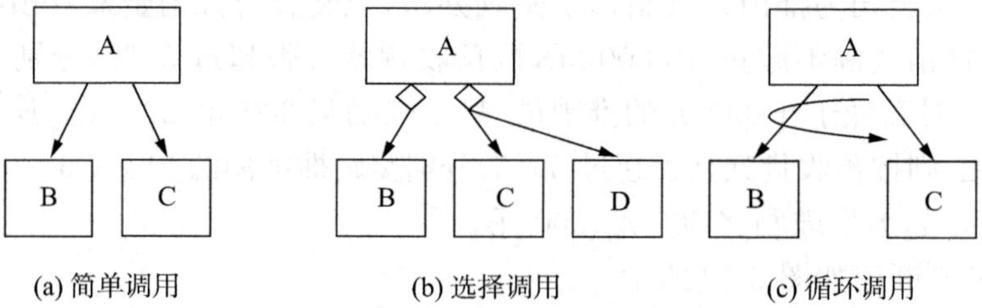

图 8-14　SC 图中模块调用关系的表示

8.4.3　面向对象建模工具

在面向对象被提出来之初，涌现了很多面向对象开发方法和建模工具，但没有统一的标准。经过了长期的研究和探讨，软件工程专家们在汲取各种方法和工具优点的基础上，提出了统一建模语言(Unified Modeling Language，UML)。UML 的出现为面向对象的软件建模提供了统一的工具。就像英语作为世界通用语言一样，UML 为与软件开发相关的人员提供了统一的语言，它已经被全球的软件工作者广泛应用于面向对象软件分析与设计建模中。

UML 用非常容易理解的图形表示法以及一套丰富的语义集来描述系统的关键特征，

为人们提供了从不同的角度去观察和展示系统的各种特征的一种标准表达方式。在UML中，从任何一个角度对系统所作的抽象都可能需要用几种模型图来描述，而这些来自不同角度的模型图最终组成了系统的完整模型。

在UML1.X的规范中一共定义了9种不同的图，它们是用于静态建模的用例图、类图和对象图，用于动态建模的状态图、时序图、协作图和活动图，以及用于物理架构建模的构件图和部署图。下面对其中的用例图和活动图作简单介绍，关于其他图的介绍，读者可以参考UML相关书籍。

1. 用例图

用例图(Use Case Diagram)展示了系统外部的参与者(actor)与系统内部的用例(user case)之间的关系。用例图的主要目的是以一种可视化的方式理解系统的功能需求。用例图由用例、参与者和它们之间的关系构成。通过用例图可以建立用例模型，用例模型描述了一个系统的功能，即一个系统可以做什么，与外界有哪些联系。

用例在图中用椭圆来表示，椭圆下面附上用例的名称。用例是系统提供的功能块，它说明了参与者如何使用系统。在UML规格文件中，用例的定义为：对一组动作时序的描述，系统通过执行这一组动作时序为参与者产生一个可观察的结果。一个用例包含了一个参与者和用例之间发生的所有事件；也可以这样理解：用例是参与者使用系统的某种特定的方法，它描述了系统与其他用户之间的一种交互方式。对于用例的命名，可以取一个简单的、描述性的名称，一般为带有动作性的词。

参与者是直接与系统相互作用的系统、子系统或类的外部实体的抽象。每个参与者定义了一个角色集合。通常，一个参与者可以代表一个人、一个计算机子系统、硬设备或时间等角色。典型的参与者如顾客、管理员、结账系统。通常系统所定义的参与者与它的实际用户并不存在一一对应的关系，一个用户可以作为两个不同的参与者与一个系统进行交互。例如，一个用户输入不同的密码进入系统，可以是系统管理员或一般的用户等。相反，一个单独的参与者也可以对应很多用户。参与者在图中用简笔人物画来表示，人物下面附上参与者的名称。

图8-15是一个定货管理系统的用例图。图中有两个参与者，分别是订货单管理员和仓库管理员，这里列出了4个用例，分别是“管理订货单”，“管理客户信息”，“管理库存商品”，“执行订货单”。

图中用椭圆表示的就是用例，而人型符号表示的就是外界的角色。图中有两个参与者，四个用例。从图中可以很清楚地看出哪些参与者参与了与系统的交互，以及参与交互的那个系统功能，即用例。

2. 活动图

活动图(Activity Diagram)显示动作及其结果，它既可以用来描述操作的行为，也可以描述用例和对象内部的工作过程。活动图依据对象状态的变化来捕获动作(将要执行的工作或活动)与动作的结果。活动图中动作状态中的活动完成时状态转移就触发，活动图中一个活动结束后将立即进入下一个活动。在活动图中，还使用了泳道(swimlane)。图8-16是描述网上购物的活动图。

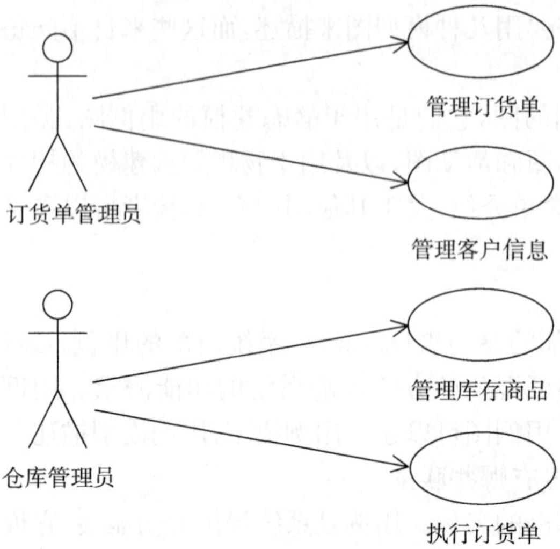

图 8-15 订货管理系统的用例图

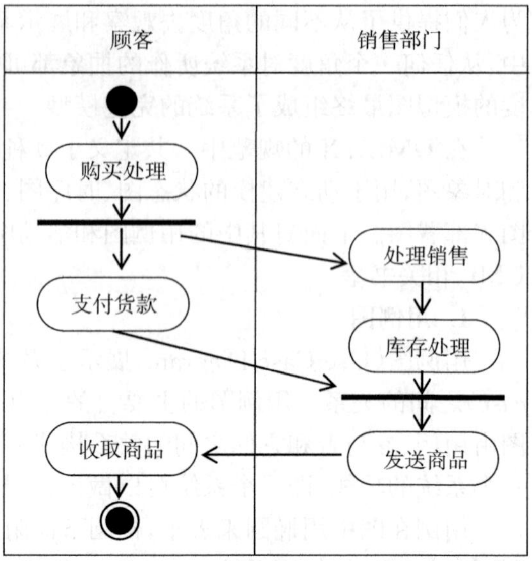

图 8-16 网上购物活动图示例

(1) 活动和转移。一项操作可以描述为一系列相关的活动。活动仅有一个起始点,但可以有多个结束点,起始点用黑圆点表示,结束点用黑圆点外加一个小圆表示。活动间的转移允许带有条件,一个活动可以顺序地跟在另一个活动之后,这是简单的顺序关系。如果在活动图中使用一个菱形的判断标志,则可以表达条件关系,判断标志可以有多个输入和输出转移,但在活动的运作中仅触发其中的一个输出转移。

(2) 泳道。活动图告诉我们发生了什么,但没有告诉我们该项活动由谁来完成。在程序设计中,这意味着活动图没有描述出各个活动由哪个类来完成。泳道解决了这一问题。它将活动图的逻辑描述与时序图、协作图的描述结合起来。泳道用矩形框来表示,属于某个泳道的活动放在该矩形框内,将对象名放在矩形框的顶部,表示泳道中的活动由该对象负责,如图 8-16 中的顾客和销售部门。

8.4.4 工具与环境

1. 软件工具

试设想在微机上用 C 或 VB 语言开发一个应用软件的过程。首先,要在编辑程序支持下把源程序输入计算机。然后调用 C 或 VB 的编译程序,把源程序转变成目标程序。如果发现错误,就重新调入编辑程序对源程序进行修改。编译通过后,再调用链接程序把所有通过了编译的目标程序同与之有关的库程序链接起来,构成一个能在计算机上运行的可执行软件。在这里,编译程序、编辑程序、链接程序以及支持它们的计算机操作系统,都属于软件工具。离开了这些工具,软件开发就失去了支持,会变得十分困难和低效,甚至不能进行。

以上提到的,仅是在编码阶段常用的一些软件工具。在其余的开发阶段,例如分析阶段、设计阶段和测试阶段,也研制了许多有效的工具。众多的工具组合起来,配套成龙,可以组成“工具箱(Tool Box)”或“集成工具(Integrated Tool)”,供软件开发人员在不同的阶段按需选用。

2. 软件工程环境

工具和方法是软件开发技术的两大支柱，它们密切相关。当一种方法提出并证明有效后，往往随之研制出相应的工具，来帮助实现和推行这种方法。新方法在推行初期，总有人不愿接受和采用。若将新方法融合于工具之中，使人们通过使用工具来了解新方法，就能更快促进新方法的推广。

方法与工具相结合，再加上配套的软、硬件支持就形成环境。创建适用的软件工程环境(Software Engineering Environment，简称 SE^2)，一直是软件工程研究中的热门课题。

近三十年来出现的 UNIX 环境、Windows 环境，以及形式繁多的网络环境等，不仅反映了人们创造良好软件环境的努力，也把对软件工程环境的研究提到了一个新的高度。

8.5 软件工程管理与软件工程的发展趋势

8.5.1 软件工程管理

技术和管理是软件生产中不可缺少的两个方面。经验表明，软件失败的原因中，因管理不善造成失败的项目占总失败项目的半数以上。有不少项目因管理不善，造成费用超支2～3倍，开发周期延长一倍或更长的严重后果。

软件工程管理的目的是为了按照预定的时间和费用，成功地完成软件的计划、开发和维护任务。软件管理主要体现在软件的项目管理中，包括对于费用、质量、人员、进度等四个方面的管理。在开发软件项目前，首先须制订“项目实施计划”，以便按照计划的内容组织与实施软件的工程化生产。项目管理的最终目标，就是要以合理的费用和进度，圆满完成计划所规定的软件项目。

1. 费用管理

目的是对软件开发进行成本核算，使软件生产按照商品生产的经济规律办事。其主要任务是：(1)以简单实用和科学的方法估算出软件的开发费用，作为签订开发合同的根据；(2)管理开发费用的有效使用，用经济手段来保证产品如期按质完成。

2. 质量管理

质量管理的目的在于保证软件产品(包括最终程序和文档)的质量。为此，每个项目都要订出“质量保证计划”，并由质量保证小组负责贯彻，确保各个阶段的开发和维护工作按规范进行。配置管理是质量管理的重要组成部分，包括对于程序、文档和数据的各种版本所进行的管理。对于重要的和大型的软件，需要制订单独的“配置管理计划”，并由专设的人员进行管理。

3. 项目管理

除项目经费和软件质量外，项目的进度和人员也是项目管理的重要内容。为了按时完成进度，项目经理和下属的子项负责人应制订详细的工作计划，用图形来描述各部分工作进度的相互关系。对各个开发阶段所需的人力资源，也要分类做出估算，写入项目实施计划。此外，在项目计划的实施过程中，项目经理或开发组长应定期填写“项目进展(月/季)报表”，并在需要时对进度进行适当的调整。开发结束后，还应写出“项目开发总结”。报表和总结的内容请读者参阅有关的规范手册。

8.5.2 软件工程的发展方向

与数学、物理这样的成熟学科不同，软件工程是年轻的学科。从前面的介绍可以发现，软件工程学科的内容还在不断丰富和完善，新的过程、方法和工具层出不穷。

软件工程在未来若干年的努力方向主要是：继续利用各种先进的知识和工具，加强软件工程自身的科学理论基础的研究；剖析软件工程过程中需求和设计之间的断层现象，建立应用需求和系统设计两者之间的有效链接机制；提出稳定可靠的提高软件生产率的自动化和标准化措施，解决系统设计到系统开发的平滑过渡问题；研究降低软件开发成本、缩短开发周期、大量实现软件重用、提高系统可靠性的途径和方法。总之，软件工程的总体发展目标是从根本上克服软件危机，逐步实现软件开发的构件化、标准化、智能化和产业化。

本章小结

软件工程起源于解决软件危机的需要，它是指采用合理的工程方法和原则来进行软件计划、开发和维护，以获得在真实机器上工作可靠、维护性好的软件。软件工程包括软件开发技术和软件工程管理两个主要分支。软件生存周期是指软件像许多产品一样，需要经历一系列重复的过程，一般包括软件分析、软件设计、软件实现和软件测试等阶段。软件过程模型是描述围绕软件开发所进行的一系列活动的模型，常用的过程模型分瀑布模型、螺旋模型和构件集成模型等。软件开发方法是实现软件工程目标的有效手段，常用的方法是结构化方法、面向对象方法和构件化方法等。软件工具对提高软件生产率、促进软件生产的自动化具有重要的作用。软件工程管理通过对费用、质量、人员、进度等方面的管理，可保证成功实现软件的计划、开发和维护工作。本章对软件工程的概念、目标及研究内容，软件生存周期和过程模型，软件开发方法与工具，软件工程管理和软件工程的发展趋势等进行了简要介绍，使学生掌握了初步的软件工程知识。

【推荐课余阅读材料】

[1] 史济民，顾春华，郑红. 软件工程：原理、方法与应用[M]. 3 版. 北京：高等教育出版社，2010.

[2] 万江平，安诗芳，黄德毅. 软件工程知识体系指南综述[J]. 计算机应用研究，2006，(10)：1-3.

习题

1. 名词解释

软件工程　软件危机　软件生存周期　面向对象软件工程　瀑布模型　构件　软件开

发方法　软件过程　软件工程环境　用例图

2. 填充题

(1) 软件危机是由软件产品本身的特点和__________原因引起的。

(2) 软件开发方法中的结构化开发方法是由结构化分析、__________、__________构成。

(3) 软件工程的目标包括__________、__________和__________。

(4) 面向对象的开发方法包括面向对象分析、__________和__________三个部分。

(5) 描述结构化分析模型的主要工具是__________、__________和__________。

(6) 软件工程主要有两个分支：__________和__________。

(7) 软件生存周期概念的引入，对于__________有着重要意义。

(8) 统一过程包括__________、__________、__________和__________等四个阶段。

(9) 软件管理主要体现在软件的项目管理中，包括对于__________、__________、__________和__________等四个方面的管理。

(10) 建立用例模型的主要目的是描述一个系统的__________。

3. 选择题

(1) 比较成熟的软件开发方法是(　　)。

A. 面向数据库的方法　　B. 软件工程的开发方法

C. 结构化的程序设计方法　　D. 面向对象的开发方法

(2) 软件产品的开发主要是(　　)。

A. 进行软件的研制　　B. 进行软件的复制

C. 进行软件的销售　　D. 进行软件的测试

(3) 面向对象方法的出发点是(　　)。

A. 把自然界的事物按对象这一基本元素来处理

B. 尽可能按照人类认识客观世界的方法和思维方式来解决问题

C. 使用面向对象的语言来进行软件开发

D. 数据应该和操作它的程序封装在一起

(4) 采用自顶向下逐步求精的思想进行软件开发的是(　　)。

A. 结构化方法　　B. 面向对象方法　　C. 构件化方法　　D. 以上全是

(5) 软件开发的生存周期中，编制出软件需求说明书的是(　　)阶段。

A. 需求分析　　B. 概要设计　　C. 详细设计　　D. 编码设计

(6) 软件开发的生存周期中，编码阶段主要完成的工作是(　　)。

A. 提供软件开发计划和可行性报告　　B. 提供需求说明书

C. 设计数据结构和数据库结构　　D. 得到源程序

(7) 瀑布模型的主要特点是(　　)。

A. 提供了有效的管理模式

B. 将过程分解为阶段

C. 缺乏灵活性

D. 将开发过程严格地划分为一系列有序的活动

(8) 面向对象的设计是一种(　　)。

A. 分析与设计反复迭代的过程　　B. 分析与设计单一的过程

C. 分析是一种重复的过程　　D. 设计是一种重复的过程

(9) 结构化设计方法是一种面向(　　)的设计方法。

A. 数据流　　B. 数据结构　　C. 数据库　　D. 程序

(10) 结构化开发方法中最重要的建模工具是(　　)。

A. 数据流图　　B. 数据字典　　C. 软件程序结构图　D. 判断表

4. 简答题

(1) 软件工程要达到的目标、性质以及内容是什么?

(2) 简要论述瀑布模型软件开发方法的基本过程。

(3) 什么是软件开发模型? 为什么要研究软件开发模型?

(4) 试对比结构化开发方法和面向对象开发方法的异同。

本章参考文献

[1] 史济民,顾春华,郑红. 软件工程:原理、方法与应用[M]. 3版. 北京:高等教育出版社,2010.

[2] Pressman R S. Software Engineering: A Practitioner's Approach [M]. 5nd. New York: McGraw-Hill, 2005.

[3] 张海藩. 软件工程导论[M]. 5版. 北京:清华大学出版社,2008.

[4] 齐治昌. 软件工程[M]. 2版. 北京:高等教育出版社,2004.

[5] 陈明. 软件工程学教程[M]. 北京:科学出版社,2002.

第 9 章　算法与数据结构

【本章内容概要】 利用计算机进行工程和科学计算、实施工业控制或信息管理，都必须对数据进行处理。那么如何在计算机中组织、存储、传递数据就成为一个必须解决的问题。本章主要介绍算法及其特征、评价、时间复杂度和数据结构等方面的内容。通过本章的学习，将会了解一个“好”的程序一定是选择了一个合理的数据结构和好的算法，而好的算法的选择在很大程度上取决于描述实际问题所采用的数据结构。所以，要想编出“好”程序，仅仅学习计算机语言是不够的，必须扎实地掌握算法和数据结构的基本知识和基本技能。

【学习目的和要求】 掌握算法及其特征、评价、时间复杂度和分类；了解算法的常用设计方法及学习算法的方法；了解什么是数据结构以及几种基本的数据结构。

【应掌握的知识点】 算法，算法评价，时间复杂度，算法设计的基本方法，数据结构，抽象数据结构。

9.1　概述

“算法与数据结构”是计算机专业的核心课程之一。该课程上承“计算概论”与“计算机程序设计”，下启“算法分析与设计”和“计算复杂性理论”，同时是操作系统、软件工程、数据库概论、编译原理、人工智能、计算机图形学等专业课程的必修先行课，如图 9-1 所示。很多应用软件都要使用到各种数据结构和算法进行科学计算和模拟试验等。

算法与数据结构的知识体系如图 9-2 所示。其基本知识模块是以数据的逻辑结构为主线，顺序介绍线性结构、树形结构、图结构和文件结构。在介绍每种数据结构时，再讨论其存储结构以及相关的算法。

数据结构，就是由某种逻辑关系组织起来的一批数据，按一定的存储方法被存储于计算机中，并在这些数据上定义了一个运算的集合。数据结构具有三个方面：数据的逻辑结构、数据的存储结构和数据的运算。常见逻辑关系有：线性结构、树形结构、图结构和文件结构。常见的存储方法有：连续(顺序)存储、链表存储、索引表存储和散列存储。对于一种数据结构，往往需要定义一些运算，其中排序、检索是最经典的运算。为了加快检索速度往往需要预先建立索引，内存索引主要用 BST(二叉搜索树)，外存索引常用倒排和 B+树。

算法分析技术有助于根据问题性质选择合理的数据结构，并对时间空间复杂性进行必要的控制。

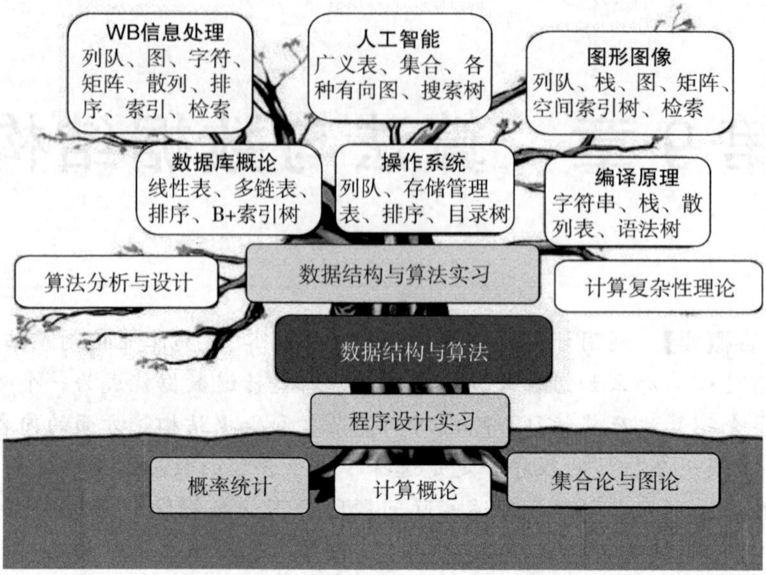

图 9-1　算法与数据结构在计算机专业课程体系中的作用

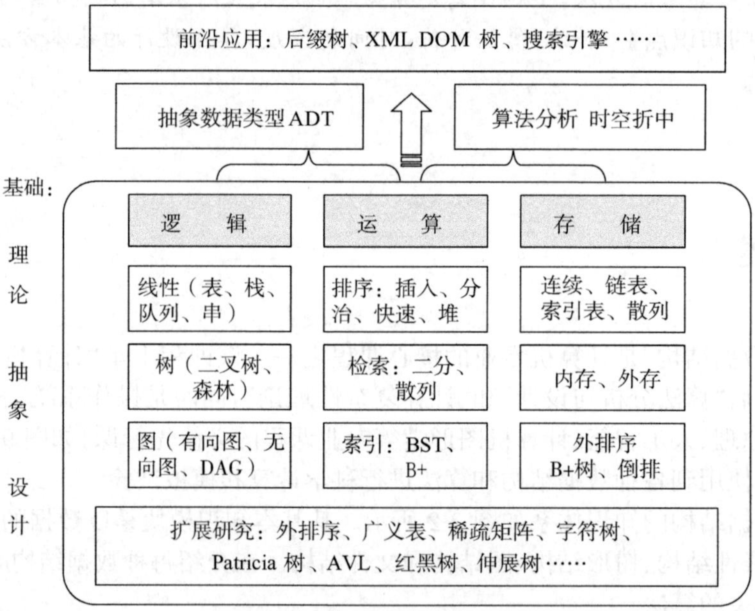

图 9-2　算法与数据结构的知识体系

抽象数据类型(Abstract Data Type，ADT)是定义了一组运算的数学模型，这种抽象的数据类型可以在较高级的算法中直接引用，而不用实现其细节，很好地支持了逻辑设计和物理实现的分离。

9.2 算法基础

9.2.1 算法的定义和特征

广义地说，为解决一个问题而采取的方法和步骤，就称为“算法”。算法是对问题求解过程的一种描述。在这个过程中，无论是形成解题思路还是编写程序，都是在实施某种算法。前者是推理实现的算法，后者是操作实现的算法。

【小插曲】 “算法”即演算法，其中文名称出自《周髀算经》，英文名称 Algorithm 出自 9 世纪波斯数学家 al-Khwarizmi。“算法”原为“algorism”，意思是阿拉伯数字的运算法则，在 18 世纪演变为“algorithm”。欧几里得算法被人们认为是史上第一个算法。图灵机解决了算法定义的难题，图灵的思想对算法的发展起到了重要的作用。运用算法第一次编写程序的人是英国著名诗人拜伦的女儿爱达(A. Ada)，她于 1842 年为巴贝奇分析机编写求解伯努利方程的程序，因此被大多数人认为是世界上第一位程序员。比较可惜的是，由于巴贝奇未能完成他的巴贝奇分析机，这个算法未能在巴贝奇分析机上执行。

一般来说，一个算法应该具有以下五个重要的特征。

1. 有穷性　对于任意一组合法的输入值，算法在执行有穷步骤之后一定能结束。这里有两重意思，即算法中的操作步骤为有限个，且每个步骤都能在有限时间内完成(能停机)。

2. 确定性　对于每种情况下所应执行的操作，在算法中都有确切的规定，使算法的执行者或阅读者都能明确其含义及如何执行。并且在任何条件下，算法都只有一条执行路径。这里也有两重意思，即算法中的操作步骤为有限个，且每个步骤都能在有限时间内完成。确定性表现在对算法中每一步的描述都没有二义性，只要输入相同，初始状态相同，则无论执行多少遍，所得结果都应该相同。

3. 输入　输入作为算法加工对象的量值，通常体现为算法中的一组变量。但有些算法在表面上可以没有输入，实际上已被嵌入算法之中。输入值即为算法的操作对象，但操作的对象也可以由算法自身生成，如“求 100 以内的素数”，操作对象是自然数列，可以由变量逐个增 1 生成。

4. 输出　一个算法有一个或多个输出，以反映对输入数据加工后的结果。没有输出的算法是毫无意义的。

5. 可行性　算法中的所有操作都必须足够基本，可以通过已经实现的基本操作运算在有限时间内实现。可行性指的是，序列中的每个操作都是可以简单完成的，其本身不存在算法问题。

在设计算法时，通常应考虑以下原则：首先，设计的算法必须是“正确的”；其次，应有很好的“可读性”；具有“健壮性”(算法应对非法输入的数据作出恰当反映或进行相应处理)；所设计的算法具有“高效率与低存储量”。

9.2.2 算法的表达

算法的常用表达方法分为:(1)自然语言;(2)流程图;(3)伪代码;(4)PAD图。

【例9-1】 求解 $sum = 1+2+3+4+5\cdots+(n-1)+n$

1. 自然语言

自然语言就是人们日常使用的语言,可以是汉语、英语或其他语言。用自然语言表示的算法通俗易懂,但容易出现“歧义性”。自然语言表示的算法含义往往不大严格,正确含义要根据上下文才能判断其描述包含分支和循环的算法时也很不方便。因此,除了很简单的问题外,一般不用自然语言进行描述。

使用自然语言描述【例9-1】的算法如下:

① 确定一个 n 的值;

② 假设等号右边的算式项中的初始值 i 为1;

③ 假设 sum 的初始值为0;

④ 如果 $i \leqslant n$ 时,执行⑤,否则转出执行⑧;

⑤ 计算 sum 加上 i 的值,重新赋值给 sum;

⑥ 计算 i 加1,然后将值重新赋值给 i;

⑦ 转去执行④;

⑧ 输出 sum 的值,算法结束。

从上面的描述不难看出,使用自然语言描述算法比较容易掌握,但存在很大的缺陷。例如,当算法中含有多分支或循环操作时很难用自然语言表述清楚。另外,使用自然语言描述算法还很容易造成歧义(称之为二义性)。譬如“南京市长江大桥”,既可以理解为“南京市/长江大桥”,也可以理解为“南京市长/江大桥”。为了解决自然语言描述算法中存在的二义性问题,人们引入了流程图。

2. 流程图

使用流程图描述【例9-1】的算法流程如图9-3所示。

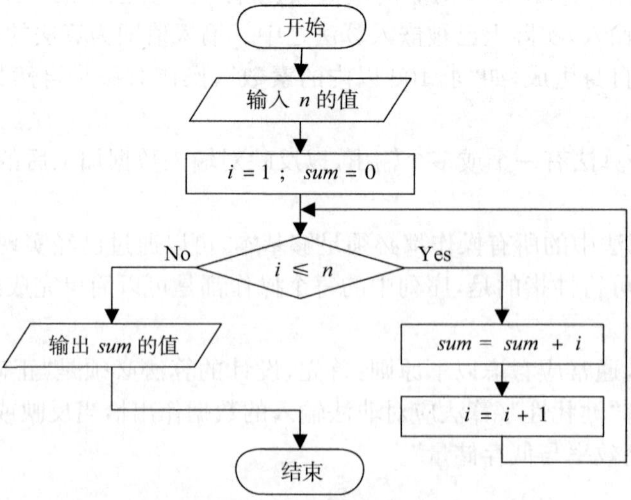

图9-3 使用流程图描述自然数相加的算法流程

流程图中的一些常用符号解释如图 9-4 所示。

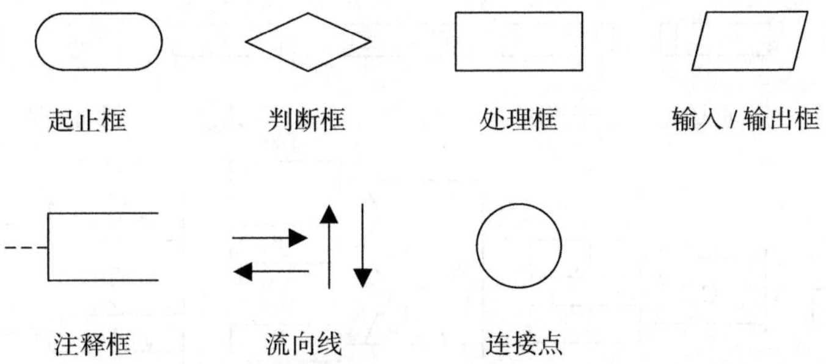

图 9-4　流程图中的一些常用符号解释

流程图的缺点是没有规定流向线的用法，使用者可以不受限制地使流程转向，导致流程图变得毫无规律，难以理解算法的逻辑。在早期的程序设计中，曾经由于滥用流向线的转移而导致了“软件危机”，震动了整个软件业，并引起了关于“转移”用法的大讨论，从而产生了计算机科学的一个新的分支学科——程序设计方法学。

无论是使用自然语言还是使用流程图描述算法，仅仅是表述了编程者解决问题的一种思路，都无法在计算机上直接运行。

3. 伪代码

伪代码是用介于自然语言和计算机语言之间的文字和符号来描述算法。

使用伪代码描述【例 9-1】的算法如下：

① 算法开始；
② 输入 *n* 的值；
③ *i* ← 1；　　　　　　/＊为变量 *i* 赋初值＊/
④ *sum* ← 0；　　　　　/＊为变量 *sum* 赋初值＊/
⑤ do while *i*<=*n*　　　/＊当变量 *i* <=*n* 时，执行下面的循环体语句＊/
⑥ 　{ *sum* ← *sum* + *i*；
⑦ 　　*i* ← *i* + 1；}
⑧ 输出 *sum* 的值；
⑨ 算法结束。

伪代码是一种用来书写程序或描述算法时使用的非正式的、透明的表述方法。它并非是一种编程语言，这种表述方法针对的是一台虚拟的计算机。伪代码通常采用自然语言、数学公式和符号来描述算法的操作步骤，同时采用计算机高级语言（如 C、Pascal、VB、C++、Java 等）的控制结构来描述算法步骤的执行顺序。

4. PAD 图

PAD 是问题分析图（Problem Analysis Diagram）的英文缩写，自 1974 年由日本日立公司发明以来，已经得到一定程度的推广。它用二维数形结构的图表示程序的控制流，这种图可以较为容易地转换为程序代码。图 9-5 给出了 PAD 图的常用符号解释。

用 PAD 图描述算法具有以下优点：

(1) 使用表示结构优化控制结构的 PAD 符号所设计出来的程序必然是结构化程序，可

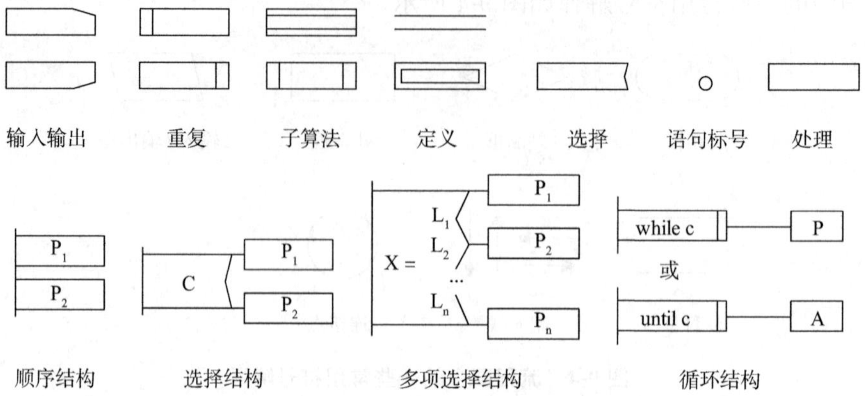

图 9-5　PAD 图常用符号解释

用于表示程序逻辑，也可用于描述数据结构。

(2) PAD 图所描述的程序结构十分清晰。图中最左边的竖线是程序的主线，即第一层控制结构。随着程序层次的增加，PAD 图逐渐向右延伸，每增加一个层次，图形向右扩展一条竖线。PAD 图中竖线的总条数就是程序的层次数。

(3) 用 PAD 图表现程序逻辑，易读、易懂、易记。PAD 图是二维数型结构的图形，程序从图中最左边上端的结点开始执行，自上而下，从左到右顺序执行。

(4) 很容易将 PAD 图转换成高级程序语言源程序，这种转换可由软件工具自动完成，从而省去人工编码的工作，有利于提高软件可靠性和软件生产率。

(5) PAD 图的符号支持自顶向下、逐步求精方法的使用。开始时设计者可以定义一个抽象程序，随着设计工作的深入可以逐步增加细节，直至完成详细设计。

9. 2. 3　算法的分析

算法大体上可以分为三类：(1)有限的、确定性算法。算法在有限的时间内终止，结果常取决于输入值；(2)有限的、非确定算法。算法在有限的时间内终止，然而，对于一个(或一些)给定的数值，算法的结果并不是唯一的或确定的；(3)无限的算法。由于未能确定性终止条件，使得算法的运行不能终止。

通常，同一问题可以用不同的算法解决，而一个算法的质量优劣将影响到算法乃至程序的效率。判断算法优劣的标准有：

(1) 正确性。要求算法能够正确地执行预先规定的功能和性能要求，算法是最重要也是最基本的标准。要求编写者对问题的要求有正确的理解，并能正确地、无歧义地描述和利用某种编程语言正确地实现算法的要求。

(2) 可使用性。要求算法能够很方便地使用，这个特性也叫作用户友好性。要求算法具有良好的界面，完备的用户文档。因此，算法的设计必须符合抽象数据类型和模块化的要求，最好所有的输入和输出数据都通过参数表显式地传递，少用公用变量或全局变量，每个算法只完成一个功能。

(3) 可读性。算法的逻辑必须是清晰的、简单的和结构化的。所有的变量和函数的命名必须有实际含义，让人见名知义。在算法中必须加入注释，简要说明算法的功能、输入输出参数的使用规则、重要数据的作用、算法中各程序段完成的功能等。

(4) 效率。指算法执行时计算机资源的消耗量，包括存储空间和运行时间的开销。算法的效率与多种因素有关，如所用的计算机系统，可用的存储容量和算法的复杂性等。

(5) 健壮性。要求算法具有很好的容错性，能够对不合理的数据进行检查处理。在算法初期集中精力考虑如何实现必要的功能，待到算法成熟时再追加容错等功能。

算法的性能是指运行一个程序所需要的内存大小和时间。通常采用事前分析估算法和事后统计法来确定一个程序的性能。用事前分析法来估计算法的性能，可撇开与计算机硬件、计算机软件有关的因素，认为一个特定算法的"运行工作量"的大小仅仅依赖于问题本身的规模(通常用整数量 n 表示)，或者说，它是问题规模的函数。

1. 算法的空间复杂度分析

算法的空间复杂度是指运行完一个算法所需要的内存大小。分析算法的空间复杂性的原因如下：

(1) 如果算法将要运行在一个多用户计算机系统中，可能需要指明分配给该算法的内存大小。

(2) 对任何一个计算机系统，需要提前知道是否有足够的内存来运行该算法。

(3) 可以利用空间复杂性来估算一个算法所能解决问题的最大规模。例如用一个电路模拟算法模拟一个拥有 c 个元件、w 个连线的电路需要 $280\text{K}+10\times(c+w)$字节的内存。如果可利用的内存空间总量有 640K 字节，则最多可以模拟的电路为$(c+w)\leqslant 36\text{K}$。

(4) 一个问题可能有若干个内存需求各不相同的解决方案。比如，某个 C++编译器仅需要 1MB 的内存空间，而另一个 C++编译器需要 4MB 的内存空间。如果内存空间少于 4MB，只能选择 1MB 的编译器。如果小编译器的性能与大编译器的性能相当，则即使用户的计算机中有额外的内存，也宁愿选择小编译器。

算法所需空间主要由以下部分构成。

(1) 指令空间：用来存储经过编译后的程序指令。

(2) 数据空间：用来存储所有常量和变量值的空间。它由两部分构成：一是存储常量和简单变量所需的空间；二是存储复合变量(如数组、类变量)所需要的空间，这类空间包括数据结构所需的空间及动态分配的空间。

(3) 环境栈空间：用来保存函数调用返回时恢复运行所需要的信息。

指令空间、常量及环境栈空间对不同算法通常不会有数量级的差别，因此在比较算法时可以不加考虑。算法的输入数据量和问题规模有关，若输入数据所占空间只取决于问题本身，和算法无关，则在比较算法时也可以不加考虑。由此，只需要分析辅助变量所占的额外空间即可。

2. 算法的时间复杂度分析

影响一个程序空间复杂度的因素也都能影响程序的时间复杂性。一个程序 P 所占用的时间 $T(\text{P})=$编译时间$+$运行时间。编译时间与算法本身的性能无关，可以假设一个编译过的程序可以运行若干次而不需要重新编译，因此应主要关注程序的运行时间 $T(\text{P})$。

一个算法是由控制结构(顺序、分支和循环三种)和原操作(固有数据类型的操作，其执行时间和算法无关，相对于问题的规模是常量)构成的，算法的运行时间取决于两者的综合效果。为了便于比较同一问题的不同算法，通常从算法中选取一种对于所研究的问题来说是基本操作的原操作。算法的执行时间大致分为基本运算所需要的执行时间与其计算次数的乘积。被视为算法基本运算的一般是最深层循环内的语句。

例如，下面代码给出了将存储在二维数组 a[0：rows-1][0：cols-1]和 b[0：rows-1][0：cols-1]中的两个矩阵相加的算法：

```
for(i=0; i<rows; i++)
   for(j=0; j<cols; j++)
      c[i][j]=a[i][j]+b[i][j]
```

该算法的基本运算为 c[i][j]=a[i][j]+b[i][j]，整个算法的执行时间与该基本操作重复执行的次数成正比。显然，在一个算法中，执行基本操作的次数越少，其运行时间便相对越少。所以，通常把算法中执行基本运算的次数称为算法的时间复杂度，即一个算法的时间复杂度是指基本运算在算法中被重复执行的次数。

一般情况下，算法中基本运算次数 $T(n)$ 是问题规模 n 的某个函数 $f(n)$，记作 $T(n)=O(f(n))$。其中，记号"O"读作"大 O"，它表示随问题规模 n 的增大，算法执行时间的增长率和 $f(n)$ 的增长率相同。也就是说，引入 O 记号后只需求出 $T(n)$ 的最高阶，忽略低阶项和常系数，这样既可简化 $T(n)$ 的计算，又能比较客观地反映当 n 很大时，算法的时间性能。由此可见，在分析算法的时间复杂度 $T(n)$ 时，只需要分析影响一个算法时间复杂度的主要部分即可，不必对每一步都进行详细分析。

一个没有循环的算法的基本运算次数与问题规模 n 无关，记作 $O(1)$，称作常数阶。一个只有一重循环的算法的基本运算次数与问题规模 n 的增长呈线性增大关系，记作 $O(n)$，称为线性阶。其余常用的还有平方阶 $O(n^2)$、立方阶 $O(n^3)$、对数阶 $O(\log_2 n)$ 和指数阶 $O(2^n)$ 等。各种不同数量级对应的值存在着如下关系：

$$O(1) < O(\log_2 n) < O(n) < O(n*\log_2 n) < O(n^2) < O(n^3) < O(2^n) < O(n!)$$

一个算法所执行的基本运算次数常常因输入数据不同而异。算法所执行的基本运算次数，不仅取决于输入数据元素的个数，即问题的规模，而且也与输入数据的性质有关。

【例 9-2】 下面算法实现在一维数组 a[n]中查找给定值 k 的功能。

```
void fun(int a[], int n, int k)
{
   int i;
   i=0;                      /*语句 1 */
   while(i<n && a[i]! =k)    /*语句 2 */
      i++;                   /*语句 3 */
   return(i);
}
```

上述算法中"语句 3"的频度不仅与问题规模 n 有关，还与输入实例中 a 的各元素取值以及 k 的取值相关，即与输入实例的初始状态有关。若 a 中没有与 k 相等的元素，则"语句 3"的执行频度为 n；若 a 中的第一个元素 $a[0]$ 等于 k，则"语句 3"的执行频度为常数 0。在这种情况下，可用最坏情况下的时间复杂度作为时间复杂度，在此例中即为 $O(n)$，记做 $T(n)=O(n)$。这是因为，最坏情况下的时间复杂度是在任何输入实例上运行时间的上界。

有时，也可选择将算法的期望（或平均）时间复杂度作为讨论目标。所谓的期望时间复杂度是指所有可能的输入实例在等概率出现的情况下，算法的期望运行时间与问题规模 n 之间的数量级的关系。

9.2.4　常用的算法设计方法

常用的算法设计方法有以下几种：

1. 递推法

递推法是利用问题本身所具有的递推关系求解问题的一种方法。能采用递推法构造算法的问题有重要的递推性质，即当得到问题规模为 $i-1$ 的解后，由问题的递推性质，能从已求得的规模为 $1,2\cdots i-1$ 的一系列解，构造出问题规模为 i 的解。这样，算法可从 $i=0$ 或 $i=1$ 出发，重复地，由已知至 $i-1$ 规模的解，通过递推，获得规模为 i 的解，直至得到规模为 N 的解。递推法的另一种形式即所谓的倒推法，就是在不知初始值的情况下，经某种递推关系而获知问题的解或目标，再倒过来，推知它的初始条件。因为这类问题的运算过程是一一映射的，故可通过分析得其递推公式。然后再从这个解或目标出发，采用倒推手段，一步步地倒推到这个问题的初始状态。

2. 递归法

在解决一个复杂问题时，有时可以将其分解为若干个小的子问题。就如同造一栋高楼要雇佣一个承包商，这个承包商继而又可能再雇佣其他的转包商以寻求帮助一样。这种通过解决本质相同只是规模较小的子问题来解决一个问题的处理方法称为递归（recursion）。那么如何解决这个规模较小的子问题而得到问题的最终解呢？递归成功的关键之一是，最终找到一个其解已知或易知的小规模问题。在求得小规模问题的解之后，通常得到原问题解的一部分，这部分与其他的小规模问题的解结合在一起，组合成规模更大的问题的解。例如在数学中，整数的阶乘定义如下：

$$n! = \begin{cases} 1 & \text{当 } n=0 \text{ 时} \\ n*(n-1)! & \text{当 } n>0 \text{ 时} \end{cases}$$

在上面的定义中，0!定义为1，如果 n 是一个大于0的整数，则首先计算 $(n-1)!$，再将其与 n 相乘。要计算 $(n-1)!$，需再一次应用阶乘的定义，计算 $(n-2)!$。这样便将计算 $n!$ 的问题简化为一个问题规模比自身小的形式，这种形式的阶乘定义便称为递归定义。递归包括“递”（下推）和“归”（返回）两个过程。

【小插曲】 递归在日常生活中也有很多体现。例如图9-6中所示的女性手持的物体中有一幅她本人手持同一物体的小图片，小图片中还有一幅她手持同一物体的更小的图片，依此类推。又例如，在两面相对的镜子之间放一根正在燃烧的蜡烛，我们会从其中一面镜子里看到一根蜡烛，蜡烛后面又有一面镜子，镜子里又有一根蜡烛……这也是递归的表现。

图9-6　递归的体现

递归算法在其定义中都直接或间接地调用自己。它通常把一个大型复杂的问题层层转化为一个与原问题相似但规模较小的问题，递归策略只需少量的程序就可描述出解题过程所需要的多次重复计算，大大地减少了程序的代码量。递归的能力在于用有限的语句来定义对象的无限集合。一般来说，递归需要有终止条件、递归前进段和递归返回段。当终止条件不满足时，递归前进；当终止条件满足时，递归返回。

设计递归算法的关键步骤包括：(1)确定递归形式；(2)确定终止条件。

3. 穷举搜索法

穷举搜索法对众多可能的候选解按某种顺序进行逐一枚举和检验，并从中找出那些符合要求的候选解作为问题的解。穷举搜索法是编程中常用到的一种方法，通常在找不到解决问题的规律时使用。下面通过一个实例来说明。

【例 9-3】 背包问题：有不同价值、不同重量的物品 n 件，求从这 n 件物品中选取一部分物品的选择方案，使选中的物品总重量不超过限定重量，但选中的物品价值之和最大？

解：设 n 个物品的重量和价值分别存储于数组 $w[]$ 和 $v[]$ 中，限制重量为 t_w。考虑一个 n 元组 $(x_0, x_1, \cdots, x_{n-1})$，其中 $x_i=0$ 表示第 i 个物品没有选取，而 $x_i=1$ 表示第 i 个物品被选取。显然这个 n 元组等价于一个选择方案。用枚举法解决背包问题，需要枚举所有的选取方案，而根据上述方法，我们只要枚举所有的 n 元组，就可以得到问题的解。

显然，每个分量取值为 0 或 1 的 n 元组的个数共为 2^n 个。而每个 n 元组其实对应了一个长度为 n 的二进制数，且这些二进制数的取值范围为 $0 \sim 2^{n-1}$。因此，如果把 $0 \sim 2^{n-1}$ 分别转化为相应的二进制数，则可以得到我们所需要的 2^n 个 n 元组。具体的算法描述如下：

(1) 输入物品个数 n；

(2) 输入背包的限制重量 t_w；

(3) 输入所有物品的重量并存储在数组 $w[]$ 中；

(4) 输入所有物品的价值并存储在数组 $v[]$ 中；

(5) 穷举 2^n 个可能的选择，找出物品的最佳选择。

4. 贪婪法

又称贪心算法，是指在求解问题时，总是做出当前看来是最好的选择。也就是说，不从整体最优上加以考虑，所做出的选择仅仅是在某种意义上的局部最优解。贪心算法不是对所有问题都能得到整体最优解，但对范围相当广的许多问题能产生整体最优解或者是整体最优解的近似解。

贪婪法是一种对某些求最优解问题的更简单、更迅速的设计技术。用贪婪法设计算法的特点是一步一步地进行，常以当前情况为基础根据某个量度标准优化作最优选择，而不考虑各种可能的整体情况。贪婪法省去了为找最优解要穷尽所有可能而必须耗费的大量时间。采用自顶向下，以迭代的方法做出相继的贪心选择，每做一次贪心选择就将所求问题简化为一个规模更小的子问题。通过每一步贪心选择，可得到问题的一个最优解。虽然每一步上都要保证能获得局部最优解，但由此产生的全局解有时不一定是最优的，所以贪婪法不要回溯。

对于一个给定的问题，往往可能有好几种量度标准。选择能产生问题最优解的最优量度标准是使用贪婪算法的核心。一般情况下，要选出最优量度标准并不是一件容易的事，但对某问题如果能选择出最优量度标准，则用贪婪法求解则特别有效。最优解可以通过一系列局部最优的选择即贪婪选择来得到，即根据当前状态做出在当前看来是最好的选择(局部最优解选择)，然后再去解出这个选择后所产生的相应的子问题。每做一次贪婪选择就将所求问题简化为一个规模更小的子问题，最终可得到给定问题的一个整体最优解。

贪婪算法可解决的问题通常都有以下的特性：

(1) 有一个以最优方式来解决的问题。为了构造问题的解决方案，应有一个候选的对象的集合，比如不同面值的硬币。

(2) 随着算法的进行，候选对象被分成两个集合：一个包含已经被考虑过并被选出的候选对象，另一个包含已经被考虑过但被丢弃的候选对象。

(3) 设计一个函数来检查一个候选对象集合是否提供了问题的解答。该函数不考虑此时的解决方法是否最优。

(4) 设计一个选择函数检查是否可能往候选对象集合上添加更多的候选对象以获得一个解。和前一个函数一样，此时不考虑解决方法的最优性。

(5) 最后，目标函数给出解的值。

为了解决问题，需要寻找一个构成解的候选对象集合。起初，算法选出的候选对象的集合为空。接下来的每一步中，根据选择函数算法从剩余候选对象中选出最有希望构成解的对象。如果集合中加上该对象后不可行，那么该对象就被丢弃并不再考虑；否则就加到候选对象集合里。通过这样一次次扩充候选对象集合，并检查该集合是否构成解，找到的第一个解通常是最优的。实现贪心算法的过程通常为以下步骤：

① 从问题的某一初始解出发；

② while 能朝给定总目标前进一步 do

求出可行解的一个解元素；

③ 由所有解元素组合成问题的一个可行解。

5. 分治法

分治法的设计思想是，将一个难以直接解决的大问题，分解成一些规模较小的相同问题，以便各个击破，分而治之。分治策略是：对于一个规模为 n 的问题，若该问题容易解决，则直接解决；否则将其分解为 k 个规模较小的子问题，这些子问题互相独立且与原问题形式相同，递归地解这些子问题，然后将各子问题的解合并得到原问题的解。这种算法设计策略叫做分治法。

如果原问题可分割成 k 个子问题，$1<k\leqslant n$，且这些子问题都可解并可利用这些子问题的解求出原问题的解，那么这种分治法就是可行的。由分治法产生的子问题往往是原问题的较小模式，这就为使用递归技术提供了方便。在这种情况下，反复应用分治手段，可以使子问题与原问题类型一致而使其规模却不断缩小，最终的子问题缩小到很容易直接求出其解。这自然导致递归过程的产生。分治与递归像一对孪生兄弟，经常同时应用在算法设计之中，并由此产生许多高效算法。

分治法所能解决的问题一般具有以下几个特征：

(1) 该问题的规模缩小到一定的程度就可以容易地解决。

(2) 该问题可以分解为若干个规模较小的相同问题，即该问题具有最优子结构性质。

(3) 利用该问题分解出的子问题的解可以合并为该问题的解。

(4) 该问题所分解出的各个子问题是相互独立的，即子问题之间不包含公共的子问题。

分治法在每一层递归上都有三个步骤：(1)分解。将原问题分解为若干个规模较小，相互独立，与原问题形式相同的子问题；(2)解决。若子问题规模较小而容易被解决则直接解，否则递归地解各个子问题；(3)合并。将各个子问题的解合并为原问题的解。

算法设计的一般模式如下：

Divide-and-Conquer(P)

(1) if $|P| \leqslant n_0$

(2) then return(ADHOC(P))

(3) 将 P 分解为较小的子问题 $P_1, P_2, \ldots, P_k$

(4) for $i \leftarrow 1$ to k

(5) do $y_i \leftarrow$ Divide-and-Conquer(P_i)　　//递归解决 P_i

(6) $T \leftarrow$ MERGE($y_1, y_2, \ldots, y_k$)　　//合并子问题

(7) return(T)

其中$|P|$表示问题 P 的规模；n_0 为一阈值，表示当问题 P 的规模不超过 n_0 时，问题已容易直接解出，不必再继续分解。ADHOC(P)是该分治法中的基本子算法，用于直接解小规模的问题 P。因此，当 P 的规模不超过 n_0 时直接用算法 ADHOC(P)求解。算法 MERGE($y_1, y_2, \ldots, y_k$)是该分治法中的合并子算法，用于将 P 的子问题 $P_1, P_2, \ldots, P_k$ 的相应解 $y_1, y_2, \ldots, y_k$ 合并为 P 的解。

【例 9-4】 给定一个顺序表，编写一个求出其最大值和最小值的分治算法？

解：假设顺序表用一整型数组存储，数组大小由用户定义，数据随机生成。如果数组长度为 1，则可以直接给出结果。如果长度为 2，则一次比较即可得出结果。于是，可找到求解该问题的子问题，即：数组长度小于等于 2。到此我们就可以进行分治运算了，只要求解的问题数组长度比 2 大就继续进行分治，否则求解子问题的解并更新全局解。

6. 动态规划法

动态规划法是一种用于求解包含重叠子问题的最优化问题的方法。其基本思想是，将原问题分解为相似的子问题，在求解的过程中通过求解子问题的解求出原问题的解。动态规划的思想是多种算法的基础，被广泛应用于计算机科学和工程领域。

动态规划算法通常用于求解具有某种最优性质的问题。在这类问题中，可能会有许多可行解。每一个解都对应于一个值，希望找到具有最优值的解。动态规划算法与分治法类似，其基本思想也是将待求解问题分解成若干个子问题，先求解子问题，然后从这些子问题的解得到原问题的解。与分治法不同的是，适合于用动态规划求解的问题，经分解得到子问题往往不是互相独立的。若用分治法来解这类问题，则分解得到的子问题数目太多，有些子问题被重复计算了很多次。如果能够保存已解决的子问题的答案，而在需要时再找出已求得的答案，这样就可以避免大量的重复计算，节省时间。可用一个表来记录所有已解决的子问题的答案。这就是动态规划法的基本思路。具体的动态规划具有相同的填表格式，但算法有许多种。动态规划法的基本设计步骤如下：

(1) 确定问题的决策对象；

(2) 对决策过程划分阶段；

(3) 对各阶段确定状态变量；

(4) 根据状态变量确定费用函数和目标函数；

(5) 建立各阶段状态变量的转移过程，确定状态转移方程。

7. 迭代法

迭代是数值分析中通过从一个初始估计出发寻找一系列近似解来解决问题(一般是解方程或者方程组)的过程,为实现这一过程所使用的方法统称为迭代法(Iterative Method)。与迭代法相对应的是直接法(或者称为一次解法),即一次性地快速解决问题,例如解方程 $x+3=4$。一般如果可能,直接解法总是优先考虑的。但当遇到复杂问题,特别是在未知量很多,方程为非线性时,无法找到直接解法,这时候或许可以通过迭代法寻求方程(组)的近似解。

利用迭代算法解决问题,需要做好以下三个方面的工作:

(1) 确定迭代变量。在可以用迭代算法解决的问题中,至少存在一个直接或间接地不断由旧值递推出新值的变量,这个变量就是迭代变量。

(2) 建立迭代关系式。即如何从变量的前一个值推出下一个值的公式(或关系)。迭代关系式的建立是解决迭代问题的关键,通常可以顺推或倒推的方法来完成。

(3) 对迭代过程进行控制。在什么时候结束迭代过程?这是编写迭代程序必须考虑的问题。不能让迭代过程无休止地重复执行下去。迭代过程的控制通常可分为两种情况:一种是所需的迭代次数是个确定的值,可以计算出来;另一种是所需的迭代次数无法确定。对于前一种情况,可以构建一个固定次数的循环来实现对迭代过程的控制;对于后一种情况,需要进一步分析出用来结束迭代过程的条件。

【例 9-5】 一个饲养场引进一只刚出生的新品种兔子,假设这种兔子从出生的下一个月开始,每月新生一只兔子,新生的兔子也如此繁殖。如果所有的兔子都不死去,问到第 12 个月时,该饲养场共有兔子多少只?

解:这是一个典型的递推问题。不妨假设第 1 个月时兔子的只数为 u_1,第 2 个月时兔子的只数为 u_2,第 3 个月时兔子的只数为 u_3,依此类推,根据题意,“这种兔子从出生的下一个月开始,每月新生一只兔子”,则有:$u_1 = 1$,$u_2 = u_1 + u_1 \times 1 = 2$,$u_3 = u_2 + u_2 \times 1 = 4 \cdots$

根据这个规律,可以归纳出下面的递推公式:$u_n = u_{n-1} \times 2\ (n \geqslant 2)$

对应 u_n 和 u_{n-1},定义两个迭代变量 y 和 x,可将上面的递推公式转换成如下迭代关系:$y = x \times 2$; $x = y$;

让计算机对以上迭代关系重复执行 11 次,就可以算出第 12 个月时的兔子数。

具体使用迭代法求根时应注意以下两种可能发生的情况:

(1) 如果方程无解,算法求出的近似根序列就不会收敛,迭代过程会变成死循环,因此在使用迭代算法前应先考察方程是否有解,并在程序中对迭代的次数给予限制。

(2) 方程虽然有解,但迭代公式选择不当,或迭代的初始值选择不合理,也会导致迭代失败。

9.3 数据结构基础

9.3.1 什么是数据结构

计算机在解决一个具体问题时，大致需要经过下列几个步骤：首先要从具体问题中抽象出一个适当的数学模型，然后设计一个解此数学模型的算法，最后编出程序、进行测试、调整程序直至得到最终解答。寻求数学模型的实质是分析问题，从中提取操作的对象，并找出这些操作对象之间含有的关系，然后用数学的语言加以描述。计算机算法与数据的结构密切相关，算法无不依附于具体的数据结构，数据结构直接关系到算法的选择和效率。

图 9-7 尼古拉斯·沃斯

瑞士计算机科学家、1984 年图灵奖得主沃斯(N. Wirth)(如图 9-7 所示)在 1976 年出版了一本书，书名为《算法＋数据结构＝程序设计》，它正说明了数据结构在程序设计中的作用。程序设计的实质即为计算机处理问题编制一组“指令”，首先需要解决两个问题：即算法和数据结构。算法如上节所述为处理问题的策略，而数据结构即为问题的数学模型。现实中需要解决的问题具有以下几个特点：(1)一般包括一些数据，这些数据可能是简单的数据，例如员工的年龄、生日等；也可能是比较复杂的数据，例如员工本身，就是一个由身高、体重、年龄、生日等一系列简单数据所组成的复杂数据；(2)数据之间往往有联系，这种联系可能是一对一的、一对多的或者多对多的；(3)数据往往包含一些操作，就像整数之间可以进行加减乘除。数据结构就是相互之间存在一种或多种特定关系的数据元素的集合。很多数值计算问题的数学模型通常可以用一组线性的或非线性的代数方程组或微分方程组来描述，而大量非数值计算问题的数学模型即为数据结构课程要讨论的问题。

基于上面的讨论，简单地说，数据结构是一门讨论“描述现实世界实体的数学模型(非数值计算)及其上的操作在计算机中如何表示和实现”的学科。

9.3.2 数据的逻辑结构和物理结构

数据结构中提到的数据元素之间的关系分为逻辑和物理两种情况。

在逻辑上，主要体现为是一对一、一对多还是多对多。数据的逻辑结构是指从解决问题的需求出发，为实现必要的功能所建立的数据结构，它属于用户的视图，是面向问题的，如按照成绩排列的学生记录表格，城市和城市之间的航线，电路中电子元器件之间的连接关系等。它与数据在计算机内的存储无关，是独立于计算机的。因此，数据的逻辑结构可看作是从具体问题抽象出来的数学模型。

数据的逻辑结构包括：

1. 集合 指数据元素之间除了“同属于一个集合”的关系外，别无其他关系。

2. 线性结构　指数据元素之间存在一对一的关系。其特点是开始结点和终端结点都是唯一的，除了开始节点和终端节点之外，其余的节点都有且仅有一个前驱和一个后继。如组成一个单词的各个英文字母组成的线性结构。

3. 树形结构　该结构中数据元素之间存在一对多的关系，其特点是每个节点最多只有一个前驱，但可以有多个后继。如一个公司的员工之间的上下级关系可以组成树形结构。

4. 图结构　该结构中数据元素之间存在多对多的关系。其特点是每个节点的前驱和后继的个数都可以是任意的。因此，可能没有开始节点和终端节点，也可能有多个开始节点和终端节点。如上述城市与城市之间的航线信息可以组织成图结构。

树形结构和图结构统称为非线性结构，该结构中的节点之间存在一对多或多对多的关系。由图结构、树形结构和线性结构的定义可知，线性结构是树形结构的特殊情况，而树形结构又是图形结构的特殊情况。

数据的物理结构（存储结构）是逻辑结构用计算机语言的实现（映像），即逻辑结构在计算机中的存储方式，它是依赖于计算机语言的。一般只在高级语言的层次上来讨论存储结构。

通常在讨论数据结构时，不但要讨论解决问题时可能遇到的典型的逻辑结构，还要讨论这些逻辑结构如何在计算机中存储以及对它们的相关操作及其实现。

数据的存储结构通常有以下四种。

1. 连续存储方法　连续存储方法将逻辑上相邻的数据元素存储在物理位置相邻的存储单元中，数据元素之间的逻辑关系由存储单元的邻接关系来体现。通常连续存储结构是借助于计算机程序设计语言的数组来描述的，其优点是节省存储空间，因为分配给数据的存储单元全用于存放数据元素的数据，节点之间的逻辑关系没有占用额外的存储空间。采用这种方法时，可实现对节点的随机存取，即每个节点对应一个序号，由该序号可直接计算出节点的存储地址。其主要缺点是不便修改，对节点的插入，删除等操作需要移动一系列的节点。

2. 链表存储方法　链表存储方法不要求逻辑上相邻的节点在物理位置上也相邻，节点间的逻辑关系由附加的指针字段表示。该存储结构通常需要借助于计算机程序设计语言的指针类型来描述。

链表存储方法的主要优点是便于修改，在进行插入、删除时，仅需修改相应节点的指针域，不必移动节点。但与顺序存储方式相比，链表存储方法的主要缺点是存储空间的利用率较低，因为分配给数据的存储单元有一部分要用来存储节点之间的逻辑关系。另外，由于逻辑上相邻的节点在存储空间中不一定相邻，所以不能对节点进行随机存取。

3. 索引表存储方法　索引表存储方法通常在存储节点信息的同时，还建立附加的索引表。索引表中的每一项称为索引项，索引项的一般形式是偶对（关键字，地址），关键字唯一标识一个节点，地址作为指向节点的指针。这种带有索引表的存储结构可以大大提高查找的速度。

线性结构采用索引表存储方法后，可以对节点进行随机访问。在进行插入、删除运算时，只需移动存储在索引表中对应节点的存储地址，而不必移动存放在节点表中节点的数据，所以仍保持较高的数据修改运算效率。索引表存储方法的缺点是增加了索引表，降低了存储空间的利用率。

4. 哈希存储方法 哈希存储方法基本思想是根据节点的关键字通过哈希函数直接计算出一个值，并将这个值作为该节点的存储地址。哈希方法的优点是查找速度快，只要给出待查节点的关键字，就可以立即计算出该节点的存储地址。但与前述三种存储方法不同的是，哈希方法只存储节点的数据，不存储节点之间的逻辑关系。哈希方法一般只适合要求对数据能够进行快速查找和插入的场合。

上述 4 种基本的存储方法，即可以单独使用，也可以组合起来对数据结构进行存储映像。同一种逻辑结构采用不同的存储方法，可以得到不同的存储结构。选择何种存储结构来表示相应的逻辑结构，要视具体要求而定，主要考虑的是运算方便及算法的时空要求。

9.3.3 抽象数据类型和数据结构

数据类型是一组性质相同的值的集合以及定义于这个值集合上的一组操作的总称。在 C、Java 等程序设计语言中都定义了整型、实型、字符型、指针等各种数据类型，它们不但规定了使用该类型时的取值范围，还规定了该数据类型可以执行的一组操作(程序员不需要关心这些操作是如何实现的)。例如，与整型相关的操作有+、-、*、/，与浮点型相关的操作也有+、-、*、/。然而整型的“/”操作与浮点型的“/”操作虽然形式一样，却是两种不同的操作，如整型运算 6/4 的运算结果是 1，浮点运算 6/4 的运算结果是 1.5。因为操作“/”可以用于几个数据类型，故称它是一种重载操作。

抽象数据类型是指进行软件系统设计时，从问题的数学模型中抽象出来的逻辑数据结构及其在该结构上的一组操作，它不考虑计算机的具体存储结构和运算的具体实现算法。抽象的本质就是抽取反映问题本质的东西，忽略非本质的细节。例如，在各个计算机中都有“整数”类型，但是它们在不同的处理器上实现的方法可以不同，但由于其定义的数学特征相同，在用户看来都是相同的，使用者在编程时可以直接使用它们，不必考虑实现的细节，这就是抽象。

从定义来看，抽象数据类型和简单数据类型实质上是一个概念，其不同之处仅仅在于，简单数据类型是指高级程序设计语言支持的基本数据类型，而抽象数据类型则是指在基本数据类型支持下用户新设计的数据类型。线性表、栈、队列、树和图等都是典型的抽象数据类型。

抽象数据类型有两个重要特征：数据抽象和数据封装。在设计抽象数据类型时，把类型的声明与其实现分离开来。首先根据问题的要求，定义该抽象数据类型需要包含哪些信息，并根据其功能确定公共界面的服务，使用者可以使用公共界面中的服务对该抽象数据类型进行操作；另一方面，抽象数据类型的物理实现作为私有部分封装在其实现模块内，使用者不能看到，也不能直接操作该类型所存储的数据，只能通过界面中的服务来访问这些数据。这样做的好处是严格区分了数据类型的两个不同视图。从使用者的角度来看，只要了解了该抽象数据类型的规格说明，就可以利用其公共界面中的服务来使用这个类型，而不必关心其物理实现，这样使用者可以在开发过程中抓住重点，集中精力考虑如何解决应用问题。

抽象数据类型可用来描述软件模块开发初期的用户需求。一个具体问题的抽象数据类型的定义通常采用简洁、严谨的文字描述，一般包括数据对象(即数据元素的集合)、数据关系和基本运算三方面的内容。其基本格式如下：

ADT 抽象数据类型名

{ 数据对象:数据对象的定义

数据关系:数据关系的定义

基本运算:基本运算的定义

} ADT 抽象数据类型名

例如,复数的抽象数据类型可描述如下:

ADT Complex

{ 数据对象:D = {e1, e2 | e1, e2∈RealSet }

数据关系:R1 = {<e1, e2> | e1 是复数的实部,e2 是复数的虚部 }

基本运算:

InitComplex(&Z, v1, v2):构造复数 Z,其实部和虚部分别为参数 v1 和 v2 的值。

DestroyComplex(&Z):操作结果:如果复数 Z 已存在,则销毁 Z。

GetReal(Z, &realPart):如果复数 Z 已存在,返回 Z 的实部值。

GetImag(Z, &ImagPart):如果复数 Z 已存在,返回复数 Z 的虚部值。

Add(z1, z2, &sum):用 sum 返回两个复数 z1、z2 的和值。

} ADT Complex

以上定义所涉及的数据结构有以下几种形式。

1. 栈

在日常生活中,栈的概念是非常常见的。桌上的一叠书,自助餐厅里的一叠盘子,衣橱里的一叠毛巾等都是栈。栈中数据元素之间的逻辑关系与线性表完全相同,其差别仅在于栈只能在固定的一端进行插入和删除操作。其允许执行插入和删除操作的一端称为栈顶,另一端称为栈底。堆栈的插入操作常称为入栈或进栈,每次进栈的数据元素都放在原栈顶元素之上而成为新的栈顶元素。删除操作常称为出栈或退栈。每次退栈的数据元素都是当前栈顶元素,因而,最后进入栈的数据元素总是最先退出栈,因此,栈也称为后进先出栈。

2. 队列

排队时,每个人都遵守排在前面的人将比后面的人先得到服务的规则。

队列是排队时所排队的另一种名称,它是一种特殊的线性表。队列的数据元素以及元素间的逻辑关系和线性表是完全相同的,但线性表允许在任意位置插入和删除数据,而队列只允许在一端进行插入操作而在另一端进行删除操作。队列中允许进行插入操作的一端称为队尾,允许进行删除的一端称为队头。队列的插入操作通常称为入队列,删除操作称为出队列。由于每次入队列的数据元素都放在原来的队尾之后成为新的队尾元素,每次出队列的数据元素都是队头元素。因此,最先入队列的数据元素总是先出队列,最后入队列的数据元素总是最后出队列,如图 9-8 所示为队列示意图。

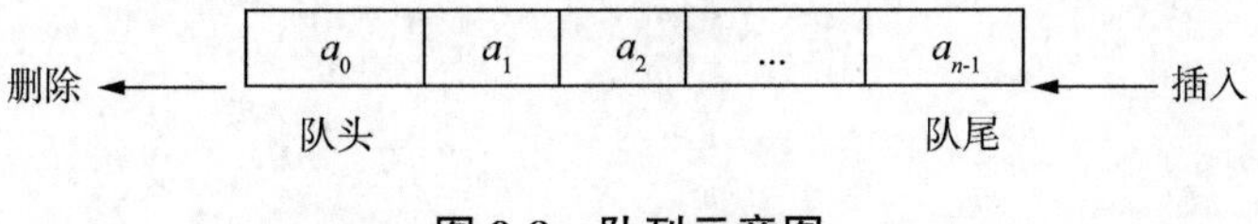

图 9-8 队列示意图

3. 树

树的结构如图 9-9 所示,它是由 n ($n\geqslant0$) 个节点组成的有限集合。如果 $n=0$,称为空树;如果 $n>0$,则有一个特定的称之为根(root)的节点(只有直接后继,但没有直接前驱),除根以外的其他节点划分为 m ($m\geqslant0$) 个互不相交的有限集合 T_0, T_1, …, T_{m-1},每个集合又是一棵树,并且称之为根的子树。每棵子树的根结点有且仅有一个直接前驱,但可以有 0 个或多个直接后继。

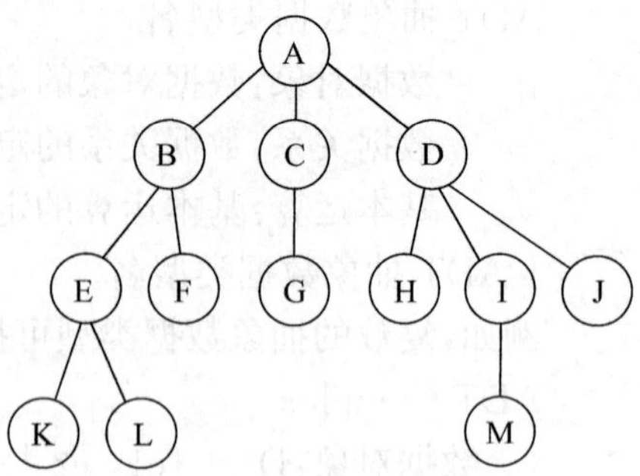

图 9-9 树的结构

树的定义是递归的,它刻画了树的固有特性,即一棵树由若干棵子树构成,而子树又由更小的若干棵子树构成。树是一种非线性的结构,具有如下特点:它的每一个节点可以有零个或多个后继,但有且只有一个前驱(根节点除外);这些数据节点按照分支关系组织起来,清晰地反映了数据元素之间的层次关系。只包含左子树和右子树的树称为二叉树,它是一种特殊的树。

4. 图

图(graph)采用形式化的定义,图 G 由两个集合 V(Vertex,顶点)和 E(Edge,边)组成,记为 G=(V, E),其中 V 是顶点的有限集合,记为 V(G),而集合 E 中的每一元素都对应于 V 中某一对顶点,记为 E(G)。在图 G 中,如果代表边的顶点对是无序的,则 G 为无向图,如果表示边的顶点对是有序的,则称 G 为有向图,在有向图中,代表边的顶点对通常用尖括号括起来用以表示一条有向边。如图 9-10 所示为有向图和无向图示例,其中 G1 是一个有向图,其形式化描述为 G1=(V1, E1),其中:V1={v1, v2, v3, v4},E1={<v1, v2>, <v1, v3>, <v3, v4>, <v4, v1>}。而 G2 是一个无向图,其形式化描述为 G2=(V2, E2),其中:V2={v1, v2, v3, v4, v5},E2={(v1, v2), (v3, v5), (v3, v4), (v3, v2), (v5, v2), (v4, v1)}。

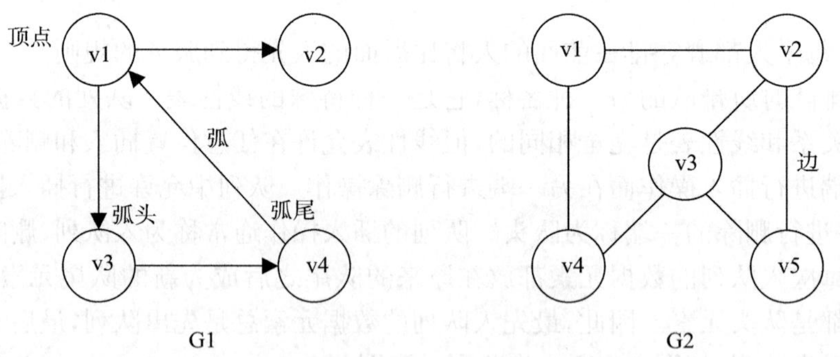

图 9-10 有向图和无向图示例

本章小结

算法是指一步一步解决问题或完成任务的方法和步骤,它是一组明确步骤的有序集合,运行后产生结果并能在有限时间内停止。算法具有确定性、正确性、可行性、输入/输出等特征,可采用自然语言、流程图、伪代码和PAD图等工具进行表述,利用正确性、可使用性、可读性、效率和健壮性等评价算法优劣,以及通过递推、递归、迭代等不同方法进行设计。数据结构表示一组共享指定关系的数据项,分简单数据结构和抽象数据结构。简单数据结构有数组、记录和链表等。抽象数据结构则是一个定义型数据类型、定义该数据类型的操作以及封装数据和操作的包,包括栈、队列、树和图等。在本章中,主要介绍了算法的基础知识,包括算法的定义和特征、算法的表达方法、算法性能的评价标准,以及常用的算法设计方法。然后,介绍了数据结构的概念、数据的逻辑结构与物理结构和抽象数据类型等概念。通过本章的学习,能够对算法的基本概念、算法的表示、性能评价标准、数据结构等相关概念有一个初步的了解,为今后课程的学习打下良好的基础。

【推荐课余阅读材料】

[1] 范策,周世平,胡晓琨. 算法与数据结构(C语言版)[M]. 北京:机械工业出版社,2004.

[2] 严蔚敏. 数据结构(C语言版)[M]. 北京:清华大学出版社 2004.

习题

1. 名词解释

算法　流程图　算法复杂性　递推法　递归法　迭代法　数据结构　逻辑结构　物理结构　抽象数据类型

2. 填空题

(1) 数据的逻辑结构包括________、________、________和________。

(2) ________是指一步一步解决问题或完成任务的方法和步骤。

(3) 树形结构中,树根节点没有________节点,其余每个节点有且只有________个前驱节点;叶子节点没有________节点,其余每个节点的后续节点可以________。

(4) 在图形结构中,每个节点的前驱节点数和后续节点数可以________。

(5) 线性结构中元素之间存在________关系,树形结构中元素之间存在________关系,图形结构中元素之间存在________关系。

(6) 算法的五个重要特性是________、________、________、________和________。

(7) 数据结构的三要素是指________、________和________。

(8) 链式存储结构与顺序存储结构相比较,主要优点是________。

(9) 设有一批数据元素,为了最快的存储某元素,数据结构宜用________结构,为了方便插入一个元素,数据结构宜用________结构。

(10) 线性结构中,第一个节点________前驱节点,其余每个节点有且只有________个前驱节点,最后一个节点________后续节点,其余每个节点有且只有________个后续节点。

3. 选择题

(1) 算法分析的两个主要方面是(　　)。

A. 正确性和简单性　　B. 可读性和文档性

C. 数据复杂性和程序复杂性　　D. 时间复杂度和空间复杂度

(2) 算法分析的目的是(　　)。

A. 找出数据结构的合理性　　B. 研究算法中的输入和输出的关系

C. 分析算法的效率以求改进　　D. 分析算法的易懂性和文档性

(3) 计算机算法指的是(①),它必须具备输入、输出和(②)等5个特性。

① A. 计算方法　　B. 排序方法

C. 解决问题的有限运算序列　　D. 调度方法

② A. 可执行性、可移植性和可扩充性　　B. 可行性、确定性和有穷性

C. 确定性、有穷性和稳定性　　D. 易读性、稳定性和安全性

(4) 数据结构是研究数据的(　　)以及它们之间的相互关系。

A. 理想结构,物理结构　　B. 理想结构,抽象结构

C. 物理结构,逻辑结构　　D. 抽象结构,逻辑结构

(5) 在数据结构中,从逻辑上可以把数据结构分成(　　)。

A. 动态结构和静态结构　　B. 紧凑结构和非紧凑结构

C. 线性结构和非线性结构　　D. 内部结构和外部结构

(6) 数据结构是一门研究非数值计算的程序设计问题中计算机的(①)以及它们之间的(②)和运算等的学科。

① A. 数据元素　　B. 计算方法　　C. 逻辑存储　　D. 数据映像

② A. 结构　　B. 关系　　C. 运算　　D. 算法

(7) (　　)是一种用类似英语语言来表示代码的表达方法。

A. PAD图　　B. 程序　　C. 伪代码　　D. 算法

(8) (　　)存储方法不要求逻辑上相邻的节点在物理位置上也相邻,节点间的逻辑关系由附加的指针字段表示。

A. 连续　　B. 链表　　C. 索引表　　D. 哈希

(9) (　　)指算法执行时计算机资源的消耗量,包括存储空间和运行时间的开销。

A. 正确性　　B. 可行性　　C. 健壮性　　D. 效率

(10) (　　)算法是指在对问题求解时,总是做出在当前看来是最好的选择。

A. 贪婪法　　B. 穷举搜索法　　C. 分治法　　D. 线性规划

4. 算法分析题

求下列算法段的语句频度及时间复杂度:

(1)
```
for(i=1; i<=n; i++)
    for(j =1; j <=i ; j++)
        x=x+1;
```

(2)
```
for(i=1;i<=n;i++)
    for (j=1;j<=i;j++)
        for ( k=1;k<=j;k++)
            x=i+j-k;
```

5 算法设计题

(1) 求数组中的最大数。

(2) 1+2+3+…+n。

(3) 求n个整数的积。

(4) 求n个整数的平均值。

(5) 求n个自然数的最大公约数与最小公倍数。

(6) 有一对雌雄兔,每两个月就繁殖雌雄各一对兔子。问n个月后共有多少对兔子?

(7) 已知数列1,1,2,4,7,13,24,44…求数列的第n项。

本章参考文献

[1] 范策,周世平,胡晓琨.算法与数据结构(C语言版)[M].北京:机械工业出版社,2004.

[2] 严蔚敏.数据结构(C语言版)[M].北京:清华大学出版社 2004.

[3] 许卓群,杨冬青,唐世渭,等.数据结构与算法[M].北京:高等教育出版社,2004.

[4] 徐孝凯.数据结构实用教程[M].2版.北京:清华大学出版社,2006.

[5] 徐孝凯.数据结构辅导与提高实用教程[M].2版.北京:清华大学出版社,2003.

[6] 谢楚屏.数据结构[M].北京:人民邮电出版社,2001.

[7] 张乃孝.算法与数据结构——C语言描述[M].北京:高等教育出版社,2002.

[8] 殷人昆.数据结构[M].北京:清华大学出版社,2001.

[9] 苏德富.计算机算法设计与分析[M].北京:电子工业出版社,2001.

[10] 傅清祥,王晓冬.算法与数据结构[M].北京:电子工业出版社,1998.

[11] 胡学刚.算法与数据结构算法设计指导[M].北京:清华大学出版社,1999.

[12] 张选平,雷咏梅.数据结构[M].北京:机械工业出版社,2002.

[13] 唐策善,黄刘生.数据结构[M].合肥:中国科学技术大学出版社,1992.

[14] 曹新谱.算法设计与分析[M].长沙:湖南科学技术出版社,1984.

[15] Knuth D E. The Art of Computer Programing-Volume 1/Fundamentals & Volume 3/Sorting and Searching[M]. MA:Aderson-Wesley,1973.

[16] Word D. Fundamentals of Data Structures,Algorithms and Performance[M]. MA:Addison-Wesley,1993.

[17] Horowitz E,Sahn S. Fundamentals of Data Structures[M]. Computer Science Press Inc.,1976.

[18] 张乃孝,裘宗燕.数据结构—— C++与面向对象的途径[M].北京:高等教育出版社,2001.

[19] 殷人昆,陶水雷,谢若阳,等.数据结构——用面向对象方法与C++描述[M].北京:清华大学出版社,2007.

[20] 梁田贵,张鹏.算法设计与分析[M].北京:冶金工业出版社,2004.

第10章 数据库系统

【本章内容概要】 本章首先介绍数据库系统所涉及的一些基本概念和基础知识。在此基础上，重点介绍关系数据库的结构、运算和操作实现，以及数据库设计的步骤和规范化设计方法。最后简要介绍几种高级数据库技术，以拓展视野。

【学习目的和要求】 掌握数据管理技术的基本概念；熟悉关系模型的结构和操作；理解数据库的体系结构；理解关系数据库的设计步骤和方法；了解几种高级数据库技术。

【应掌握的知识点】 数据库，数据库管理系统，数据库系统，数据库结构，关系模型，关系操作，SQL语言，数据库设计的步骤，规范化设计。

10.1 数据库技术概述

数据库技术产生于20世纪60年代末，经过几十年的发展，数据库技术作为计算机科学的重要分支，形成了较为完善的理论体系和实用技术。越来越多的应用领域采用数据库技术来存储和处理信息资源。如，信息管理系统(IMS)、计算机集成制造系统(CIMS)、电子政务(e-Commerce)、电子商务(e-Business)和地理信息系统(GIS)等都需要数据库的支持。

数据库技术是面向企业或部门，以数据库为中心组织数据，形成综合性的数据库，为各个应用共享。它采用一定的数据模型，该数据模型不仅要描述数据本身的特点，而且要描述数据之间的联系。不同的应用程序根据处理要求，从数据库中获取所需要的数据，减少了数据的重复存储，便于增加新的数据结构，以及实现数据的一致性。接口良好，用户可方便开发和使用数据库，对数据进行统一管理和控制，保证了数据的安全性、完整性，并提供了并发控制机制。

10.1.1 数据管理技术的发展

数据是反映客观世界的事实并可以区分其特征的符号，包括字符、数字、文本、声音、图形、图像、表格、视频等，它们是现实世界中客观存在的，并且可以输入计算机中进行存储和管理。数据描述的对象可以是现实世界中客观存在的事物，如学生信息。也可以是抽象事物，如用文本描述一个想法，用图片描述一个场景等。

和数据密切相关的一个概念是信息。信息是由原始数据经加工提炼而成的、用于决定行为、计划或是具有一定语义的数据。数据和信息之间的关系如同原料和成品的关系，不是所有数据都能成为信息，只有经过加工处理之后，具有新的有用知识的数据才能成为信息。信息仍然以数据形式表现，数据是信息的载体。

数据管理是指对数据的收集、整理、组织、存储、检索和维护等，是数据处理的中心环节。主要围绕提高数据独立性、降低数据冗余度、提高数据共享性与安全性、完整性等方面来进行，使用户能有效地管理和使用数据资源。

1. 人工管理阶段(20世纪50年代中期以前)

该阶段计算机主要应用于科学计算，外存储器只有磁带，没有磁盘，没有专门的数据管理软件，数据不保存，由应用程序自己控制和管理，如图10-1所示。

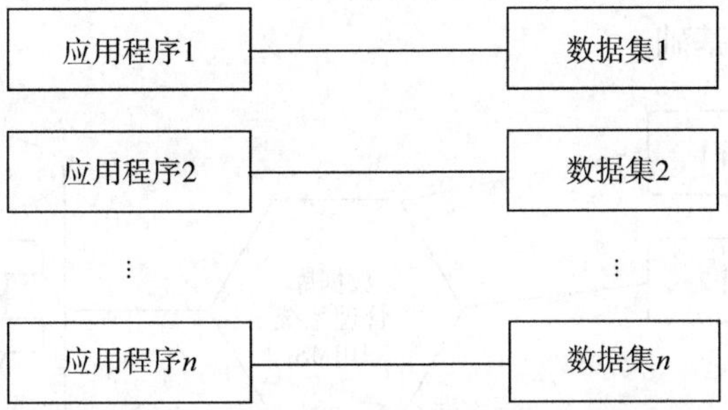

图10-1 人工管理阶段程序与数据的对应关系

【小插曲】 最早的电子化的数据来自美国统计局。美国统计局每隔十年左右要对公民的工作状态和家庭人员结构等进行普查和统计，但数据处理时间往往会超过十年。所以，统计局需要一个新的方案来解决这个问题。麻省理工的教授霍勒瑞斯博士发明打孔机，通过大量的分类、比较和表格绘制的机器运行数百万穿孔卡片来进行数据的处理，其运行结果在纸上打印出来或者制成新的穿孔卡片，数据管理就是对这些穿孔卡片进行物理的储存和处理，从而很好地解决了统计局的问题。后来，霍勒瑞斯申请了这一专利，开了一家公司，该公司在1924年与另外一家公司合并了，这就是IBM公司。从这个故事中，可以看出计算机的发展主要是解决社会问题，所以要理论联系实践，不要空谈理论，包括现在的云计算的发展。

2. 文件系统阶段(20世纪50年代后期—20世纪60年代中期)

该阶段计算机主要应用于科学计算和信息管理，配备了操作系统。大量数据以文件的形式存储在磁盘上，以实现对数据的永久保存和自动管理。但文件共享性较差，冗余度大，数据联系弱，系统不容易扩充，如图10-2所示。

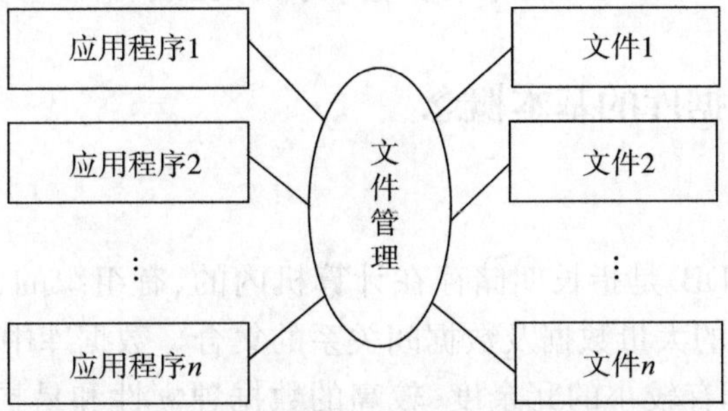

图10-2 文件系统阶段程序与数据的对应关系

3. 数据库阶段(20 世纪 60 年代后期—)

该阶段通过数据库管理系统管理大量的数据,解决了数据的永久保存,真正实现了数据的方便查询和一致性维护问题,并能严格保证数据的安全。此后,大量的联机处理系统把工作人员从以前繁杂的数据处理工作中解脱出来,工作效率大大提高。出现了许多大型的数据库应用系统,如民航售票系统、银行前台业务处理系统以及各种各样的客户管理系统等。该阶段程序和数据的关系如图 10-3 所示。

从 1968 年到 1970 年发生的三大历史事件标志着数据库技术的成熟,分别是:IBM 公司于 1968 年成功研制层次数据库管理系统(IMS);美国数据系统语言协会于 1971 年公布的 DBTG 报告提出了网络数据库系统;IBM 公司 E. F. Codd 在 1970 发表一系列论文,奠定了关系数据库的理论基础。

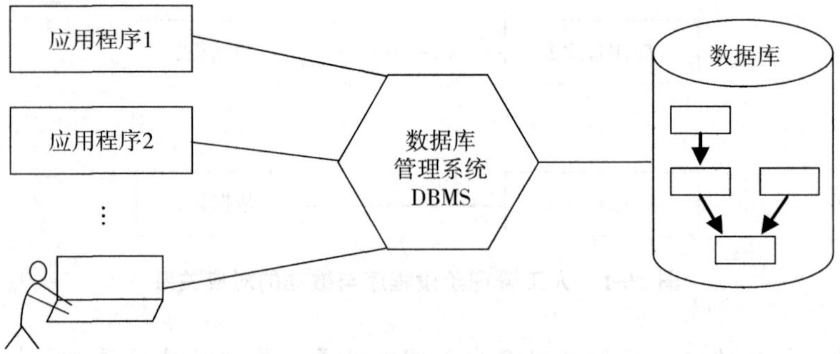

图 10-3 数据库阶段程序和数据之间的对应关系

目前,数据库已应用到人类生活的各个领域,还出现了不少新的数据库系统,如面向对象数据库系统、分布式数据库系统、多媒体数据库系统等。

【小插曲】 数据库技术经历了层次/网状系统、关系数据库系统、新一代数据库系统三代演变。造就了三位图灵奖得主,三位图灵奖得主及其贡献主要如下:(1)巴赫曼(C. W. Bachman),主持设计与开发了最早的网状数据库管理系统 IDS,IDS 的设计思想和技术直接影响了后来的数据库,他还促成了数据库标准的制定;(2)科德(E. F. Codd),于 1970 年 6 月发表了题为"大型共享数据库的关系模型"(A Relational Model of Data for Large Shared Data Banks)一文,首次明确而清晰地为数据库系统提出了一种崭新的模型——关系模型,该模型一经提出便迅速商品化;(3)格雷(J. Gray),事务处理领域公认的权威,在解决数据的完整性、安全性、并行性,以及从故障中恢复等方面做出了非常重要的贡献。

10.1.2 有关数据库的基本概念

1. 数据库

数据库(DataBase,DB)是指长期储存在计算机内的、有组织的、可共享的数据集合,也是现实世界中相互关联的大量数据及数据间关系的集合。数据库中的数据按一定的数据模型组织、描述和储存,具有较小的冗余度、较高的数据独立性和易扩展性,并可为各种用户共享。

“库”的概念在日常生活中经常会用到。例如,车库、书库、粮库和材料库等。顾名思义,车库就是存放汽车的地方,粮库是存放粮食的地方。同样道理,数据库就是存放数据的地方。数据库中的数据必须按照一定的结构和一定的格式存放。

2. 数据库管理系统

数据库管理系统(DataBase Management System,DBMS)是对数据库中的数据进行存储和管理的软件系统,包括DB的建立、查询、更新和控制数据库中数据的各种语言和工具,它是数据库系统的核心组成部分。

目前,市场上已经有了很多成熟的DBMS软件。如Oracle、Microsoft SQL Server、Microsoft Access、Sybase、Informix等,各自以不同的功能与特点,在数据库市场上占有一席之地。

(1) Oracle

Oracle是美国Oracle公司的产品,该公司于1979年推出了采用SQL语言作为数据库语言,可在小型机上运行的第二版本。其后不断完善,推出了能在微机上运行的一系列版本。

Oracle是最早商品化的关系型数据库管理系统。作为应用开发环境,Oracle提供了一整套界面友好、功能齐全的数据库开发工具。作为通用的数据库管理系统,不仅具有完整的数据管理功能,而且支持各种分布式以及Internet应用,具有可开放性、可移植性、可伸缩性等特点。

(2) SQL Server

SQL Server是由Microsoft开发和推广的关系数据库管理系统。最初由Microsoft、Sybase和Ashton-Tate三家公司共同开发,1988年推出了第一个OS/2版本。SQL Server近年来不断更新,主要版本有SQL Server 6.5、SQL Server 10.0、SQL Server 2000、SQL Server 2005和SQL Server 2008。

SQL Server的主要特点包括:支持客户机/服务器体系结构;图形化用户界面,使系统管理和数据库管理更加直观和简单;拥有丰富的编程接口工具,为用户进行程序设计提供了更大的选择余地;良好的伸缩性,可跨越多种平台使用,也可以在不同的操作系统上运行;使用Transact-SQL语言进行数据操作;支持Web技术,使用户能够很容易地将数据库中的数据发布到Web页面上;提供数据仓库功能等,为用户提供完整的数据库解决方案。

(3) Access

Access是Windows环境下非常流行的桌面型数据库管理系统,是Microsoft Office的组件之一。它无需编写任何代码,只要通过直观的可视化操作就可完成大部分数据管理任务。在Microsoft Access数据库中,包括许多组成数据库的基本要素,如存储信息的表、显示人机交互界面的窗体、有效检索数据的查询、信息输出载体的报表、提高应用效率的宏、功能强大的模块工具等。Access通过ODBC与其他数据库相连,可实现数据交换和共享,还可与Word、Excel等办公软件进行数据交换和共享,以及通过对象链接与嵌入技术(OLE)在数据库中嵌入和链接声音、图像等多媒体数据。

(4) MySQL

MySQL是一个多用户、多线程的小型关系数据库管理系统,开发者是瑞典的MySQL AB公司(该公司2008年1月被SUN公司收购,而SUN于2009年又被Oracle收购)。

MySQL 支持标准的 ANSI SQL 语句，支持多种平台，在 UNIX 系统上该软件支持多线程运行方式。对于 Windows 用户，可在不同的平台上以普通用户身份运行 MySQL。MySQL 被广泛地应用在 Internet 上的中小型网站。其优点是体积小、速度快、成本低、开放源码。缺点是规模小、功能有限。

3. 数据库系统

数据库系统(DataBase System，DBS)是实现有组织地、动态地存储大量关联数据、方便多用户访问的系统，由数据库应用系统、数据库应用开发工具、数据库管理系统、操作系统、数据库和数据库管理员等组成，如图 10-4 所示。DBS 可在不同的硬件和操作系统下，运行不同的 DBMS 软件版本。

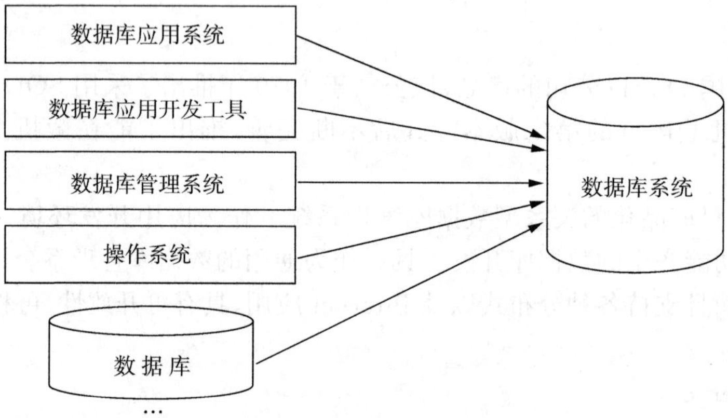

图 10-4　数据库系统结构图

4. 数据库技术

数据库技术研究数据库的结构、存储、设计、管理和使用的软件学科，它是在操作系统的文件系统的基础上发展起来的，与数据结构、集合论、数理逻辑等密切相关，是一门综合性较强的学科。

5. 数据库应用程序接口

数据库应用程序接口(DataBase Application Programming Interface，BAPI)是由 DBMS 厂家为开发应用程序而提供的用于访问和操纵数据库中数据的接口函数、过程、对象、类或语言等。

为了实现同一个应用软件对不同的 DBMS 的异构访问，出现了许多通用的 API 接口，如 ODBC、JDBC、ADO 等。但这些接口通常与相应的数据库应用程序开发语言相关联，如 ODBC 主要针对 C 和 C++语言开发，JDBC 针对 Java 语言开发等。

6. 数据库应用程序

数据库应用程序(DataBase Application Program，DBAP)是指满足某类用户操纵和访问数据库要求的程序。目前，数据库应用程序主要分为两大类：(1)联机事务处理(OnLine Transaction Processing，OLTP)对用户的操作命令响应快、每次操作涉及的数据量少。如银行存取款系统、订票系统、选课系统和企业信息管理系统等。通常，要求用户发出命令后，系统快速做出响应，但每次操作的数据量较少；(2)联机分析处理(OnLine Analytical Processing，OLAP)支持决策支持系统，需要在数据仓库的基础上，进行联机分析处理，每次处理的数据量大，响应时间长，需要由历史数据、多个来源的数据进行处理才能得到有意义的信息。

10.1.3 数据库系统三级模式结构

从内部系统结构看，数据库系统通常采用三级模式结构：外模式、模式和内模式，如图 10-5 所示。数据库的三级模式结构是数据的三个抽象级别。

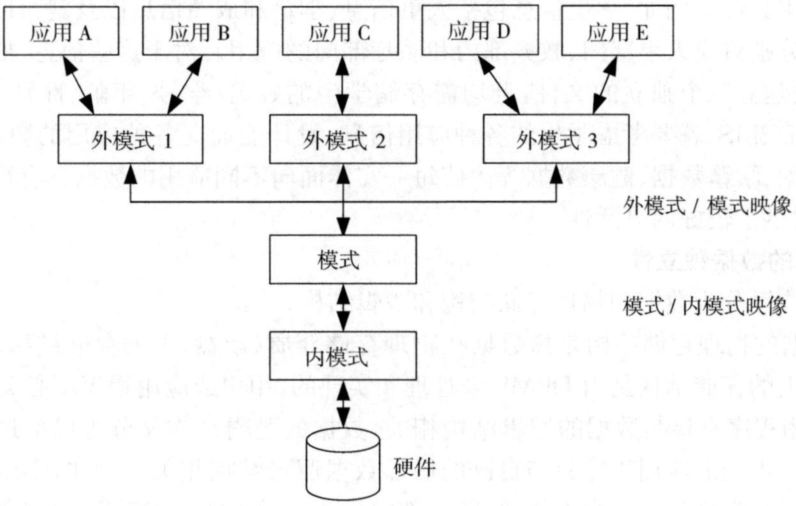

图 10-5 数据库系统的三级模式结构

1. 外模式

又称用户模式，是用户用到的那部分数据的描述，由若干个外部记录类型组成。外模式使用户不必关心概念模式，只与外模式发生联系，按照外模式的结构存储和操纵数据。

2. 概念模式

简称模式，又称逻辑模式，是数据库中全部数据的整体逻辑结构的描述，是现实世界和数据存储之间的纽带。DBMS 的主要功能都在该层，它使得用户不必与数据的物理存储打交道。

3. 内模式

又称物理模式，用以描述数据在存储设备中的实际存储位置和方式。

在这三个抽象级别之间，为了实现数据的转换，数据库管理系统必须提供两层映像功能：

1. 外模式/模式映像

定义了外模式和模式之间的对应关系，作用是实现逻辑数据的独立性。如果数据的整体逻辑结构要做修改，那么外模式/模式映像要做相应改变，从而使外模式保持不变，外模式对应的应用程序也不用修改。

2. 模式/内模式映像

存在于概念层，由 DBMS 建立两者之间的逐一对应关系，映像的作用是实现物理数据的独立性。当数据库的物理存储模式改变时，如改变存储设备和存取方法时，那么内模式/

模式映像要做相应改变，使模式可以保持不变，应用程序也不用改变。

三层模式结构的好处在于把数据的具体组织交给 DBMS 去做，用户只要抽象地处理数据，而不必关心数据在计算机中的表示和存储，减轻了用户的负担，有利于数据共享以及保证数据的安全性。

数据库系统包括以下特点。

1. 具有面向各种应用的数据组织和结构

文件系统中，每个文件面向一个应用程序。而现实生活中，一个事物或实体往往包含了多方面的应用数据。例如，学生信息包括人事信息、学籍和成绩信息以及健康信息等。这些不同的数据分别对应人事部门、教务部门和医疗部门的应用。对于这些信息，如果采用文件系统，至少要建立三个独立的文件，且均需存储学生的姓名、学号、年龄、性别等基本信息。而如果采用 DBMS，就要考虑学生的各种应用信息，设计能面向各种应用的数据结构，如学生的人事数据、学籍数据、健康数据等。使每一实体面向不同应用的数据具有整体的结构化描述，从而提供了较好的灵活性。

2. 高度的数据独立性

数据结构可分为数据的物理存储结构和逻辑结构。

(1) 数据的物理存储结构是指数据在物理存储介质(硬盘)上的存储结构。数据库中，数据在磁盘上的存储结构是由 DBMS 来管理和实现的，用户或应用程序不必关心。

(2) 应用程序直接与数据的逻辑结构相关，数据的逻辑结构又分为局部逻辑结构和全局逻辑结构。不同的应用程序只与自己的局部数据逻辑结构相关。例如，学生的人事部门的应用程序只与学生的人事数据相关，医疗部门只关心学生的健康数据，教务部门只关心学生的学习成绩和选课数据。

数据库中数据的高度独立性体现在物理数据的独立性和逻辑数据的独立性两个方面：

(1) 物理数据的独立性是指当数据的物理存储结构改变时，只要数据的逻辑结构不改变，用户的应用程序就不用改变。反之，如果应用程序改变了，但数据的逻辑结构未变，数据的物理存储结构也不用改变。

(2) 逻辑结构的独立性是指当数据的全局逻辑结构改变时，某些部分的应用程序可以不改变。例如，学生的人事档案信息中要增加学生照片数据项，人事部门的应用程序和其局部逻辑结构要改变，而教务部门和医疗部门不关心这一数据项，相应的应用程序就不必改变。

3. 高度共享性、完整性和安全性

指用户或应用程序并发访问同一个数据记录或同一个数据项，并保证数据的安全性、完整性和数据的永久存储。DBMS 提供了以下控制机制：

(1) 多用户并发：保证多个应用程序能并发访问、存取和操作数据库数据，避免冲突和破坏。

(2) 完整性：避免不合法数据进入数据库中，确保数据库中数据的正确性、有效性和相容性。

(3) 安全性：提供安全保密机制，防止未授权用户进入系统、访问或更改数据等。

(4) 恢复机制：当软件、硬件或系统出现各种故障时，要确保数据库中的数据不被丢失和破坏。

10.2　数据模型

在数据库中使用数据模型来抽象表示和处理现实世界中的数据和信息。通俗地讲，数据模型就是现实世界的模拟。数据模型应满足能比较真实地模拟现实世界、容易理解、便于在计算机上实现等要求。数据模型通常分为两类：一种是概念模型，它按用户的观点来对数据进行建模；另一种是结构数据模型，它按计算机系统的观点对数据进行建模。如图 10-6 所示为现实世界中客观对象的抽象过程。

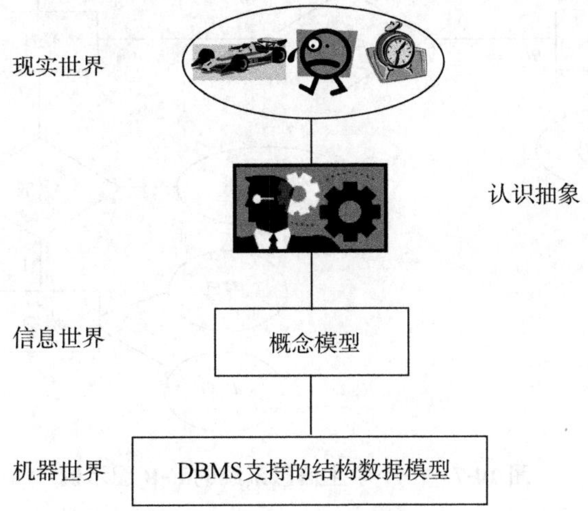

图 10-6　现实世界中客观对象的抽象过程

10.2.1　概念模型

概念模型用于信息世界建模，是现实世界到机器世界的一个中间层次，是数据库设计人员和用户之间进行交流的语言。概念模型要有较强的语义表达能力，能够简单、方便、直接、清晰地表达应用中的各种语义知识，易于用户理解。概念模型涉及的基本概念有：

1. 实体

实体(Entity)是指客观存在并可相互区别的事物，可以是具体的人、事、物或抽象的概念。

2. 属性

实体的每一特性称为属性(Attribute)，一个实体可以由若干个属性来刻画。

3. 码

能唯一标识每个实体的属性集称为码(Key)。

4. 实体型

用实体名及其属性名集合来抽象和刻画，同类实体称为实体型(Entity Type)。

5. 实体集

性质相同的同型实体的集合，称为实体集(Entity Set)。

6. 联系

现实世界中，事物内部以及事物与事物之间的联系(Relationship)在信息世界中反映为实体内部的联系以及实体与实体之间的联系。实体之间联系分为：一对一联系(1∶1)，一对多联系(1∶n)和多对多联系(m∶n)。通常用E-R图来描述现实世界的概念模型，如图10-7所示为一个学生信息系统的E-R图示例。

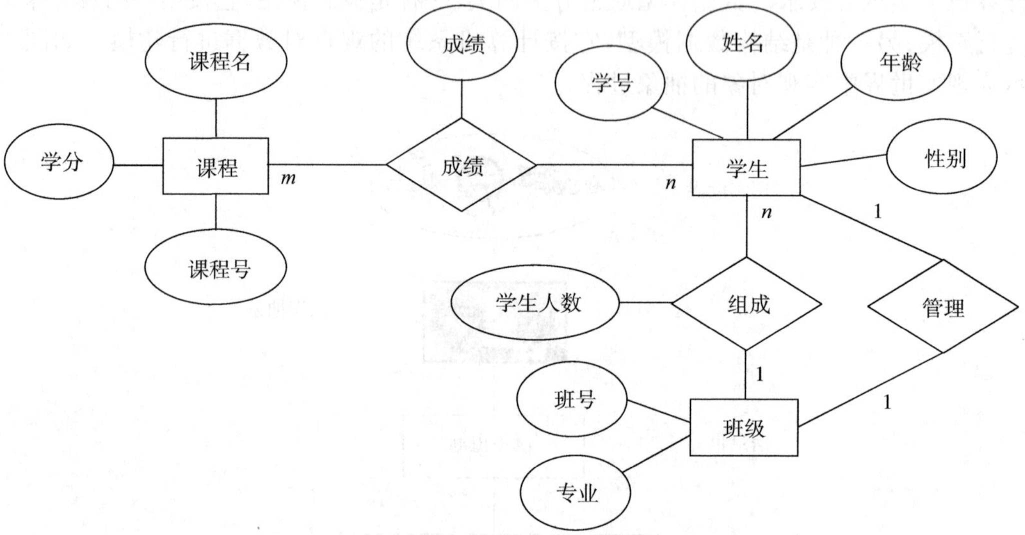

图 10-7　一个学生信息系统的E-R图示例

其中，实体型用矩形表示，矩形框内写明实体名；属性用椭圆形表示，并用无向边将其与相应的实体连接起来；联系用菱形表示，菱形框内写明联系名，并用无向边分别与有关实体连接起来，同时在无向边旁标上联系的类型(1∶1、1∶n或m∶n)；联系本身也是一种实体型，也可以有属性。如果一个联系具有属性，则这些属性也要用无向边与此联系连接起来。

联系分为不同类型：(1)一对一联系：如果对于实体集A中的每一个实体，实体集B中至多有一个实体与之联系，反之亦然，则称实体集A与实体集B具有一对一联系。记为1∶1，如班级与班长之间的联系就是1∶1；(2)一对多联系：如果对于实体集A中的每一个实体，实体集B中有n个实体($n\geqslant 0$)与之联系，反之，对于实体集B中的每一个实体，实体集A中至多只有一个实体与之联系，则称实体集A与实体集B有一对多联系，记为1∶n，如班级与学生之间的联系就是1∶n；(3)多对多联系(m∶n)：如果对于实体集A中的每一个实体，实体集B中有n个实体($n\geqslant 0$)与之联系，反之，对于实体集B中的每一个实体，实体集A中也有m个实体($m\geqslant 0$)与之联系，则称实体集A与实体B具有多对多联系。记为m∶n。例如，一门课程同时有若干个学生选修，一个学生可以同时选修多门课程，所以课程与学生之间的联系就是m∶n。

10.2.2 结构数据模型

结构数据模型所描述的内容包括三个部分(1)数据结构：主要描述数据的类型、内容、性质以及数据间的联系等，它是数据模型的基础，数据操作和约束都建立在数据结构上，不同的数据结构具有不同的操作和约束；(2)数据操作：主要描述在相应的数据结构上的操作类型和操作方式；(3)数据约束：主要描述数据结构内数据间的语法、词义联系，它们之间的制约和依存关系，以及数据动态变化的规则，以保证数据的正确、有效和相容。

结构数据模型可以分为层次模型、网状模型和关系模型。

1. 层次模型

层次模型(Hierarchical Model)用来描述具有层次关系的事物。层次模型反映了客观事物之间一对多(1∶n)的联系，每一个实体可以有不同的子节点，但只能有一个双亲。最顶端的实体称为根。例如，一个学校的组织机构就属于这种模型，如图10-8所示。

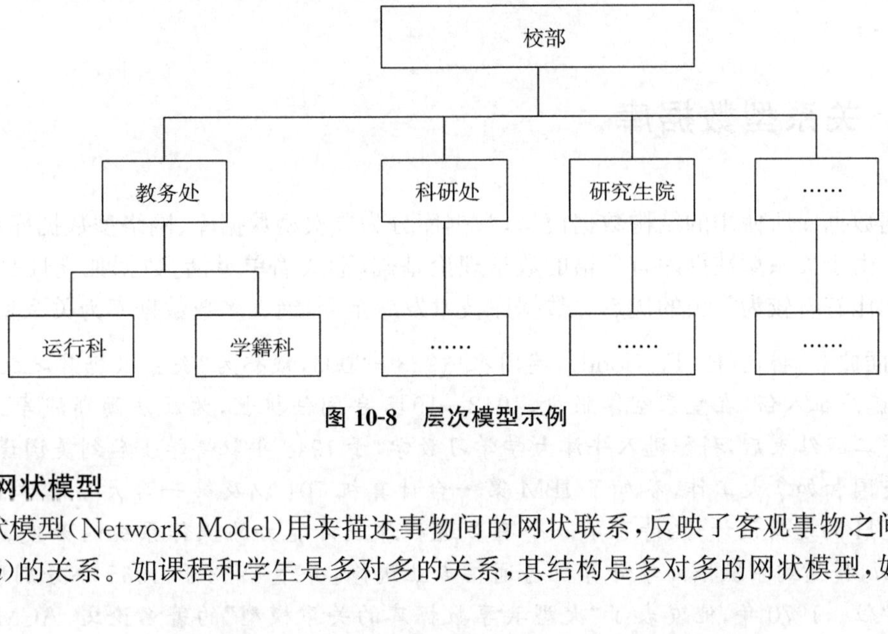

图10-8 层次模型示例

2. 网状模型

网状模型(Network Model)用来描述事物间的网状联系，反映了客观事物之间的多对多(m∶n)的关系。如课程和学生是多对多的关系，其结构是多对多的网状模型，如图10-9所示。

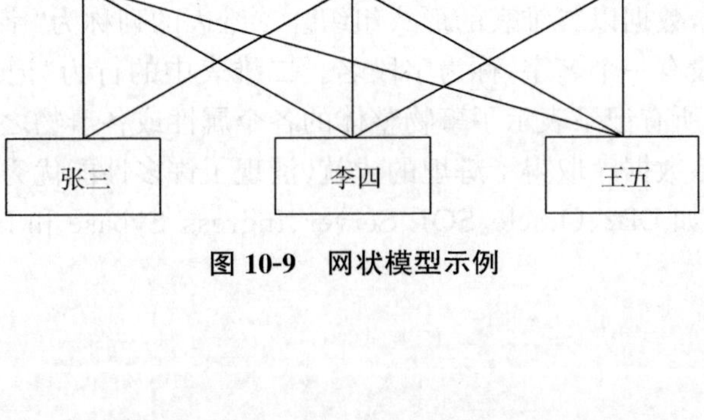

图10-9 网状模型示例

3. 关系模型

关系模型(Relational Model)用二维表来表示事物间的联系及事物内部的联系,这种二维表称为“关系”。表 10-1 是用关系模型表示学生和课程成绩之间联系的例子。

表 10-1 关系模型示例

学号	姓名	数学	英语	计算机
01001	张三	88	92	83
01002	李四	82	89	84
01003	王五	55	83	77
01004	赵六	74	69	81
01005	周七	91	89	85
01006	吴八	82	83	79
01007	郑九	49	92	68

10.3 关系型数据库

根据数据库所使用的结构数据模型,数据库分为层次型数据库、网络型数据库和关系型数据库。由于关系型数据库有严格的数学理论基础,形式简单灵活,数据独立性高,与其他数据库相比有着较为突出的优点。数据库技术发展至今,绝大多数数据库为关系型数据库。

【小插曲】 科德(E. F. Codd),英国人,1923—2003,被誉为“关系数据库之父”。二战期间,科德应征入伍,在皇家空军服役,1942—1945 年间任机长,为反法西斯战争立下了汗马功劳。二战结束后,科德进入牛津大学学习数学,于 1948 年取得学士后到美国谋求发展。先后在美国和加拿大工作,参加了 IBM 第一台计算机 701 以及第一台大型晶体管计算机 STRETCH 的逻辑设计,主持了第一个有多道程序设计能力的操作系统的开发。20 世纪 60 年代初,科德到密歇根大学计算机与通信专业进修,并于 1963 和 1965 年分别取得硕士和博士学位。1970 年,他发表了“大型共享数据库的关系模型”的著名论文,ACM 在 1983 年把这篇论文列为自 1958 年以来的 25 年中最具里程碑意义的 25 篇论文之一,1981 年的图灵奖很自然地授予了科德。

在关系数据库中,数据以二维表的形式组织。二维表的列称为“字段”,表示事物的某个属性的取值,每个字段有一个名字,称为字段名。二维表中的行为“记录”,表示了一个对象的各个属性的取值。所有记录表示了事物整体的各个属性或各事物之间的联系。

近三十年来,关系数据库取得了辉煌的成就,涌现了许多性能优秀的商品化关系数据库管理系统(RDBMS),如 DB2、Oracle、SQL Server、Ingress、Sybase 和 Informix 等。

10.3.1　关系运算

数据库中,关系定义为属性个数相同的元组的集合,集合中的元素为元组。我们可以通过关系运算借助已有的关系构建新的关系。关系运算包括:交、并、差、笛卡尔积、投影、选择、自然连接、除等。下面以学生关系 StudentR、学生关系 StudentS、选课关系 SC、课程关系 Course 为例介绍这些运算。

关系 StudentR

Sno	Sname	Sclass
S1001	Jack	CS01
S2003	Linda	CS03
S3004	Bob	CS03

关系 StudentS

Sno	Sname	Sclass
S1001	Jack	CS01
S2001	Mary	CS03
S3004	Bob	CS03

关系 SC

Sno	Cno	Grade
S1001	C302	80
S2003	C201	79
S2003	C302	98
S2003	C308	56
S3004	C302	92
S3004	C308	88

关系 Course

Cno	Cname	Credit
C201	高等数学	4
C302	数据结构	3.5
C308	计算机组成	4

1. 交(Intersection)

关系 StudentR 和 StudentS 的交是由属于 StudentR 又属于 StudentS 的元组构成的集合,记为 StudentR∩StudentS。StudentR 和 StudentS 需要定义在相同的属性上。见表 10-2。

2. 并(Union)

关系 StudentR 和 StudentS 具有相同的属性,它们的并是由属于 StudentR 和 StudentS 的元组构成的集合,记为 StudentR∪StudentS。即新关系中的每一个元组要么在 StudentR 中,要么在 StudentS 中,要么两个关系中都有。见表 10-3。

3. 差(Difference)

关系 StudentR 和 StudentS 具有相同的属性,它们的差是由属于 StudentR 但不属于 StudentS 的元组构成的集合,记为 StudentR-StudentS。即新关系中的元组在第一个关系中而不在第二个关系中存在。见表 10-4。

表 10-2　StudentR∩StudentS

Sno	Sname	Sclass
S1001	Jack	CS01
S3004	Bob	CS03

表 10-3　StudentR∪StudentS

Sno	Sname	Sclass
S1001	Jack	CS01
S2003	Linda	CS03
S3004	Bob	CS03
S2001	Mary	CS03

表 10-4　StudentR-StudentS

Sno	Sname	Sclass
S2003	Linda	CS03

4. 笛卡儿积(Cartesian Product)

设关系 StudentR 和 StudentS 的元数分别为 r 和 s。定义 StudentR 和 StudentS 的笛卡儿积是个 $(r+s)$ 元的元组集合，每个元组的前 r 个分量（属性值）来自 StudentR 的一个元组，后 s 个分量来自 StudentS 的一个元组，记为 StudentR×StudentS。若 StudentR 有 m 个元组，StudentS 有 n 个元组，则 StudentR×StudentS 有 $m \times n$ 个元组。

表 10-5　StudentR×StudentS

R. Sno	R. Sname	R. Sclass	S. Sno	S. Sname	S. Sclass
S1001	Jack	CS01	S1001	Jack	CS01
S1001	Jack	CS01	S2001	Mary	CS03
S1001	Jack	CS01	S3004	Bob	CS03
S2003	Linda	CS03	S1001	Jack	CS01
S2003	Linda	CS03	S2001	Mary	CS03
S2003	Linda	CS03	S3004	Bob	CS03
S3004	Bob	CS03	S1001	Jack	CS01
S3004	Bob	CS03	S2001	Mary	CS03
S3004	Bob	CS03	S3004	Bob	CS03

5. 选择(Selection)

从关系中找出满足给定条件的所有元组称为选择。其中的条件是以逻辑表达式给出的，该逻辑表达式的值为真的元组被选取。这是从行的角度进行的运算，即水平方向抽取元组。经过选择运算得到的结果形成新的关系，其关系模式不变，但其中元组的数目小于或等于原来关系中的元组数目，是原关系的一个子集。如表 10-6 所示。

6. 投影(Projection)

从关系中挑选若干属性组成的新的关系称为投影。这是从列的角度进行运算。经过投影运算能得到一个新关系，新关系所包含的属性个数往往比原关系少，或属性的排列顺序不同。若新关系中包含重复元组，则要删除重复元组。所以元组（行）的数量可能减少。见表 10-7 所示。

表 10-6　选择 StudentR 中 Sclass 为“CS03”的元组

Sno	Sname	Sclass
S2003	Linda	CS03
S3004	Bob	CS03

表 10-7　StudentR 分别在列 Sno 和 Sclass 上的投影

Sno
S1001
S2003
S3004

Sclass
CS01
CS03

7. 自然连接(Join)

自然连接是指基于共有的属性将两个关系组合起来，用符号 ⋈ 表示。连接的结果关系中要去掉重复的属性。假定 R 和 S 具有的相同属性为 ai 和 bj，即 R[ai]=S[bj]，且 R 有 n 个属性，S 有 m 个属性，自然连接的结果有 $(n+m-1)$ 个属性。SC 与 Course 的自然连接见表 10-8 所示。

8. 除(Division)

给定关系 R(X,Y)和 S(Y,Z),X、Y 和 Z 为属性组。R 中的 Y 和 S 中的 Y 具有不同的属性名,但都出自相同的域集。R 和 S 的除运算÷得到一个新的关系 P(X),P 是 R 中满足下列条件的元组在 X 属性上的投影:元组在 X 上分量值 x 的像集 Y_X 包含 S 在 Y 上投影的集合。SC 与 Course 的除运算如表 10-9 所示。

表 10-8 SC ⋈ Course

Sno	Cno	Grade	Cname	Credit
S1001	C302	80	数据结构	3.5
S2003	C201	79	高等数学	4
S2003	C302	98	数据结构	3.5
S2003	C308	56	计算机组成	4
S3004	C302	92	数据结构	3.5
S3004	C308	88	计算机组成	4

表 10-9 SC÷Course

Sno
S2003

10.3.2 数据库查询语言 SQL

SQL 是结构化查询语言(Structured Query Language)的缩写,是关系数据库的标准语言。它提供给用户一种查询的表示方法,说明要查询的结果特性,至于如何查询以及查询结果的形式都由 DBMS 来完成。这种语言由于其功能丰富、方便易学受到用户欢迎。1986 年,ANSI 和 ISO 宣布 SQL 作为关系数据库的标准语言。

【小插曲】 SQL 最早是 IBM 的圣约瑟研究实验室为其关系型数据库管理系统 SYSTEM R 开发的一种查询语言,它的前身是 SQUARE 语言。SQL 语言结构简单、功能强大、简单易学,所以自 1981 年推出以来得到了广泛的应用。Oracle、Sybase、DB2、Informix、SQL Server 等大型数据库管理系统,都支持 SQL 语言作为查询语言。但分别又在 SQL 标准的基础上进行扩充,形成自己的语言。

1. SQL 的主要功能

(1) 数据定义功能。SQL 的数据定义语句主要提供对基本表、视图、索引等功能的定义及修改,在 SQL 2 及其后续标准中还支持有关目录和模式的概念。

(2) 数据操纵功能。SQL 语言的数据操纵功能包括查询与更新两个方面。查询是 SQL 提供的一个主要应用,数据的更新功能包括插入、删除和修改等。

(3) 数据控制功能。用户及应用程序通过 DBMS 可以对数据库文件的数据进行查询或更新等操作。为了保证系统的安全性,用户和应用程序所能执行的操作往往会因为其身份和角色的不同而受到一定的限制。为此,SQL 提供了用于保护数据库安全的数据控制语言(DCL)模块。

2. SQL 语言的特点

作为关系数据库的标准语言,SQL 语言具有如下特点:

(1) 交互式和嵌入式。SQL 语言的使用包括交互式和嵌入式两种形式。SQL 用户可以通过联机终端输入 SQL 语句,由 DBMS 执行相应的操作并将结果直接返回给用户。但是,应用程序中的有些功能是无法用 SQL 直接实现的,需要通过嵌入式的 SQL 使用方式结合高级程序语言编写的程序代码来实现。

(2) 简单易学。SQL 语言集数据定义、数据操纵和数据控制功能为一体,不严格区分数据定义和数据操纵,在一次操作中可以使用任何语句。SQL 语言为了实现数据定义、数据操纵和数据控制功能,使用了 9 个动词:Create、Drop、Alter、Select、Delete、Insert、Update、Grant 和 Revoke,这为数据库应用开发提供了良好的环境。用户在数据库运行以后,可以修改模式,不影响数据库的运行。

(3) 高度非过程化。使用 SQL 语言操作数据库,只需提出“做什么”,无需指明“怎样做”。用户不必了解数据的存取路径。存取路径的选择和 SQL 语句的具体执行由系统自己完成,从而简化了编程的复杂性,提高了数据的独立性。

10.3.3 SQL 应用举例

【例 10-1】 查询操作,用 SQL 实现关系的基本运算

解:(1) 交　SudentR∩StudentS

```
SELECT * FROM StudentR
INTERSECT
SELECT * FROM StudentS
```

(2) 并　StudentR∪StudentS

```
SELECT * FROM StudentR
UNION
SELECT * FROM StudentS
```

(3) 差　StduentR－StudentS

```
SELECT * FROM StudentR
EXCEPT
SELECT * FROM StudentS
```

(4) 笛卡儿积　StudentR×StudentS

```
SELECT * FROM StudentR, StudentS
```

(5) 选择:选择 StudentR 中 Sclass 为“CS03”的元组

```
SELECT * FROM StudentR WHERE Sclass='CS03'
```

(6) 投影:StudentR 在列 Sno 上的投影

```
SELECT Sno FROM StudentR
```

(7) 连接　SC ⋈ Course(示例中给出的就是学生的选课情况)

```
SELECT Sno, SC.Cno, Grade, Cname, Credit
FROM SC, Course
WHERE SC.Cno=Course.Cno
```

其实在实际应用中会遇到各种各样的查询和统计要求,都可以用 SQL 语言来实现。例

如,用SQL查询选修了2门以上课程的学生的学号:

SELECT Sno FROM SC GROUP BY Sno　HAVING COUNT（*）>2

除了查询数据以外,有时还需要对数据库中的数据进行插入、删除和更新等操作。

【例10-2】　使用INSERT语句插入一条元组('S1001','C302',78)到表SC中

解: INSERT　INTO　SC　VALUES('S1001','C302',78)

结果如表10-10所示。

表10-10　在插入操作后的SC关系

Sno	Cno	Grade
S1001	C302	80
S2003	C201	79
S2003	C302	98
S2003	C308	56
S3004	C302	92
S3004	C308	88
S1001	C302	78

【例10-3】　用DELETE语句删除SC表中学号Sno为'S2003'的学生的选课元组。

解: DELETE FROM SC WHERE Sno='S2003'

结果如表10-11所示。

表10-11　删除操作后的SC关系

Sno	Cno	Grade
S1001	C302	80
S3004	C302	92
S3004	C308	88

【例10-4】　用UPDATE语句将Course中课程号Cno为'C308'的学分提高为4.5。

解: UPDATE Course

SET　Credit=4.5

WHERE Cno='C308'

结果如表10-12所示。

表10-12　更新操作后的Course关系

Cno	Cname	Credit
C201	高等数学	4
C302	数据结构	3.5
C308	计算机组成	4.5

10.4 数据库的设计

数据库是信息系统的核心和基础，把信息系统中大量的数据按一定的模型组织起来，提供存储、维护、检索数据的功能，使信息系统可以方便、及时、准确地从数据库中获得所需的信息。数据库是信息系统的各个部分能否紧密地结合在一起以及如何结合的关键所在。

数据库设计是信息系统开发和建设的重要组成部分，它是指对于一个给定的应用环境，构造最优的数据库模式，建立数据库及其应用系统，使之能够有效地存储数据，满足不同用户的应用需求。

10.4.1 数据库设计的步骤

数据库设计是硬件、软件和干件的结合。技术与管理的界面称之为“干件”。数据库设计应该与应用系统设计相结合，包括结构设计(设计数据库框架或数据库结构)和行为设计(设计应用程序、事务处理等)。

数据库设计的过程分为六个阶段：

(1) 需求分析阶段。准确了解与分析用户需求(包括数据与处理)，是整个设计过程的基础，也是最困难和最耗费时间的一步。

(2) 概念结构设计阶段。是整个数据库设计的关键，通过对用户需求进行综合、归纳与抽象，形成一个独立于具体 DBMS 的概念模型。

(3) 逻辑结构设计阶段。将概念结构转换为某个 DBMS 所支持的数据模型，对其进行优化。

(4) 数据库物理设计阶段。为逻辑数据模型选取一个应用环境最适合的物理结构(包括存储结构和存取方法)。

(5) 数据库实施阶段。运用 DBMS 提供的数据语言、工具及宿主语言，根据逻辑设计和物理设计的结果。建立数据库，编制与调试应用程序，组织数据入库，并进行试运行。

(6) 数据库运行和维护阶段。数据库应用系统经过试运行后即可投入正式运行。在数据库系统运行过程中必须不断地对其进行评价、调整与修改。

在设计过程中把数据库的设计和对数据库中数据处理的设计紧密结合起来，将这两个方面的需求分析、概念结构设计、逻辑结构设计、实现等在各个阶段同时进行，相互参照，相互补充，以完善两方面的设计。

10.4.2 关系数据库设计的规范化

关系数据库由相互联系的一组关系数据所组成，每个关系数据包括关系模式和关系值两个方面。关系模式是对关系的抽象定义，给出关系的具体结构；关系的值是关系的具体内容，反映关系在某一时刻的状态。一个关系包含许多元组，每个元组都是符合关系模式结构的一个具体值，并且都分属于相应的属性。在关系数据库中的每个关系都需要进行规范化，使之达到一定的规范化要求，从而提高数据的结构化、共享性、一致性和可操作性。为了更好地介绍规范化要求，下面给出一些定义。

(1) 码(Key)：设 K 为一个关系中的属性或属性组合，如果关系中所有的属性都依赖于 K，K 即为该关系的码。

(2) 主码(Primary Key)：如果码多于一个，则选定其中的一个为主码。

(3) 主属性(Prime Attribute)：包含在任何一个码中的属性，叫做主属性。

(4) 非主属性(Nonprime Attribute)：不包含在任何码中的属性称为非主属性。

规范化是把数据库组织成在保持存储数据完整性的同时最小化冗余数据的结构的过程。规范化的数据库必须符合关系模型的范式规则。范式可以防止在使用数据库时出现不一致的数据，并防止数据丢失。关系模型的范式有第一范式、第二范式、第三范式和 BCNF 范式等多种。在这些定义中，高级范式根据定义属于所有低级的范式。第三范式中的关系属于第二范式，第二范式中的关系属于第一范式。

1. 第一范式

第一范式是第二范式和第三范式的基础，是最基本的范式。第一范式包括下列指导原则：

(1) 元组的每个属性只可以包含一个值

(2) 关系中的每个元组必须包含相同数量的值

(3) 关系中的每个元组一定不能相同

如果关系模式 R 中的所有属性值都是不可再分解的原子值，那么就称此关系 R 是第一范式(First Normal Form，1NF)的关系模式。在关系型数据库管理系统中，涉及的研究对象都是满足 1NF 的规范化关系，不是 1NF 的关系称为非规范化的关系。经销商数据库中的原始关系数据，如表 10-13 所示。其中的第四行和第五行的 2、3、4 列违反了第一范式，因为“商品编号”、“商品名称”和“单价”属性每个都包含两个值。如果要将这些数据规范化，就必须改造这个表，使每个属性只包含一个值，每个元组包含相同数量的值，并且每个元组各不相同，如表 10-14 所示。这时的数据才符合第一范式。

表 10-13 原始数据

仓库编号	商品编号	商品名称	单价	库存数量	供应商名称	所在城市
1	1001	主机	250	15	中达公司	上海
2	1005	CD 光驱	240	10	海韵科技	北京
3	1006	CPU	960	10	海韵科技	北京
4	1002 1006	主机 CPU	800 960	20	海韵科技	北京
5	1003 1004	主机 CPU	450 860	15	畅想实业	天津

表 10-14 符合第一范式的关系

仓库编号	商品编号	商品名称	单价	库存数量	供应商名称	所在城市
1	1001	主机	250	15	中达公司	上海
2	1005	CD 光驱	240	10	海韵科技	北京
3	1006	CPU	960	10	海韵科技	北京
4	1002	主机	800	20	海韵科技	北京
4	1006	CPU	960	20	海韵科技	北京
5	1003	主机	450	15	畅想实业	天津
5	1004	CPU	860	15	畅想实业	天津

2. 第二范式

第二范式(Second Normal Form,2NF)规定关系必须同时满足第一范式,并且关系中的所有属性完全依赖于整个码。所以表 10-14 中的关系就不属于第二范式,因为在该表中(仓库编号,商品编号)组合为码,它们共同唯一标识每个元组。但“商品名称”只依赖于“商品编号”,与“仓库编号”无关所以存在数据冗余。将其分解为表 10-15(a)商品信息表和表 10-15(b)库存信息表。表 10-15(a)中关系的码为“商品编号”,其他非主属性都完全依赖于它,属于第二范式。表 10-15(b)中关系的码为(仓库编号,商品编号),属性“库存数量”完全依赖于它,所以也属于第二范式。

表 10-15 (a) 符合第二范式的关系——商品信息

商品编号	商品名称	单价	供应商名称	所在城市
1001	主机	250	中达公司	上海
1002	主机	800	海韵科技	北京
1003	主机	450	畅想实业	天津
1004	CPU	860	畅想实业	天津
1005	CD 光驱	240	海韵科技	北京
1006	CPU	960	海韵科技	北京

表 10-15 (b) 符合第二范式的关系——库存信息

仓库编号	商品编号	库存数量
1	1001	15
2	1005	10
3	1006	10
4	1002	20
4	1006	20
5	1003	15
5	1004	15

3. 第三范式

第三范式(Third Normal Form,3NF)在2NF的基础上,要求所有非主属性都直接依赖于关系的码,而不能依赖于其他非主属性。即非主属性不能间接依赖于码。表10-15(b)由于只有一个非主属性,所以已属于第三范式。在表10-15(a)中,由于"所在城市"依赖于"供应商名称",也就是存在非主属性依赖于非主属性,不属于第三范式。将其分解为表10-16两个表,表(a)商品信息表和表(b)供应商信息表。表10-16(a)中的码为"商品编号",所有的非主属性都直接依赖于码,不存在依赖于其他非主属性的情况,所以属于第三范式。表10-16(b)中的码为"供应商名称",所有的非主属性都直接依赖于码,不存在依赖于其他非主属性的情况,所以属于第三范式。

表10-16(a)　符合第三范式的关系——商品信息

商品编号	商品名称	单价	供应商名称
1001	主机	250	中达公司
1002	主机	800	海韵科技
1003	主机	450	畅想实业
1004	CPU	860	畅想实业
1005	CD光驱	240	海韵科技
1006	CPU	960	海韵科技

表10-16(b)　符合第三范式的关系——供应商信息

供应商名称	所在城市
中达公司	上海
海韵科技	北京
畅想实业	天津

规范化的基本思想就是消除关系中的数据冗余,消除数据依赖中的不合适部分,解决数据插入、删除与修改时发生的异常现象。所以关系设计的理想目标是按照规范化规则存储数据。但在实际的数据库应用系统中,并不是规范化程度越高越好。有时为了提高查询效率或减少系统实现的复杂性,可以在局部有可控的数据冗余,但需要在应用程序中确保数据的完整性。

10.5　数据库技术的新发展

计算机网络的发展,为数据库技术开辟了新的广阔空间,涌现了许多新型的数据库技术。

10.5.1 面向对象数据库管理系统

面向对象数据库管理系统(Object Oriented DataBase Management System,OODBMS),是数据库技术与面向对象技术相结合的产物,产生于20世纪80年代后期。它利用类来描述复杂的对象,利用类中封装的方法来模拟对象的复杂行为,利用继承性来实现对象的结构和方法的重用。

面向对象数据库系统支持面向对象数据模型(OO模型),一个对象库是由一个OO模型所定义的对象的集合体。一个OO模型是用面向对象观点来描述现实世界实体(对象)的逻辑组织、对象间限制、联系等的模型。一系列面向对象核心概念构成了OO模型的基础。其优势主要体现在:

(1) 能有效地表达客观世界和有效地查询信息。OO方法符合人类的思维规律,将现实世界分解为明确的对象,这些对象具有属性和行为。系统设计人员用OODBMS创建的计算机模型能更直接地反映客观世界,不管最终用户是否是计算机专业人员,都可以通过这些模型理解和评述数据库系统。

(2) 可维护性好。在耦合性和内聚性方面,面向对象数据库的性能尤为突出。这使得数据库设计者可以在尽可能少地影响现存代码和数据的条件下修改数据库结构,在发现有不能适合原始模型的特殊情况下,能增加一些特殊的类来处理这些情况而不影响现存的数据。

正是由于这些特点,使得OODBMS在一些特定应用领域(如CAD、GIS等),能较好地满足应用需求。但这种纯粹的面向对象数据库系统并不支持SQL语言,其应用领域受到了很大的限制。

对于OO数据模型和面向对象数据库系统的研究主要集中在:以关系数据库和SQL为基础的扩展关系模型研究;以面向对象的程序设计语言为基础,持久的程序设计语言研究;建立新的面向对象数据库系统,支持OO数据模型。

10.5.2 Web数据库

Web数据库是基于Web模式的一种数据库技术。它以浏览器/服务器模式为平台,将客户端融入Web浏览器。能充分发挥DBMS高效的数据存储和管理能力,为Internet用户提供了更为方便、内容更丰富的服务。基于Web的数据库应用具有以下几大优点:

(1) 能够在多平台、多操作系统上应用,能够通过网络实现数据库的远程存取和动态交互。

(2) 能提供高性能的管理应用,实现基于WWW标准接口的网络数据库的开发。

(3) 使得管理更方便,而且提高了二次开发的简捷性,使操作简单、维护方便。

(4) 基于WWW标准开放式接口的数据库的扩展更加方便,提供了通用的图形用户接口界面。

可以采用防火墙、用户身份认证、数字签名技术、授权控制、审计和备份与故障恢复等安全管理技术来处理用户对数据的访问。

10.5.3 移动数据库管理系统

移动数据库管理系统(Mobile DataBase Management System,MDBMS)是支持移动计算或某种特定计算模式的数据库管理系统,将数据库系统与操作系统、具体应用集成在一起,运行在各种智能型嵌入设备或移动设备上。移动数据库一般由服务器、移动支持节点和移动客户机三类节点组成。

移动数据库基本上由三种类型的主机组成:移动主机(Mobile Hosts)、移动支持站点(Mobile Support Stations)和固定主机(Fixed Hosts)。固定主机就是通常含义上的计算机,它们之间通过高速固定网络进行连接,不能对移动设备进行管理。移动支持站点具有无线通信接口,可以和移动设备进行数据通信。移动支持站点和固定主机之间的通信是通过固定网络进行的。一个移动支持站点覆盖的区域被称为信元(Cell),在一个信元内的移动主机可以通过无线通信网络来覆盖这一区域的移动支持站点进行通信,完成信息数据的检索。

移动数据库主要应用于零售业、金融业和医疗卫生等许多领域。移动数据库的关键技术主要有:复制、缓冲技术、数据广播技术、位置管理和移动事务处理等。移动数据库工作在移动计算环境下,由于计算平台的移动性、连接的频繁断接性、网络条件的多样性、网络通信的非对称性、系统的高伸缩性和低可靠性以及电源能力的有限性等因素,使它比传统的计算环境更加复杂和灵活。

10.5.4 空间数据库

空间数据库的一个重要应用领域是 GIS(Geographic Information System),即地理信息系统。地理信息是指直接或间接与地球上的空间位置有关的信息,又常称为空间信息。它是用于采集、存储、管理、处理、检索、分析和表达地理空间数据的计算机系统,是分析和处理海量地理数据的通用技术。空间查询与分析是 GIS 的核心,也是 GIS 有别于其他信息系统的本质特征。

地理信息系统的空间分析可分为三个层次的内容

(1) 空间检索。包括从空间位置检索空间物体及其属性、从属性条件检索空间物体。

(2) 空间拓扑叠加分析。实现空间特征(点、线、面或图像)的相交、相减、合并等,以及特征属性在空间上的连接。

(3) 空间模型分析。如数字地形分析、三维模型分析、多属性综合分析等各种特殊模型分析。

10.5.5 多媒体数据库

只包含一种媒体的数据称为单媒体,多媒体数据则是指由文本、图形、图像、声音、视频、动画等多种不同类型媒体综合组成的数据,单媒体是特殊的多媒体。用于管理多媒体数据的数据库管理系统就是多媒体数据库管理系统(Multimedia DataBase Management

System,MDBMS)。

多媒体数据库存储和处理的是现实世界中的复杂对象,这些对象往往通过多种媒体形式来综合体现,如动态的视频。经典数据库用于对格式化数据进行存储和处理,图像或声音媒体则作为无格式化数据而存在,其存储特征则是一类二进制大对象,存储对象的变化使得存储技术增加了新的内容,需要进行特殊处理,如进行数据压缩等。

多媒体数据库是面向应用的,其功能需求与应用密切相关,因此它并不基于某一特定的数据类型,而是随着应用领域和对象的不同建立相应的数据模型。

本章小结

数据管理技术经历了人工管理、文件系统、数据库系统三个阶段。数据、数据库、数据库管理系统、数据库系统和数据库管理员是数据库所涉及的基本概念。通常用概念模型按照用户的观点建模,概念模型常用的工具是 E-R 图。概念模型需要转换成结构数据模型,才能够被计算机处理。常用的结构数据模型有层次模型、网状模型和关系模型。为了实现数据独立性,数据库系统采用三级模式两级映像结构。

关系数据库系统是目前应用最广泛的数据库系统,它采用二维表表示实体以及实体间的联系,数据结构简单统一。其操作均为集合运算,操作数和操作结果都是集合。目前关系数据库的查询语言是一种描述性的结构化语言 SQL,它可以实现数据定义、数据查询、数据操纵和数据控制,具有简单、灵活和非过程性的特点。由于其通用性和强大的功能,已经成为了关系数据库系统的标准语言。

要开发一个满足用户需求的数据库系统,数据库设计应该遵循一定的原则和步骤。数据库系统的质量主要取决于数据库结构的好坏,所以要采用规范化设计方法来指导数据库结构的设计。

数据库技术经过几十年的发展,已经逐渐成熟,被运用到了各类软件系统中,其应用领域也越来越广泛。随着信息技术的进一步发展,以及与其他学科的融合,又出现了许多数据库新技术和新领域。

【推荐课余阅读材料】

[1] 高阳. 数据库技术与应用[M]. 北京:电子工业出版社,2008.
[2] 杨冬清, 马秀莉, 唐世渭. 数据库系统概念[M]. 北京:机械工业出版社, 2006.
[3] 尹为民. 数据库技术应用[M]. 北京:清华大学出版社, 2011.

习题

1. 名词解释

数据库　数据库管理系统　数据库系统　数据模型　关系数据库　SQL

2. 填充题

(1) 在数据库三级模式结构中,描述数据库中全体逻辑结构和特性的是________

模式。

(2) 根据__________,数据库分为层次型数据库、网络型数据库和关系型数据库。

(3) 通过数据库管理系统管理大量的数据,解决了数据的__________,真正实现了数据的__________和__________问题,并能严格保证数据的安全。

(4) 能唯一标识每个实体的属性集称为__________。

(5) SQL 的全称是__________。

(6) 现实世界中,实体间联系分为__________联系、__________联系和__________联系。

(7) 关系数据库中,二维表的列称为__________,二维表的行称为__________。

(8) SQL 语言的数据操纵功能包括__________与__________两个方面。

(9) E-R 图是数据库设计的工具之一,它适用于建立数据库的__________。

(10) 结构数据模型可以分为__________、__________和__________。

3. 选择题

(1) 数据库系统与文件系统的主要区别是(　　)。

A. 数据库系统复杂,而文件系统简单

B. 文件系统不能解决数据冗余和数据独立性问题,而数据库系统可以解决

C. 文件系统只能管理程序文件,而数据库系统能够管理各种类型的文件

D. 文件系统管理的数据量较少,而数据库系统可以管理庞大的数据量

(2) 在数据库中,数据的物理独立性是指(　　)。

A. 数据库与数据库管理系统的相互独立

B. 用户程序与 DBMS 的相互独立

C. 用户的应用程序与存储在磁盘上的数据库中的数据是相互独立的

D. 应用程序与数据库中数据的逻辑结构相互独立

(3) 关系数据模型(　　)。

A. 只能表示实体间的 1∶1 联系　　B. 只能表示实体间的 1∶n 联系

C. 只能表示实体间的 m∶n 联系　　D. 可以表示实体间的上述三种联系

(4) 在三层数据库体系结构中,直接与硬件交互的是(　　)层。

A. 外模式　　B. 概念模式　　C. 内模式　　D. 物理

(5) 关系数据库中的主码是指(　　)。

A. 能唯一决定关系的属性　　B. 不可改变的专用属性

C. 比较重要的属性　　D. 能唯一标识元组的属性集合

(6) SQL 语言是(　　)。

A. 高级程序设计语言　　B. 编程语言

C. 结构化查询语言　　D. 宿主语言

(7) 在学生信息关系中,用 SQL 语句列出所有女生的姓名,应该对学生关系进行(　　)。

A. 选择　　B. 连接　　C. 投影　　D. 选择和投影

(8) 设计性能较优的关系模式称为规范化,规范化主要的理论依据是(　　)。

A. 关系规范化理论　　B. 关系运算理论

C. 关系代数理论　　　　　　　　D. 数理逻辑

(9) 设计数据库时首先应该设计(　　)。

A. 数据库应用系统结构　　　　　B. DBMS 结构

C. 数据库的概念结构　　　　　　D. 数据库的控制结构

(10) E-R 图是数据库设计的工具之一,它适用于建立数据库的(　　)。

A. 概念模型　　B. 逻辑模型　　C. 结构模型　　D. 物理模型

4. 简答题

(1) 数据库阶段的特点是什么?

(2) 试述数据库系统的三级模式结构,它是如何支持数据独立性的?

(3) 试述关系模型的三个组成部分。

(4) 关系规范化的目的是什么?

(5) 在一个关系中,什么是属性? 什么是元组?

本章参考文献

[1] 瞿中,熊安萍,蒋溢. 计算机科学导论[M]. 3 版. 北京:清华大学出版社,2010.

[2] 杨开英. 数据库系统概论[M]. 武汉:武汉理工大学出版社,2004.

[3] 王珊,萨师煊. 数据库系统概论[M]. 4 版. 北京:高等教育出版社,2006.

[4] 施伯乐,丁宝康,汪卫. 数据库系统教程[M]. 2 版. 北京:高等教育出版社,2005.

第 11 章　嵌入式系统

【本章内容概要】 嵌入式系统是以应用为中心，以计算机技术为基础，软硬件可裁剪，适用于对功能、可靠性、成本、体积、功耗有严格要求的专用计算机系统。本章首先介绍嵌入式系统的定义与特点，以及嵌入式系统的软、硬件结构。在此基础上，重点阐述了常用的嵌入式处理器和嵌入式操作系统。最后，介绍嵌入式系统的开发流程以及嵌入式系统开发环境的搭建方法。

【学习目的和要求】 掌握嵌入式系统的定义以及软、硬件结构，了解常用的嵌入式处理器和嵌入式操作系统，了解嵌入式系统的开发流程，掌握嵌入式系统中交叉编译的概念。

【应掌握的知识点】 嵌入式系统，嵌入式处理器，嵌入式操作系统，交叉编译环境。

11.1　嵌入式系统的定义及特点

11.1.1　嵌入式系统的发展

要了解嵌入式系统的含义需要先认识基于嵌入式技术的产品。当今，嵌入式系统已经广泛融入人类日常生活、工业控制以及商业应用等领域的各个方面，它以产品或设备的形式展示在我们面前。如图 11-1 所示，嵌入式系统几乎存在于日常生活中的所有电器设备中，数码相机、手机、MP3、PDA、电视机顶盒、数字电视，甚至有些电饭锅、手表、玩具都有嵌入式系统的身影。在工业自动化领域，如航空航天、通信、交通等也有越来越多的嵌入式产品。一些新兴的领域，如汽车电子、医疗设备、家居自动化等也不断涌现出新的嵌入式应用。

据互联网数据中心（Internet Data Center，IDC）预测，嵌入式系统的市场正在以每年超过 30%的速度递增。目前，全球嵌入式系统带来的相关工业产值已超过数万亿美元。而且，新一轮的汽车、信息电器、通信、医疗、军事等行业的智能化和信息化装备需求也将推动嵌入式应用市场以更快的速度发展。嵌入式工业设备则将集成进更多的通信与联网等智能化功能，并将在汽车电子、机床电子、医疗电子、室内/外视频监控和电子射频标签、仓储物流信息化、节能环保等市场方面得到更加广泛的应用。

图 11-1　嵌入式产品应用

11.1.2　嵌入式系统的定义与特点

嵌入式系统应用范围如此广泛,以至于"嵌入式系统"难以明确定义。结合嵌入式产品或设备的特性,目前国内普遍认同的定义是:嵌入式系统是以应用为中心,以计算机技术为基础,软硬件可裁剪,适用于对功能、可靠性、成本、体积、功耗有严格要求的专用计算机系统。在理解嵌入式系统定义时,不要将其与嵌入式设备相混淆。嵌入式设备是指内部有嵌入式系统的产品、设备。例如,内含单片机的家用电器、仪器仪表、工控单元、机器人、手机、PDA 等。同通用型计算机系统相比,嵌入式系统具有以下特点:

(1) 嵌入式系统专用性强。嵌入式 CPU 与通用型 CPU 的最大不同就是,嵌入式 CPU 大多工作在为特定用户群设计的系统中,通常具有低功耗、小体积、高集成度等特点,能够把通用 CPU 中许多由板卡完成的任务集成在芯片内部,从而有利于嵌入式系统趋于小型化的设计。因此,器件的移动能力大大增强,同时与网络的耦合也越来越紧密。

(2) 系统内核小。嵌入式系统的软、硬件都必须设计得高效,量体裁衣、去除冗余,力争在同样的硅片面积上实现更高的性能,这样才能在具体应用中对处理器的选择更具竞争力。

(3) 生命周期长。因为嵌入式系统和具体应用有机地结合在一起,它的升级换代也和具体产品同步进行。所以,嵌入式系统产品一旦进入市场,一般都具有较长的生命周期。

(4) 为提高执行速度和系统可靠性,嵌入式系统中的软件一般都固化在存储器芯片或单片机之中,而不是存储在磁盘等载体中。

(5) 嵌入式系统需要开发工具和环境。嵌入式系统本身不具备自主开发能力,即使在设计完成后,用户也不能对其中的程序进行修改,而是必须有一套开发工具和环境才能进行。

11.2　嵌入式系统的组成

嵌入式系统包含嵌入式软件和嵌入式硬件两部分,嵌入式系统结构如图 11-2 所示。其中，硬件部分以嵌入式处理器为中心，配置存储器、I/O设备、通信模块等必要的外围设备；软件部分则包括嵌入式系统软件和嵌入式应用软件。

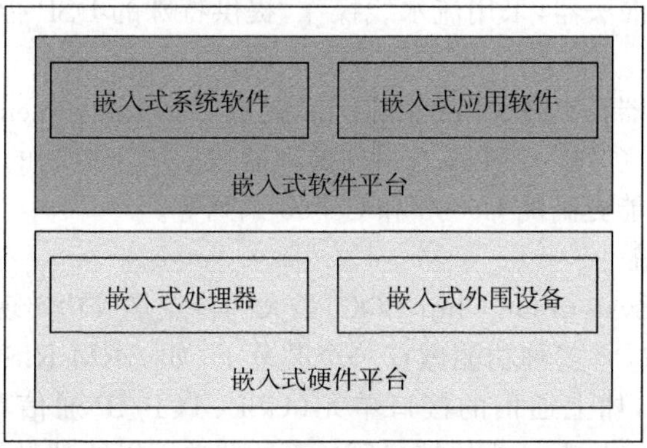

图11-2 嵌入式系统结构

11.2.1 嵌入式处理器

嵌入式处理器是嵌入式系统的核心，其字长宽度可分为4、8、16、32和64位。根据字长，一般将16位及以下的嵌入式处理器称为嵌入式微控制器，32位及以上的嵌入式处理器称为嵌入式微处理器。

根据用途，嵌入式处理器可以分为嵌入式微控制器、嵌入式微处理器、嵌入式数字信号处理器、嵌入式片上系统等类型。

1. 嵌入式微控制器

嵌入式微控制器(Embedded Micro Controller Unit，EMCU)，又称为单片机。它一般以某一种微处理器内核为核心，芯片内部集成ROM、EPROM、RAM、总线、总线逻辑、定时/计数器、看门狗、I/O、串行口、脉宽调制输出(PWM)、A/D、D/A、Flash、EEPROM等各种必要功能和外设。嵌入式微控制器具有单片化、体积小、功耗和成本低、可靠性高等特点。嵌入式微控制器品种和数量很多，典型产品有8051、MCS-251、MCS-96/196/296、C166/167、68K系列等。

和嵌入式微处理器相比，嵌入式微控制器的最大特点是单片化，体积大大减小，从而使功耗和成本下降、可靠性提高。

2. 嵌入式微处理器

嵌入式微处理器(Embedded Micro Processing Unit，EMPU)由通用计算机中的CPU发展而来。在应用中，嵌入式微处理器被装配在专门设计的电路板上，只保留和嵌入式应用紧密相关的功能硬件，去除其他的功能冗余部分，以最低的功耗和资源实现嵌入式应用的特殊要求，且在工作温度、抗电磁干扰、可靠性等方面都做了各种增强。

通常嵌入式微处理器把CPU、ROM、RAM及I/O等部件集成到同一个芯片上。目前，32位嵌入式微处理器系列主要有ARM系列、MIPS系列、PowerPC系列、X86系列等；属于这些系列的嵌入式微处理器产品多达千种以上。

3. 嵌入式数字信号处理器

嵌入式数字信号处理器(Digital Signal Processor，DSP)是专门用于信号处理方面的处理器。嵌入式DSP处理器在系统结构和指令算法方面进行了特殊设计，在数字滤波、FFT、谱分析等各种仪器上获得了大规模的应用。芯片内部采用程序和数据分开存储和传输的哈佛结构，具有专门硬件乘法器，采用流水线操作，提供特殊的DSP指令，可用来快速地实现各种数字信号处理算法。

嵌入式DSP处理器比较有代表性的产品是Texas Instruments的TMS320系列和Motorola的DSP56000系列。TMS320系列处理器包括用于控制的C2000系列、移动通信的C5000系列，以及性能更高的C6000和C8000系列等。

4. 嵌入式片上系统

嵌入式片上系统(System On Chip，SOC)最大的特点是成功实现了软硬件的无缝结合。它结合了许多功能区块，将多种功能做在一个芯片上(如ARM RISC、MIPS RISC、DSP或其他的微处理器核心)，加上通信的接口单元(USB、TCP/IP通信单元、GPRS通信接口、GSM通信接口、IEEE1394、蓝牙模块接口等)，而这些单元以往都是依照各单元的功能做成独立的处理芯片。

SOC具有极高的综合性，通过在一个芯片内部运用VHDL等硬件描述语言，即可实现一个复杂的系统。与传统的系统设计不同，用户不需要绘制庞大复杂的电路板，只需要使用精确的语言，直接在器件库中调用各种通用处理器的标准，通过仿真之后就可以直接交付芯片厂商进行生产。

11.2.2 嵌入式外围设备

外围设备是人和包括嵌入式系统在内的计算机系统的接口。常用的嵌入式外围设备包括实时时钟、存储设备、输入设备、输出设备和外设接口等。

1. 实时时钟

实时时钟是一种集成电路，也称时钟芯片，用来进行计算并向主系统提供可靠的时、分、秒和年、月、日等时钟信息。实时时钟与主系统之间可通过并口或串行口进行通信，时钟芯片可通过后备电池在关机或停电状态下继续工作。在一些嵌入式处理器(如S3C2410处理器、XScale处理器等)芯片内部集成了实时时钟单元。如果嵌入式处理器内部没有集成实时时钟单元，则应在芯片外部扩充实时时钟芯片。

2. 存储设备

一般使用半导体器件制造，用来提供执行程序和存储数据所需的空间，包括Cache、主存和辅助存储器。其中，Cache是一种容量小、速度快的存储器阵列，它位于主存和嵌入式微处理器内核之间，存放最近一段时间内微处理器使用最多的程序代码和数据。在嵌入式系统中，Cache全部集成在嵌入式微处理器内，分为数据Cache、指令Cache或混合Cache，其大小依不同处理器而定。

主存是嵌入式微处理器能直接访问的寄存器，用来存放系统和用户的程序及数据。它位于微处理器的内部或外部，容量为256KB～1GB。一般片内存储器容量小、速度快，片外存储器容量大、速度慢。用作主存的存储器有：NOR Flash、EPROM、PROM、SRAM、DRAM和SDRAM等。

辅助存储器用来存放大数据量的程序或信息，但读取速度较慢，可用来长期保存用户的信息。常用的辅助存储器有:硬盘、NAND Flash、CF卡、MMC和SD卡等。

3. 输入设备

输入设备向计算机输入数据和信息,它是计算机与用户或其他设备通信的桥梁。常用的嵌入式输入设备包括小型键盘、触摸屏等,具有轻薄短小、便于携带、使用方便的特点。

4. 输出设备

输出设备是人与计算机交互的一种部件,用于数据的输出。它把各种计算结果的数据或信息以数字、字符、图像、声音等形式表示出来。常见的嵌入式输出设备包括LED和LCD等。

5. 外设接口

嵌入式系统的外设接口主要包括并行接口和串行接口。常见的串行接口包括RS-232-C、I2C、USB、IEEE1394、SPI等接口。其中,RS-232-C是美国电子工业协会(Electronic Industry Association,EIA)制定的一种串行物理接口标准,其规定的数据传输速率包括每秒50、75、100、150、300、600、1200、2400、4800、9600、19200波特,一般用于20m以内的通信;I2C(Inter-IC)总线由Philips公司推出,是近年来在微电子通信控制领域广泛采用的一种新型总线标准。它是同步通信的一种特殊形式,具有接口线少、控制方式简化、器件封装形式小、通信速率较高等优点; USB是由Intel、Compaq、Digital、IBM、Microsoft、NEC、Northern Telecom等7家世界著名的计算机和通信公司共同推出的一种新型接口标准。它基于通用连接技术,实现外设的简单快速连接,达到方便用户、降低成本、扩展PC连接外设范围的目的。它可为外设提供电源,最高传输率可达12Mb/s(比串口快100倍,比并口快近10倍),且支持多媒体。

6. 其他通信接口

为了与其他计算机(嵌入式设备)通信,嵌入式系统一般提供相应的通信接口,包括以太网接口和无线通信接口。常见的无线通信接口有红外线/蓝牙、GPRS、IEEE802.11等。

11.2.3 嵌入式系统软件

嵌入式系统软件层由实时多任务操作系统、文件系统、图形用户接口(Graphic User Interface,GUI)、网络系统及通用组件模块组成。其中,嵌入式实时操作系统是嵌入式应用软件的基础和开发平台,负责嵌入系统的全部软硬件资源的分配、任务调度、控制、协调并发活动。嵌入式文件系统比较简单,主要提供文件存储、检索和更新等功能,一般不提供保护和加密等安全机制。除了能够让人们通过窗口、菜单、按键等方式来方便地进行操作外,嵌入式GUI还要求具有轻型、占用资源少、高性能、高可靠性、便于移植和可配置等特点。

11.2.4 嵌入式应用软件

嵌入式应用软件层是由基于实时系统开发的应用程序组成,用来实现对被控对象的控制功能。系统功能层则是要面向被控对象和用户,为方便用户操作,往往需要提供友好的人机界面。

11.3 典型的嵌入式微处理器

嵌入式微处理器的基础是通用计算机中的 CPU。应用中,为减小系统体积和功耗,将微处理器装配在专门设计的电路板上,只保留和嵌入式应用有关的母板功能。同时,为满足其他特殊的应用要求,嵌入式微处理器虽然在功能上和普通微处理器基本上相同,但在工作温度、抗电磁干扰性、可靠性等方面一般都做了各种增强。为此,在为嵌入式系统选择处理器时需要考虑以下方面:

(1) 处理性能。嵌入式处理器的性能取决于时钟频率、内部寄存器大小、指令是否平等处理所有的寄存器等多个方面的因素。对于许多嵌入式产品来说,目标不是在于挑选速度最快的处理器,而是选取能够完成作业的处理器和 I/O 子系统。

(2) 技术指标。当前,许多嵌入式处理器都集成了外围设备的功能。开发时,首先考虑系统所要求的一些硬件是否无需过多的胶合逻辑(Glue Logic,GL)就可以连接到处理器上。其次要考虑处理器的一些支持芯片,如 DMA 控制器、内存管理器、中断控制器、串行设备、时钟等的配套。

(3) 功耗。微处理器最大且增长最快的市场是手持设备、电子记事本、PDA、手机、GPS导航器、智能家电等消费类电子产品。这些产品中选购的微处理器,要求高性能、低功耗。

(4) 软件支持工具。除了处理器,选择合适的软件开发工具对系统的实现也非常重要。

(5) 是否内置调试工具。处理器如果内置调试工具可大大缩小调试周期,降低调试的难度。

(6) 供应商是否提供评估板。许多处理器供应商可以提供评估板来验证理论是否正确。

(7) 操作系统支持。嵌入式系统应用需要使用有效的抽象来减少其复杂性。

(8) 开发经验。拥有处理器及其系列产品的开发经验可减少学习时间。

(9) 其他因素,如成本、功耗、产品上市时间和技术支持等。

由于嵌入式系统的专用型与定制性,目前尚没有一种微处理器或微处理器公司可以主导嵌入式系统。典型的嵌入式微处理器架构主要有 ARM、MIPS、PowerPC、X86 等。

11.3.1 ARM

ARM 处理器是由英国 ARM 公司设计的 32 位 RISC 处理器。ARM 芯片是嵌入式微处理器中的佼佼者,是很多数字电子产品的核心,95%的手机的核心处理器都使用了 ARM 芯片。

ARM 公司的成功除了归功于其卓越的芯片设计技术以外,还源于其创新的商业模式——提供技术的知识产权许可,而不是制造和销售实际的半导体芯片。ARM 将其芯片设计技术(内核、体系扩展、微处理器和系统芯片方案)授权给 Intel、Samsung、TI、高通、意法半导体等半导体制造商。这些厂商拿到 ARM 设计技术以后,再设计各种外围控制器,和

ARM 内核整合成一块 SOC 芯片，也就是我们看到的市面上的各种芯片。目前全球已有超过 700 家的软硬件系统公司加入了 ARM Connected Community，国内已有超过 70 家公司加入了 ARM 生态伙伴系统。

ARM 处理器最大的优势在于性能好、体积小、功耗低、价格低。目前，广泛使用的 ARM 处理器主要有 ARM7、ARM9、ARM11 和 ARM Cotex 系列处理器。图 11-3、图 11-4 所示分别为 ARM11 的开发板和 ARM Cotex CPU。

图 11-3　ARM11 开发板

图 11-4　ARM Cotex CPU

市面上的产品多有使用 ARM 技术。例如，魅族 M8 SE 手机，采用三星 S3C6410 处理器和 ARM1176JZF-S 内核，最高主频可达 667MHz，如图 11-5 所示。诺基亚的 N93 手机（如图 11-6 所示）和微软的 Zune HD 播放器（如图 11-7 所示）均采用了 ARM11 处理器。

图 11-5　魅族 M8 SE 手机

图 11-6　诺基亚 N93 手机

图 11-7　Zune HD 播放器

【小插曲】　1978 年 12 月 5 日，物理学家豪泽（Hermann Hauser）和工程师 Chris Curry，在英国剑桥创办了 CPU 公司（Cambridge Processing Unit），主要业务是为当地市场供应电子设备。1979 年，CPU 公司改名为 Acorn 计算机公司。起初，Acorn 公司打算使用摩托罗拉公司的 16 位芯片，但是发现这种芯片速度太慢价格太贵。他们转而向 Intel 公司索要 80286 芯片的设计资料，但是遭到拒

图 11-8　威尔逊和弗伯

绝，于是被迫自行研发。1985年，威尔逊(R. Wilson)和弗伯(S. Furber)(如图11-8所示)设计出了他们自己的第一代32位、6M Hz的处理器，并用它做出了一台RISC指令集计算机，简称ARM(Acorn RISC Machine)，这就是ARM这个名字的由来。1990年11月27日，Acorn公司正式改组为ARM计算机公司。

11.3.2 MIPS

MIPS CPU是一种RISC结构的CPU。MIPS(Microprocessor without Interlocked Piped Stages，无互锁流水级的微处理器)起源于一个学术研究项目，该项目的设计小组连同几个半导体厂商合伙人希望能制造出芯片并拿到市场上去卖。结果，该结构得到了工业领域内很多具有影响力的制造商们的支持。

MIPS的商业模式和ARM相似，也是研发处理器内核，将知识产权授权给其他公司。国产处理器厂商龙芯就是获得MIPS32和MIPS64架构的授权。MIPS开展授权模式比ARM要晚，其生态系统的规模和完整性都不如ARM，而且很多MIPS的授权厂商如Broadcom/PMC等都不在处理器内核上继续投入了。而反观ARM，除了ARM本身，Qualcomm /Marvel等作为ARM的架构授权者都在积极推动处理器内核的研发，这一点使MIPS在与ARM的竞争中无法占到优势。

MIPS处理器主要有以下技术特点：

(1) MIPS的设计保持纯粹的RISC风格，倾向于把复杂的工作交给编译器去做。很多大学课程都喜欢选择MIPS体系结构来讲解计算机体系结构。MIPS的设计也保持了学院派的作风，有一定理想化的色彩。但在商用领域，MIPS的竞争力不如ARM。

(2) MIPS占用更小的芯片面积，功耗方面比ARM芯片稍大一些。

(3) MIPS具有32位和64位两种架构的指令集，而ARM只有32位架构的指令集。

(4) MIPS核内包含大量寄存器、指令数和字符。

(5) MIPS具有可视的流水线延迟间隙。

(6) MIPS具有多发射核技术，避免了处理单元的闲置浪费。

(7) MIPS具有开放式架构，用户可以在开发的内核中加入自己的指令。

目前，MIPS处理器在数字电视、数字机顶盒、DVD/蓝光播放器、数码相机、宽带客户端以及家用网络和移动/便携终端等领域都得到了大量应用。

【小插曲】 龙芯(Loongson)是中国科学院计算所自主研发的通用CPU，采用简单指令集，类似于MIPS指令集，由中国科学院龙芯技术有限公司生产(该公司前身为龙芯课题组)。2002年8月10日，国内首款通用CPU龙芯1号流片成功。2009年，首款四核CPU龙芯3A流片成功。最新产品龙芯3B(如图11-9所示)是首款国产商用8核处理器，主频达到1GHz，峰值计算能力为128GFLOPS，主要用于高性能计算机、高性能服务器等领域。2011年6月，峰值计算能力高达384GFLOPS的16核龙芯3C流片研制成功，其主频为1.5GHz，集成了十亿个晶体管，面积为300mm²，功耗<30W。

图11-9 龙芯3B处理器

龙芯处理器架构与美国 MIPS 公司产品相似度达 95%，龙芯 2 号处理器与 MIPS 公司 10 年前推出的产品非常相似。为了规避知识产权风险，2009 年 6 月，龙芯从 MIPS 公司获得 MIPS 32 与 64 架构处理器授权。2010 年 6 月，龙芯公司计划收购 MIPS 20%的股份。

11.3.3 PowerPC

PowerPC 是一种 RISC 多发射体系结构。20 世纪 90 年代，IBM、苹果公司和早期的摩托罗拉（现在的飞思卡尔半导体）组成联盟（简称为 AIM）公司，共同开发 PowerPC 芯片，并制造出基于 PowerPC 的多处理器计算机。PowerPC 架构具有以下特点：

（1）具有 32 个整数/浮点寄存器组。

（2）用 load/store 指令在 GPRS 与 FPRS 之间存取数据。

（3）统一定长的精简指令格式易于实现超标量流水线。

（4）最多支持 4 个 operands，运算结果默认存放在 first operand。

（5）采用 IEEE-754 标准浮点数，用单精度和双精度指令运算。

（6）PowerPC 架构允许实现某一功能特定的硬件平台。

（7）用户层指令的存取缺省在 caches 执行，特殊指令跨越 caches 存取。

（8）支持 big-endian 和 little-endian，以及 64-bit 地址模式。

2006 年之后，IBM 和飞思卡尔开放了 PowerPC 的授权。之后，有更多的厂商加入对其开发的行列，PowerPC 芯片因此凭借其出色的性能和高度整合性正慢慢侵占原先 ARM 和 MIPS 占据主导地位的市场，更在高端嵌入式设备上的应用处于绝对的优势地位。PowerPC 在中国市场也有着不错的表现，尤其是飞思卡尔在西安还设有芯片的研发中心。从高端服务器领域到军工、工控、通信、消费电子以及航天等嵌入式领域，PowerPC 都有着广泛的应用。

11.3.4 X86

和 ARM、MIPS 相比，X86 架构的嵌入式处理器应用范围要狭窄得多。过去 Intel 曾拥有完整的嵌入式 X86 产品线，主要针对工业控制计算机市场，后来它将重点转移到 StrongARM 和 XScale 架构，嵌入式 X86 产品逐渐被忽视。相反，AMD 公司在自身实力不断增强的同时也开始重视对嵌入式领域的投入，在收购国家半导体公司的“Geode”产品线和 Alchemy Semiconductor 公司的“Alchemy”产品线之后竞争力倍增，其中“Geode”便属于 X86 架构。而 VIA 公司在进军桌面处理器失败的同时，也将注意力转移到注重低能耗、且不要求高性能的嵌入式市场，推出针对性明确的 Eden 系列产品而获得市场认可。此外，全美达公司的 Crusoe、Effceon 产品线中也有对应的嵌入式型号。由于市场、技术研发重点变化等原因，Intel 于 2006 年将 XScale 处理器卖给了 Marvell。2008 年，Intel 正式向中国市场发布 Pentium 之后的第一款定序（in-order）X86 架构的处理器——Intel EP80579 集成处理器，重新进入嵌入式市场。

11.4 典型的嵌入式操作系统

11.4.1 嵌入式操作系统的发展

嵌入式操作系统(Embedded Operation System,EOS)的发展经历了四个阶段:

(1) 无操作系统的嵌入算法阶段。以单芯片为核心的可编程控制器形式的系统,具有与监测、伺服、指示设备相配合的功能。应用于一些专业性极强的工业控制系统中,利用汇编语言编程对系统进行直接控制,运行结束后清除内存。系统结构和功能都相对单一,处理效率较低、存储容量较小、几乎没有用户接口。

(2) 以嵌入式 CPU 为基础、简单操作系统为核心的嵌入式系统阶段。该阶段 CPU 种类繁多,通用性比较差,一般配备系统仿真器,操作系统具有一定的兼容性和扩展性,应用软件较专业,但用户界面不够友好。系统主要用来控制系统负载以及监控应用程序运行。

(3) 通用的嵌入式实时操作系统阶段。该阶段的嵌入式操作系统能运行于各种类型的微处理器上,兼容性好、内核精小、效率高,具有高度的模块化和扩展性,并且具有文件和目录管理、设备支持、多任务、网络支持、图形窗口以及用户界面等功能,具有大量的应用程序接口和应用软件。

(4) 以基于 Internet 为标志的嵌入式系统阶段。目前大多数嵌入式系统还孤立于 Internet 之外,但随着 Internet 技术与信息家电、工业控制技术等结合得日益紧密,嵌入式设备与 Internet 的结合将代表着嵌入式技术的真正未来。

11.4.2 嵌入式操作系统的特点

作为嵌入式系统重要组成部分之一的嵌入式操作系统,通常包括与硬件相关的底层驱动软件、系统内核、设备驱动接口、通信协议、图形化界面、标准化浏览器等。相对于一般操作系统,嵌入式操作系统除具备一般操作系统最基本的功能,如任务调度、同步机制、中断处理、文件功能等外,还具有以下特点:

(1) 可装卸性。具有开放性、可伸缩性的体系结构。

(2) 强实时性。EOS 的实时性一般较强,可用于各种设备控制当中。

(3) 统一的接口。提供各种设备驱动接口。

(4) 操作方便、简单。提供友好的图形 GUI,易学易用。

(5) 提供强大的网络功能。支持 TCP/CP 及其他协议,提供 TCP/UDP/IP/PPP 协议支持及统一的 MAC 访问层接口。

(6) 强稳定性、弱交互性。嵌入式系统一旦开始运行就不需要用户过多的干预,这就要负责系统管理的操作系统具有较强的稳定性。嵌入式操作系统的用户接口一般不提供操作命令,它通过系统调用命令向用户程序提供服务。

(7) 固化代码。在嵌入系统中,嵌入式操作系统和应用软件被固化在嵌入式系统计算机的 ROM 中，辅助存储器很少使用。因此，嵌入式操作系统的文件管理功能应该能够很容易地进行拆卸，而可以采用各种内存文件系统。

(8) 具有更好的硬件适应性，也就是良好的移植性。

11.4.3 典型的嵌入式操作系统

从 19 世纪 80 年代起，国际上就有一些组织和公司，开始进行商用嵌入式系统和专用操作系统的研发。这期间涌现了一些著名的嵌入式系统，包括：Palm、Windows CE、VxWorks、Symbian、嵌入式 Linux、uCLinux、uC/OS II 和 Android 等。

1. Palm

Palm 是 3Corn 公司的产品，其操作系统为 Palm OS。Palm OS 是一套专门为掌上电脑开发的 32 位嵌入式操作系统，提供了串行通信接口和红外线传输接口，可方便地与其他外部设备通信、传输数据，拥有开放的应用程序接口。目前，已有数千种专门为 Palm OS 编写的应用程序，小到个人管理、游戏，大到行业解决方案，无所不包。

Palm 产品的最大特点是使用简便、机体轻巧。Palm OS 充分考虑了掌上电脑内存相对较小的情况，故只占用非常小的内存，基于 Palm OS 编写的应用程序占用的空间也非常小(通常只有几十 KB)。Palm OS 具有以下特点：

(1) 操作系统具有节能功能。在 Palm OS 的应用程序中，如果没有事件在运行，则系统设备进入半休眠的状态，如果应用程序停止活动一段时间，则系统自动进入休眠状态。

(2) 合理的内存管理。Palm OS 的存储器全部是可读写的快速 RAM，它为全局变量和其他不需永久保存的数据提供临时的存储空间。而存储 RAM 类似于 PC 机上的硬盘，可永久保存应用程序和数据。

(3) Palm OS 的数据是以数据库的格式来存储的。为保证程序处理速度和存储器空间，在处理数据时，Palm OS 直接在存储堆中进行。为避免错误地调用存储器地址，Palm OS 规定，这一切都必须调用其内存管理器里的 API 来实现。

2. Windows CE

Windows CE 是微软开发的一个开放的、可升级的 32 位嵌入式操作系统，其中 CE 中的 C 代表袖珍(Compact)、消费(Consumer)、通信能力(Connectivit)和伴侣(Companion)，E 代表电子产品(Electronics)。它是基于掌上型电脑类的电子设备操作系统，与 Windows 系列具有较好的兼容性，适用于那些对内存占用空间具有一定限制的设备，是一种从整体上为有限资源的平台设计的多线程、完整优先权、多任务的操作系统。其模块化设计允许其对从掌上电脑到专用的工业控制器的用户的电子设备进行定制。对其特点总结如下：

(1) 灵活的电源管理功能，包括睡眠/唤醒模式。

(2) 使用对象存储技术，包括文件系统、注册表及数据库。具有很多高性能、高效率的操作系统特性，如按需换页、共享存储、交叉处理同步、支持大容量堆等。

(3) 拥有良好的通信能力。广泛支持各种通信硬件，直接的局域网连接以及拨号连接，并提供与 PC、内部网以及 Internet 的连接。

(4) 支持嵌套中断。允许更高优先级别的中断首先得到响应，使操作系统具有嵌入式操作系统所要求的实时性。

(5) 更好的线程响应能力。对高级别 IST(中断服务线程)的响应时间上限的要求更加严格,可帮助开发人员掌握线程转换的具体时间,并通过增强的监控能力和对硬件的控制能力帮助创建新的嵌入式应用程序。

(6) 256 个优先级别。使开发人员在控制嵌入式系统的时序安排方面有更大的灵活性。

(7) Windows CE 的 API 是 Win32 API 的一个子集,支持近 1500 个 Win32 API,使用它可以编写任何复杂的应用程序。

从技术角度上讲,Windows CE 作为嵌入式操作系统也有一些缺陷,如未开放源代码,很难实现产品的定制,在效率、功耗方面的表现不出色,以及厂商需要支付版权许可费等。

3. VxWorks

VxWorks 操作系统是美国 WindRiver 公司于 1983 年设计开发的一种嵌入式实时操作系统,是 Tornado 嵌入式开发环境的关键组成部分。因其良好的持续发展能力、高性能的内核以及友好的用户开发环境,使其在嵌入式实时操作系统领域逐渐占据一席之地。VxWorks 具有可裁剪微内核结构、高效的任务管理、灵活的任务间通信、微秒级的中断处理、支持 POSIX 1003.1b 实时扩展标准等特点,且支持多种物理介质及标准的、完整的 TCP/IP 网络协议。但由于操作系统本身以及开发环境都是专有的,价格一般都比较高。而且它一般不提供源代码,只提供二进制代码。所以,软件的开发和维护成本都非常高,支持的硬件数量有限。

4. Symbian

Symbian(中文名为塞班)系统是塞班公司为手机而设计的操作系统,C++是其原生编程语言,该系统使用了底层操作系统和用户界面分离的设计。Symbian 操作系统通过增加底层平台的功能,不断推出新的版本;但一般用户不易察觉底层功能的变化,而更容易察觉用户界面的变化。Symbian 常见的用户界面包括 S60、S80、S90、UIQ 等。S60 支持多分辨率,定位于单手操纵设备,并向应用及媒体开发伙伴们提供了统一完整的技术组合;S80 具有完整的手机键盘(支持全键盘),可以模拟 PC 操作;S90 采用触摸屏幕,分辨率高达 640×320 像素;UIQ 专门为高性能多媒体手机而设计,功能全面,支持手写操作。目前,Symbian 占智能手机的市场份额日益萎缩,2010 年末,其市场占有量已被 Android 超过。2011 年 12 月 21 日,诺基亚官方宣布放弃 Symbian 品牌。

5. 嵌入式 Linux

Linux 是一个类似于 UNIX 的操作系统,能够运行于 PC 平台,在嵌入式系统方面也大放异彩。嵌入式 Linux 特点如下:

(1) 精简的内核,性能高、稳定,多任务。

(2) 适用于不同的 CPU,支持 X86、ARM、MIPS、ALPHA、SPARC 等多种体系结构。

(3) 能够提供完善的嵌入式 GUI 以及嵌入式 X 窗口系统。

(4) 提供嵌入式浏览器、邮件程序、MP3 播放器、MPEG 播放器、记事本等应用程序。

(5) 提供完整的开发工具和 SDK,同时提供 PC 上的开发版本。

(6) 用户可定制,可提供图形化的定制和配置工具。

(7) 常用嵌入式芯片的驱动集,支持大量的外围硬件设备,且驱动软件丰富。

(8) 针对嵌入式的存储方案,提供实时版本和完善的嵌入式解决方案。

(9) 强大的技术支持,完整的文档。

(10) 开放源码、软件资源丰富,拥有广泛的开发者队伍,并且价格低、结构灵活、适用面广。

由于其源代码是公开的,人们可以进行任意修改,以满足自己的应用,并且查错也很容易。由于遵从 GPL 规则,无需为每例应用缴纳许可证费用,且有大量的应用软件可用。

6. uC/OS 和 uCLinux

uC/OS 和 uCLinux 操作系统,是当前得到广泛应用的两种免费且公开源代码的嵌入式操作系统。uC/OS 是一种结构小巧、具有可剥夺实时内核的实时操作系统,提供了任务调度与管理、时间管理、任务间同步与通信、内存管理和中断服务等功能。适合小型控制系统,具有执行效率高、占用空间小、实时性能优良和可扩展性强等特点,最小内核可编译至 2KB。uCLinux 是 Micro-Conrol-Linux 的缩写,是针对嵌入式处理器的特点设计的一种操作系统,具有内嵌网络协议、支持多种文件系统,集成了标准 Linux 操作系统的稳定性、强大网络功能和出色的文件系统等主要优点,编译后目标文件可控制在几百 K 量级。但是由于没有内存管理单元,其多任务的实现需要一定技巧。

7. μC/OS-Ⅱ

μC/OS-Ⅱ是著名的公开源代码的实时内核,是专为嵌入式应用设计的,可用于 8 位、16 位和 32 位单片机或数字信号处理器。它是在原版本 μC/OS 的基础上做了重大改进与升级而成,并有了多年的使用实践,已有许多成功应用该实时内核的实例。其主要特点包括:

(1) 开源,可移植性好。大部分源代码用 C 语言书写,便于移植到其他微处理器上。

(2) 可固化,可裁剪性好。使用户可有选择地使用需要的系统服务。

(3) 抢占式运行。完全是抢占式的实时内核(总是安排就绪条件下优先级最高的任务先运行)。

(4) 多任务。可管理 64 个优先级不同的任务,不支持时间片轮转调度法。

(5) 可确定性。函数调用与服务的执行时间具有可确定性,不依赖于任务的多少。

(6) 具有实用性和可靠性。

由于 μC/OS-Ⅱ是一个实时内核,这就意味着它不能像其他实时操作系统那样仅需提供给用户的一些 API 函数接口,而是有很多工作需要用户自己去完成。

8. Android

Android 是基于 Linux 内核的操作系统,是 Google 公司在 2007 年 11 月 5 日公布的手机操作系统,早期由原名为"Android"的公司开发。Google 在 2005 年收购了该公司,并继续对 Android 系统进行开发运营。

Android 采用了软件堆层(又称软件叠层)的架构,底层 Linux 内核只提供基本功能,其他的应用软件则由各公司自行开发,部分程序以 Java 编写。2011 年初数据显示,仅正式推出三年的操作系统 Android 已经超越称霸十年的塞班系统,采用 Android 系统的主要厂商包括 Motorola、Samsung、Sony Ericsson,另外还有中国台湾的 HTC、中国内地的联想、华为、中兴等厂商,使之成为全球最受欢迎的智能手机平台。目前,Android 系统不但应用于智能手机,也在平板电脑领域内急速扩张。

Android 之所以得到广大消费者和厂商的大力推崇,是因为该平台具有以下特色:

(1) 开放性。该平台允许任何移动终端厂商加入到 Android 联盟中来,使其拥有更多的开发者和丰富的软件资源。

(2) 挣脱运营商的束缚。过去很长的一段时间,特别是在欧美地区,手机应用往往受到运营商的制约,使用什么功能接入什么网络,几乎都受到运营商的控制。自从 iPhone 上市,用户可以更加方便地连接网络,运营商的制约减少。随着 EDGE、HSDPA 这些 2G 至 3G 移动网络的逐步过渡和提升,手机随意接入网络已日益普及。

(3) 丰富的硬件选择。这一点与其开放性相关,好比从诺基亚 Symbian 风格手机一下改用苹果 iPhone,可将 Symbian 中优秀的软件带到 iPhone 上使用、手机联系人等资料也可以方便地转移。

(4) 开发商不受任何限制。该平台提供给第三方开发商一个十分宽泛、自由的环境。

(5) 无缝结合的 Google 应用。Google 已经从搜索巨人到如今全面渗透互联网,采用 Android 平台的手机可以无缝结合各种优秀的 Google 服务。

11.5 嵌入式系统的启动流程

嵌入式系统的启动通常有两种方式:一种是可以直接从 Flash 启动;另一种是可以将压缩的内存映像文件从 Flash 中复制、解压到 RAM,再从 RAM 启动。当电源打开时,一般的系统会去执行 ROM(应用较多的是 Flash)里面的启动代码。这些代码是用汇编语言编写的,其主要作用在于初始化 CPU 和板上的必备硬件,如内存、中断控制器等。有时候用户还必须根据自己板子的硬件资源情况作适当的调整与修改。

系统启动代码完成基本软硬件环境初始化后,对于有操作系统的情况下,启动操作系统、启动内存管理、进行任务调度、加载驱动程序等,最后执行应用程序或等待用户命令。对于没有操作系统的机器直接执行应用程序或等待用户命令。

在嵌入式 Linux 中,系统启动加载器(Bootloader,或引导装载程序)根据所需功能的不同可以自行设计,即除完成基本的初始化系统和调用 Linux 内核等基本任务外,还可以执行很多用户输入的命令,比如设置 Linux 启动参数,给 Flash 分区等。系统也可以设计得很简单,只完成最基本的功能。但为了能达到启动 Linux 内核的目的,所有的 Bootloader 都必须具备以下功能:

(1) 初始化 RAM。Linux 内核一般都会在 RAM 中运行,所以在调用 Linux 内核之前 Bootloader 必须设置和初始化 RAM,为调用 Linux 内核做好准备。初始化 RAM 的任务包括设置 CPU 的控制寄存器参数,以便能正常使用 RAM 以及检测 RAM 大小等。

(2) 初始化串口。串口在 Linux 的启动过程中有着非常重要的作用,它是 Linux 内核和用户交互的方式之一。Linux 在启动过程中可以将信息通过串口输出,这样便可清楚地了解 Linux 的启动过程。虽然它并不是 Bootloader 必须要完成的工作,但是通过串口输出信息是调试 Bootloader 和 Linux 内核的强有力的工具,所以一般的 Bootloader 都会在执行过程中初始化一个串口作为调试端口。

(3) 检测处理器类型。Bootloader 在调用 Linux 内核前必须检测系统的处理器类型,将其保存到某个常量中并提供给 Linux 内核。Linux 内核在启动过程中会根据该处理器类型调用相应的初始化程序。

(4) 设置 Linux 启动参数。Bootloader 在执行过程中必须设置和初始化 Linux 的内核启动参数。Linux 内核在启动过程中会根据该启动参数进行相应的初始化工作。

(5) 调用 Linux 内核映像。Bootloader 完成的最后一项工作便是调用 Linux 内核。若 Linux 内核存放在 Flash 中,且可直接在上面运行(这里的 Flash 指 NOR Flash),那么可直接跳转到内核中去执行。但在 Flash 中执行代码会有很多限制,且速度也远不及 RAM 快,一般的嵌入式系统都是将 Linux 内核拷贝到 RAM 中,再跳转到 RAM 中去执行。

11.6　嵌入式系统的开发流程

11.6.1　嵌入式系统的一般开发流程

嵌入式系统开发模式的最大特点是软、硬件综合开发,其开发流程如图 11-10 所示。嵌入式开发已经逐步规范化,在遵循一般工程开发流程的基础上,嵌入式开发有其自身的一些特点。其开发分为软件开发部分和硬件开发部分,一般流程主要包括系统需求分析(要求有严格和规范的技术要求)、体系结构设计、硬件/软件协同设计、系统集成、系统测试,最终得到最终产品。

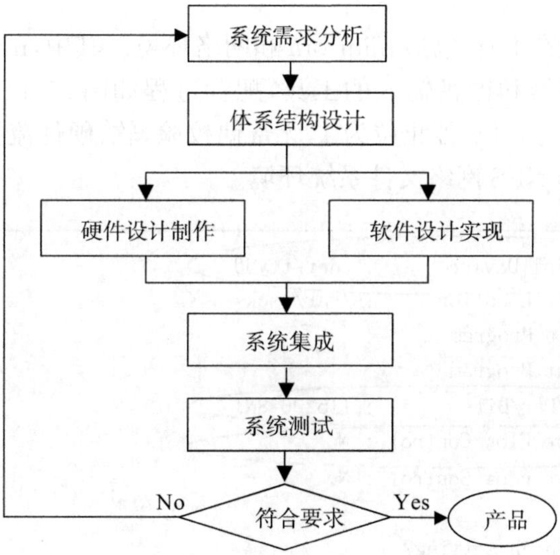

图 11-10　嵌入式系统的开发流程

(1) 系统需求分析。确定设计任务和设计目标,并提出设计规格说明书,作为正式设计指导和验收的标准。系统的需求一般分功能性需求和非功能性需求两方面:功能性需求是系统的基本功能,如对输入输出信号、操作方式等要求;非功能需求包括对系统性能、成本、功耗、体积、重量等因素的要求。

(2) 体系结构设计。描述系统如何实现其功能和非功能需求,包括对硬件、软件和执行装置的功能划分，以及系统的软件、硬件选型等。一个好的体系结构是设计成功与否的关键。

(3) 硬件/软件协同设计。基于体系结构设计，对系统的软、硬件进行详细设计。为了缩短产品的开发周期，设计往往是并行的。嵌入式系统设计的工作大部分都集中在软件设计上。面向对象技术、软件组件技术、模块化设计技术是现代软件工程经常采用的方法。

通常，硬件和软件的选择包括对处理器、硬件部件、操作系统、编程语言、软件开发工具、硬件调试工具、软件组件等的选择。其中，最重要的是处理器。其次，操作系统和编程语言也是非常关键的。处理器的选择常常会限制操作系统的选择，操作系统的选择又会限制开发工具的选择。

(4) 系统集成。把系统的软、硬件和执行装置集成在一起，进行调试，发现并改进单元设计过程中的错误。

(5) 系统测试。对设计好的系统进行测试，看是否满足规格说明书中给定的功能要求。

11.6.2 嵌入式 Linux 的开发流程

如果在一个嵌入式系统中使用 Linux 技术，根据应用需求的不同有不同的配置方法，但是，一般情况下都需要经过如下的过程：

(1) 建立开发环境。选择定制安装或全部安装一种 Linux 系统，通过网络下载相应的 GCC 交叉编译器进行安装(比如 arm-1inux-gcc、arnl-uclibc-gcc 等)，或者安装产品厂家提供的交叉编译器。

(2) 配置开发主机的环境：包括 minicom 和网络环境。其中，minicom 作为调试嵌入式开发板信息输出的监视器和键盘输入的工具，配置过程如图 11-11 所示。其中，波特率为 115200 Baud/s，数据位为 8 位，停止位为 1，无奇偶校验，软、硬件流控设为无。网络环境一般包括 tftp 网络环境和 NFS 网络文件系统环境。

```
A -    Serial Device       : /dev/ttyS0
B - Lockfile Location      : /var/lock
C -   Callin Program       :
D -  Callout Program       :
E -    Bps/Par/Bits        : 115200 8NI
F - Hardware Flow Control  : No
G - Software Flow Control  : No

    Change which setting?
```

图 11-11 minicom 配置过程

(3) 建立引导装载程序 Bootloader。从网络上下载一些公开源代码的 Bootloader，根据具体芯片进行移植修改，这是让系统可以正常运行的第一步。

(4) 下载已经移植好的 Linux 操作系统，如 MCLiunx、ARM-Linux、PPC-Linux 等，下载后再添加特定硬件的驱动程序，然后进行调试修改。对于带 MMU 的 CPU 可以使用模块方式调试驱动模块，而对于不带 MMU 的系统只能将驱动模块编译进内核进行调试。

(5) 建立根文件系统，首先使用 Busybox 软件进行功能裁减，产生一个最基本的根文件系统，再根据自己的应用需要添加其他的程序。由于默认的启动脚本一般都不会符合应用的需要，所以需要修改根文件系统中的启动脚本，它存放在/etc 目录下，包括：/etc/init. d/rc. S、/etc/profile、/etc/. profile 等文件，自动挂装文件系统的配置文件是/etc/fstab，具体情况会随系统的不同而不同。根文件系统在嵌入式系统中一般设为只读，需要使用 mkcramfs、genromfs 等工具烧写成映像文件。

(6) 建立应用程序的 Flash 磁盘分区，一般使用 JFFS2、YAFFS 或 UBIFS 文件系统，这一步需要在内核中提供这些文件系统的驱动，有的系统使用一个线性 Flash(NOR 型) 512KB～32MB，有的系统使用非线性 Flash(NAND 型)8MB～512MB，有的两个同时使用，需要根据具体应用规划 Flash 的分区方案。

(7) 开发应用程序。应用程序可以放入根文件系统中，也可以放入 JFFS2、YAFFS 或 UBIFS 文件系统中，有的应用不使用根文件系统，直接将应用程序和内核设计在一起。

(8) 烧写内核、根文件系统和应用程序，发布产品。

11.7　嵌入式软件的交叉编译环境

11.7.1　交叉编译

交叉编译概念的出现和流行是和嵌入式系统同步发展的。常用的计算机软件，都需要通过编译，将用高级计算机语言编写的代码编译成计算机可以识别和执行的二进制代码。例如，在 Windows 平台上，可使用 Visual C++开发环境，编写程序并编译成可执行程序。在这种方式下，使用 PC 平台上的 Windows 工具开发针对 Windows 本身的可执行程序，这种编译过程称为 Native Compilation，即本机编译。然而，在进行嵌入式系统的开发时，运行程序的目标平台通常只有有限的存储空间和运算能力，如早期的 ARM 平台，静态存储空间大概是 16MB～32MB 大小，而 CPU 的主频大概在 100MHz 到 500MHz 之间。这种情况下，在 ARM 平台上进行本机编译就不太可能了，这是因为一般的编译工具链(Compilation Tool Chain)需要很大的存储空间，并需要很强的 CPU 运算能力。为了解决这个问题，交叉编译工具就应运而生了。通过交叉编译工具，可以在 CPU 能力很强、存储空间足够大的主机平台上(如 PC 上)编译出针对其他平台的可执行程序。

在一种计算机环境中运行的编译程序，能编译出在另外一种环境下运行的代码，称具有这种功能的编译器支持交叉编译，这个编译过程就叫作交叉编译。简单地说，就是在一个平台上生成在另一个平台上可执行的代码。这里所说的平台，实际上包含体系结构和操作系统两个概念。同一个体系结构可以运行不同的操作系统。同样，同一个操作系统也可以在不同的体系结构上运行。举例来说，X86 Linux 平台实际上是 Intel X86 体系结构和 Linux for X86 操作系统的简称，X86 WinNT 平台是 Intel X86 体系结构和 Windows NT for X86 操作系统的简称。

交叉编译的主要原因是：(1)目的平台上不允许或不能够安装所需要的编译器，而用户又需要这个编译器的某些功能；(2)目的平台上的资源贫乏，无法运行所需要编译器；(3)目的平台还没有建立，无操作系统或编译器。用户在主机平台上开发程序，并在该平台上运行交叉编译器，编译用户程序，而由交叉编译器生成的程序最终将在目的平台上运行。

11.7.2 “宿主机/目标机”开发模式

嵌入式软件的开发过程一般都采用如图 11-12 所示的“宿主机/目标机”开发模式。其中，宿主机是用于开发嵌入式系统的计算机，一般为 PC 机(或者工作站)，具备丰富的软硬件资源，为嵌入式软件的开发提供全过程支持。目标机是指最终开发所运行的嵌入式系统，它是嵌入式软件的运行环境，其软件是为特定应用定制的。

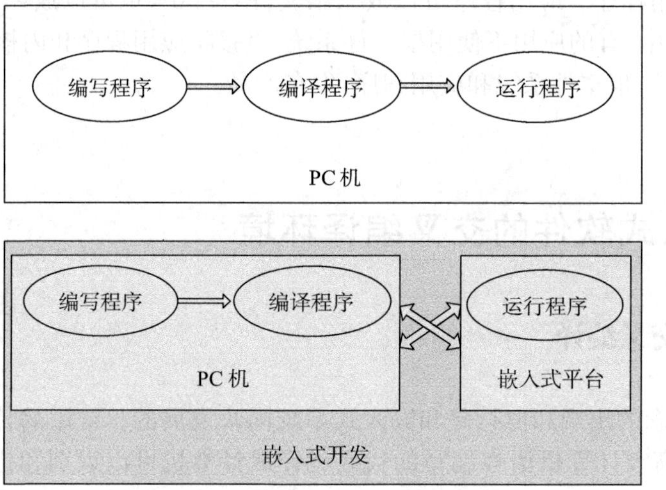

图 11-12 “宿主机/目标机”开发模式

在“宿主机/目标机”开发模式下，利用宿主机上丰富的软硬件资源及良好的开发环境和调试工具来开发目标机上的软件，然后通过交叉编译环境生成目标代码和可执行文件，通过串口/USB/以太网等方式下载到目标机上，利用交叉调试器监控程序运行、进行实时分析，最后将程序下载固化到目标机上，完成整个开发过程。

在开发过程中，目标机需接收和执行宿主机发出的各种命令如设置断点、读内存、写内存等，将结果返回给宿主机，配合宿主机各方面的工作。

以嵌入式 Linux 的开发为例，下面讲述建立“宿主机/目标机”开发模式的过程。

首先，准备好宿主机平台，建议采用 X86 Linux 做主机平台，因为这样需要的设置工作最少。当然也可以使用其他的平台，但必须做更多的设置工作。

其次，建立宿主机和目标机之间的物理连接。在“宿主机/目标机”开发模式下，宿主机和目标机相互通信，协作完成软件的运行和调试。因此，需要建立宿主机和目标机之间的物理连接来完成相应通信。宿主机与目标机通过物理线路连接在一起，连接方式主要有三种：串口、以太口和 OCD(On Chip Debug)方式，如 JTAG、BDM 等。

接着，建立宿主机和目标机之间的逻辑连接。物理连接是逻辑连接的基础，而逻辑连接指宿主机与目标机间按某种通信协议建立起来的通信连接，目前逐步形成了一些通信协议的标准。如果宿主机与目标机通过串口连接在一起，则需要在它们之间建立串口通信协议。在宿主机为Linux时，通常通过minicom与目标机通信。

最后，安装交叉开发环境。交叉开发环境是指用于嵌入式软件开发的所有工具软件的集合，包括文本编辑器、交叉编译器、交叉调试器、仿真器和下载器等。该环境可自己生成，也可从网络下载。

本章小结

目前，嵌入式系统已经广泛融入社会的每个角落，它是以应用为中心，以计算机技术为基础，软硬件可裁剪，适用于对功能、可靠性、成本、体积、功耗有严格要求的专用计算机系统。与传统计算机系统相比，具有面向特定应用、功耗低、体积小、集成度高等特点。

嵌入式系统由嵌入式处理器、嵌入式外设、嵌入式系统软件和嵌入式应用软件组成。其中，嵌入式处理器是嵌入式系统的核心。典型的嵌入式微处理器包括ARM、MIPS、PowerPC、X86处理器等；典型的嵌入式操作系统有uC/OS Ⅱ、uCLinux、嵌入式Linux、VxWorks、Palm、Windows CE、Symbian、Android等。

基于ARM的嵌入式系统在复位时通常都从地址0x00000000处开始运行它的启动代码——bootloader，并由bootloader启动嵌入式操作系统。

嵌入式系统开发模式的最大特点是软、硬件综合开发。特别地，嵌入式软件的开发过程一般都采用“宿主机/目标机”开发模式。在此开发模式下，需要建立相应的交叉编译开发环境。

【推荐课余阅读材料】

[1] 张晓林. 嵌入式系统技术[M]. 北京：高等教育出版社，2008.
[2] 周立功. ARM嵌入式系统基础教程[M]. 2版. 北京：北京航空航天大学出版社，2008.

习题

1. 名词解释

嵌入式系统　ARM　存储系统　交叉编译　bootloader　“宿主机/目标机”开发模式

2. 填充题

(1) 嵌入式系统是以__________为中心，以计算机技术为基础，__________可裁剪，适用于对功能、可靠性、成本、体积、功耗有严格要求的__________计算机系统。

(2) 嵌入式系统硬件架构上以__________为中心，配置存储器、I/O设备、通信模块等必要的外围设备，软件部分包括__________和嵌入式应用软件。

(3) 根据字长，一般把16位及以下的嵌入式处理器称为__________，32位及以上的称为__________。

(4) 根据用途,嵌入式处理器可以分为______、______、嵌入式DSP处理器、______等类型。

(5) 在为嵌入式系统选择处理器时需要考虑以下方面:______、技术指标、功耗、软件支持工具、是否内置______、供应商是否提供评估板、操作系统支持、开发经验以及其他如成本,功耗,产品上市时间,技术支持等因素。

(6) 典型的嵌入式微处理器架构主要有______、______、PowerPC、X86等。

(7) 典型的嵌入式操作系统包括:______、Windows CE/ Windows Mobile、VxWorks、Symbian、______、uC/OS和uCLinux、μC/OS-Ⅱ、______等。

(8) 在一种计算机环境中运行的编译程序,能编译出在______运行的代码,我们就称这种编译器为______,这个编译过程就叫交叉编译。

(9) 嵌入式系统的启动通常有______种方式:一种是可以直接______启动;另一种是可以将压缩的______从Flash中复制、解压到RAM,再从RAM启动。

(10) Bootloader都必须具备以下功能:______、初始化串口、检测处理器类型、______、______。

3. 选择题

(1) 手机或智能手机是一种(　　)。

A. 通用电脑　　B. 平板电脑　　C. 嵌入式系统　　D. 嵌入式产品

(2) 嵌入式系统是以(　　)为中心的。

A. 嵌入式处理器　　B. 存储器　　C. 嵌入式软件　　D. I/O设备

(3) 在嵌入式系统设计中,处理器的选择不需要考虑的主要因素是(　　)。

A. 处理性能　　B. 是否内置调试工具

C. 硬件是否美观大方　　D. 软件支持工具

(4) 常用的嵌入式操作系统不包括(　　)。

A. 嵌入式Linux　　B. Windows XP　　C. Windows CE　　D. Symbian

(5) 以下(　　)不属于嵌入式系统的特点:

A. 面向特点应用　　B. 具备开发能力

C. 采用量体裁衣的设计方法　　D. 升级换代同步

(6) 在"宿主机/目标机"开发模式中,宿主机与目标机通过物理线路连接在一起,常用的连接方式不包括(　　)。

A. 串口　　B. 以太网口

C. 并口　　D. OCD(On Chip Debug)方式

(7) 在嵌入式系统中,常使用Flash作为存储系统,在Flash上常使用的文件系统是(　　)。

A. JFFS2或YAFFS文件系统　　B. Ext3文件系统

C. NTFS文件系统　　D. Ext2文件系统

(8) Android相对于嵌入式Linux,其特点不包括(　　)。

A. 采用了软件堆层(又称软件叠层)的架构

B. 底层Linux内核只提供基本功能

C. 应用软件由各公司自行开发，部分程序以 Java 编写

D. 应用于非智能手机

(9) Intel 的最新(2008 年以来)嵌入式处理器产品是(　　)。

A. Intel XScale　　B. Marvell XScale　　C. Intel ARM11　　D. Intel Atom

(10) 嵌入式系统的一般开发流程主要包括(　　)个阶段。

A. 四　　B. 五　　C. 六　　D. 七

4. 简答题

(1) 简述嵌入式系统的组成。

(2) 简述嵌入式系统的特点及其发展趋势。

(3) 嵌入式微控制器、嵌入式微处理器、嵌入式 DSP 处理器、嵌入式片上系统有哪些相同和不同之处？

(4) 常用的嵌入式操作系统有哪些？

(5) 简述嵌入式系统的开发方法。

本章参考文献

[1] 邱铁. ARM 嵌入式系统结构与编程[M]. 北京：清华大学出版社，2009.

[2] 杨水清，张剑，施云飞. ARM 嵌入式 Linux 系统开发技术详解[M]. 北京：电子工业出版社，2008.

[3] 陈云川. 嵌入式软件调试技术[M]. 北京：电子工业出版社，2009.

[4] 王田苗. 嵌入式系统设计与实例开发——基于 ARM 微处理器与 uC/OS-Ⅱ实时操作[M]. 北京：清华大学，2007.

[5] 何宗键. Windows CE 嵌入式系统[M]. 北京：北京航空航天大学出版社，2006.

[6] 汪永松. Android 平台开发之旅[M]. 北京：机械工业出版社，2010.

[7] 刘波文. ARM Cortex—M3 应用开发实例详解[M]. 北京：电子工业出版社，2011.

[8] R. Kamal，贾建斌，李化，译. 嵌入式系统：体系结构、编程与设计. 北京：清华大学出版社，2010.

第 12 章 人工智能

【本章内容概要】 人工智能是计算机科学中涉及研究、设计和应用智能机器的一个重要分支学科，是研究如何使机器(计算机)具有智能的科学和技术。人工智能着重研究如何使机器模拟和执行人脑的某些智力功能，并探索相关的理论和技术。本章简要介绍人工智能的起源和判别方法，详细阐述人工智能研究的三大学派及其主张；叙述人工智能的分类及机器人三大定律；本章还介绍人工智能研究的目标、主要内容及代表人物，最后还描述了研究的发展和未来的展望。

【学习目的和要求】 学习本章的主要目的是使学生熟悉人工智能的基本概念和研究内容。要求掌握什么是人工智能，人工智能的判别方法；了解人工智能的三大学派及其主张；掌握人工智能的研究目标，了解人工智能的主要研究内容。

【应掌握的知识点】 人工智能定义，图灵测试，人工智能三大学派，人工智能研究的目标和内容。

人工智能是计算机科学的一个极其重要的分支，研究如何使机器(计算机)具有智能，或者说使机器模拟和执行人脑的某些智力功能，并探索相关的理论和技术。该学科涉及数学、思维科学、生命科学、哲学，以及信息论、控制论、系统论等许多学科，因此也是一门综合性的交叉学科和边缘学科。人工智能学科的研究范围非常广泛，涵盖了机器人、字符识别、图像识别、自然语言处理和专家系统等众多领域。

12.1 人工智能的起源与发展

12.1.1 人工智能的起源

1950 年 10 月，英国科学家阿兰·图灵发表了题为“计算机与智能”(后改名为“机器能思考吗”)的论文，宣告人工智能研究的开始。这篇论文为图灵赢得了“人工智能之父”的美誉。图灵还因为提出了著名的图灵机模型，同时被公认为“计算机科学之父”。

人工智能学科的正式诞生，则是在 6 年以后。1956 年夏天，美国达特茅斯大学(Dartmouth)举行了一次著名的学术研讨会。共有 10 位年轻的学者参加了这次会议，会议主要发起人是该校助理教授麦卡锡(J. McCarthy)，会议共同发起人还有哈佛大学明斯基(M. Minsky)、贝尔实验室香农(E. Shannon)和 IBM 公司罗彻斯特(N. Lochester)。此次会议还邀请了卡内基·梅隆大学的纽厄尔(A. Newell)和西蒙(H. Simon)、麻省理工学院的塞夫里奇(O. Selfridge)和索罗门夫(R. Solomamff),以及 IBM 公司的塞缪尔(A. Samuel)和莫尔(T. More)。与会学者来自不同的研究领域,包括数学、心理学、神经生理学、信息论和计算机科学,后来在各自领域大都取得了卓越的成就:香农成为信息论的创始人;塞缪尔编写了第一个电脑跳棋程序;尤其是麦卡锡、明斯基、西蒙和纽厄尔,因在人工智能领域的杰出贡献,都成为图灵奖的得主,所以,也有人称他们为“人工智能之父”。

达特茅斯会议历时两个多月,学者们从各自不同的角度共同探讨人工智能的可能性,会上首次提出了“人工智能”这一术语,标志着人工智能作为一门新兴学科正式诞生。

人工智能(Artificial Intelligence,AI),也叫人造智能,先后有数十种定义,但至今没有一个公认的统一定义。简单来讲,人工智能是指利用机器(计算机)模拟或实现人类智能。而人类智能则是指人类所具有的智力和行为能力,包括感知能力、记忆能力、思维能力、归纳与演绎能力、学习能力、行为能力等。人类的许多活动,都具有智能性,如日常行走、棋类对弈、求解算术题、诊断病症、案件推理等。如何使机器能够代替人类完成这些活动,从而降低人力投入,是人工智能所追求的目标。

12.1.2 人工智能的发展

1. 第一阶段(20世纪50年代中—20世纪60年代中):人工智能的兴起和停滞

1956年达特茅斯会议标志着人工智能作为一门新兴学科正式诞生。之后,在美国很快形成了三个从事人工智能研究的中心,即以西蒙和纽厄尔为首的卡内基·梅隆大学研究组,以麦卡锡、明斯基为首的麻省理工学院研究组,还有以塞缪尔为首的 IBM 公司研究组。随后,这几个研究组相继在思维模型、数理逻辑和启发式程序方面取得了一批显著的成果。

- 1956年,纽厄尔和西蒙研制了“逻辑理论家”程序,证明了数学名著《数学原理》的第2章中52个定理中的38个定理。1963年对该程序进行了修改,证明了全部定理。这一工作被认为是计算机模拟人的思维活动的一个重大成果,是人工智能的真正开端。
- 1956年,塞缪尔利用对策论和启发式搜索技术,编制出跳棋程序 Checkers。该程序具有自学习和自适应能力,能在下棋过程中不断积累所获得的经验,并能根据对方的走步,从许多可能的步数中选出一个较好的走法。该程序在1962年击败了美国一个州的跳棋冠军,引起了大轰动。这是人工智能的一个重大突破。
- 1958年,麦卡锡发明了表处理程序设计语言 LISP,该语言是人工智能程序语言的重要里程碑。目前,LISP 语言仍然是开发智能系统的重要工具。
- 1960年纽厄尔、肖和西蒙等人研制了“通用问题求解程序”,用来解决不定积分、三角函数、代数方程等11种不同类型的问题。
- 1957年,美国学者罗森布拉特(F. Rosenblatt)提出了著名的感知器(Perceptron)模型。

在这一个阶段里,取得了一大批显著成果,如机器定理证明、跳棋程序、通用问题求解程序、LISP 表处理语言等。但由于消解法推理能力的局限,以及机器翻译的失败等,又使得人工智能步入了低谷。同时,在神经网络方面,1965年明斯基在《感知机》一书中指出感知机的缺陷并表示出对该研究方向的悲观态度,使得神经网络的研究也从兴起进入了停滞期。

2. 第二阶段(20 世纪 60 年代末—20 世纪 70 年代):专家系统的出现推动人工智能研究进入新高潮

在这一阶段里,人工智能的成果层出不穷,特别是涌现了大量的以专家知识库为基础的专家系统。包括 DENDRAL 化学质谱分析系统、MYCIN 疾病诊断和治疗系统、PROSPECTIOR 探矿系统、Hearsay-Ⅱ语音理解系统等专家系统的成功研发,将人工智能引向了实用化。1969 年国际人工智能联合会议(International Joint Conferences on Artificial Intelligence 即 IJCAI)成立。

3. 第三阶段(20 世纪 80 年代):神经网络飞速发展

神经网络在 20 世纪 70 年代曾一度沉寂。1982 年,美国科学家霍普菲尔德(J. Hopfield)将能量函数引入对称反馈网络中,提出了霍普菲尔德网络模型。儒默哈特(D. E. Rumelhart)等人在 1986 年提出了误差反向传播法,简称 BP 算法。以上两个突破性的进展促使人工神经网络迅速发展,1987 年,美国召开第一次神经网络国际会议,宣告了这一新学科的诞生。

4. 第四阶段(20 世纪 90 年代):人工智能与网络结合,进入新的研究高潮

由于国际互联网的迅速发展和普及,人工智能开始由研究单个智能主体转向研究基于网络环境下的分布式人工智能。不仅研究基于同一目标的分布式问题求解,而且研究多个智能主体的多目标问题求解,使人工智能更加实用化,人工智能逐渐深入社会生活的各个领域。国际上各大计算机公司开始将"人工智能"作为其研究内容。人们普遍认为,计算机将会向网络化、智能化、并行化方向发展。21 世纪的信息技术领域将会以智能信息处理为中心。

5. 第五阶段(21 世纪):当前人工智能研究方向朝着智能接口技术、数据挖掘、主体及多主体系统进行

我国人工智能学者、中科院研究员史忠植认为,当前人工智能研究的热点,包括智能接口技术、数据挖掘、主体及多主体系统。智能接口技术是研究人机交互的接口和技术手段,包括字符识别、图像识别、语音识别、语音合成、自然语言理解等技术。数据挖掘就是从大量的真实数据中挖掘和提取有用的信息和知识的过程。主体是具有信念、愿望、意图、能力、选择、承诺等心智状态的实体,和对象相比其粒度更大,智能性更高,而且具有一定自主性。

人工智能研究与应用虽然取得了不少成果,但距离强人工智能的标准还有很大的距离,还存在许多悬而未决的问题有待跨学科的专家共同合作研究。

12.2 图灵测试

人工智能是否真的存在,真的能实现呢?从人工智能诞生开始,就一直存在着巨大的争议。为了回答这个问题,图灵于 1950 年在他的著名论文"机器能思考吗"中,提出了关于人工智能的判断方法——图灵测试,图 12-1 给出了图灵测试的示意图。

图 12-1 图灵测试的示意图

图灵测试又称图灵实验，用来测试一台机器或计算机是否像人类一样具有智能。在测试的过程中，把被提问的一个人和一台机器分别隔离在两间屋子里，然后让提问者用人和机器都能接受的方式来进行问答测试。图灵测试由计算机、被测试的人和提问人组成，计算机和被测试的人分别在两个不同的房间里。测试时提问人可通过键盘或打字机，不断向人和机器提出相同的问题，然后分别由计算机和被测试的人独立做出回答。提问者得到两组答案后，如果分不清哪一组来自人类，哪一组来自机器，那么就证明机器已经具备人的智能。

图灵为这项实验还提出了以下一些示范性的问题：

问：请给我写出有关"第四号桥"主题的十四行诗。

答：不要问我这道题，我从来不会写诗。

问：34957 加 70764 等于多少？

答：（停 30 秒后）105721。

问：你会下国际象棋吗？

答：是的。

图灵指出，如果机器能够非常好地模仿人回答问题，以至提问者在相当长时间里误认为回答者是人而不是机器，那么机器就可以被认为是能够思维的。

从表面上看，要使机器回答所提出的一些普通问题似乎没有什么困难，可以通过编制特殊的程序来实现。但是，如果提问并不遵循常规标准，机器回答时则可能会出现问题。比如对于以下的问题，机器给出了这样的回答：

问：你会下国际象棋吗？

答：是的。

问：你会下国际象棋吗？

答：是的。

问：请再次回答，你会下国际象棋吗？

答：是的。

对于同样的问题，由人来回答，则可能是以下这种情形：

问：你会下国际象棋吗？

答：是的。

问：你会下国际象棋吗？

答：是的，我不是已经说过了吗？

问：请再次回答，你会下国际象棋吗？

答：你烦不烦，干吗老提同样的问题。

从上述两组问答，人和机器的区别显而易见。第一组问答可明显地感到回答者是从知识库里提取的简单答案，第二组问答则具有综合分析的能力，回答者知道观察者在反复提出同样的问题。

12.3 人工智能的分类

人工智能可以分为强人工智能和弱人工智能。

12.3.1 强人工智能

强人工智能观点认为未来能够真正制造出能进行推理和解决问题的智能机器，这种智能机器像人一样有知觉和意识。强人工智能可分两类

(1) 类人的人工智能：机器能像人一样思考和推理。

(2) 非类人的人工智能：机器的知觉、思维方式和人类不同。

12.3.2 弱人工智能

弱人工智能观点认为不可能制造出能真正进行推理和解决问题的智能机器，智能机器只是看起来像是智能的，它的智能只是表面的，非实质性的，不会像人类一样真正拥有智能和意识。

以上两种观点相互之间产生了不小的争论。例如，支持弱人工智能的塞尔(J. Searle)在1980年提出了“中文屋”实验，借以表明强人工智能理论是不可能实现的。

【小插曲】 “中文屋”实验指的是一个母语是英语、对中文一窍不通的人，单独在一间封闭的屋子里，屋中只有一本英文版的中文使用手册，屋外的人不断向屋内递进用中文写成的问题。屋内的人便按照手册说明，将中文符号组合成对问题的解答，并将答案传出去。尽管屋里的人压根不懂中文，但他也能输出正确的答案。上述过程中，屋里的人相当于计算机，屋外的人相当于程序员，而手册则相当于计算机程序。塞尔指出，正如屋里的人不可能通过手册理解中文一样，计算机也不可能通过程序来获得真正的理解力。

12.4 人工智能研究学派与代表人物

12.4.1 人工智能研究学派

对人工智能进行准确定义是很困难的，所以到现在为止人工智能还没有一个统一的、被所有学者都认可的人工智能定义的标准版本。同样的，学者们对人工智能的研究方法和研究主张也各不相同。不同科学或学科背景的学者，对人工智能提出了各自不同的观点，从而形成了人工智能的三大学术流派：符号主义(Symbolism)、连接主义(Connectionism)和行为主义(Actionism)。

1. 符号主义

又称为逻辑主义(Logicism)、心理学派(Psychlogism)或计算机学派(Computerism),该学派主张人工智能的研究应采用功能模拟的方法,通过分析人类认知系统所具备的功能和机能,用计算机模拟这些功能,实现人工智能。符号主义力图用数学逻辑方法来建立人工智能的统一理论体系,但遇到不少暂时无法解决的困难,并受到其他学派的否定。

符号主义认为人的认知基元是符号,认知过程就是一个符号操作的过程。人可以被看成是一个物理符号系统,而计算机也是一个物理符号系统。所以,可用符号操作来模拟人的认知过程,从而用计算机来模拟人的智能行为。符号主义还认为,知识是信息的一种形式,是构成智能的基础。人工智能的核心问题是知识表示、知识推理和知识运用。知识可用符号表示,也可用符号进行推理,因而有可能建立起基于知识的人类智能和机器智能的统一理论体系。符号主义后来又发展了启发式算法、专家系统、知识工程理论与技术等,并在20世纪80年代取得了一系列辉煌的成果。

符号主义学派的代表人物是西蒙和纽厄尔。

2. 连接主义

又称为仿生学派(Bionicsism)或生理学派(Physiologism),也称为联结主义。该学派认为人的思维基元是神经元,而不是符号处理过程。它对物理符号系统假设持反对意见,认为人脑不同于电脑,并提出连接主义的大脑工作模式。连接主义主张人工智能应着重于结构模拟,即模拟人的生理神经网络结构,认为不同的结构表现出不同的功能和行为。

连接主义还认为人工智能源于仿生学,特别是人脑模型的研究。它的代表性成果是1943年由生理学家麦卡洛克(McCulloch)和数理逻辑学家皮茨(Pitts)创立的MP模型。20世纪60年代—20世纪70年代,对以感知机为代表的脑模型的研究曾出现过热潮,但是后来又一度陷入低谷。直到霍普菲尔德(Hopfield)在1982年提出霍普菲尔德网络,1986年鲁梅尔哈特(Rumelhart)等提出BP网络,连接主义又重新进入研究高潮。

3. 行为主义

又称进化主义(Evolutionism)或控制论学派(Cyberneticsism)。该学派认为智能取决于感知和行为,提出智能行为的“感知—动作”模式。行为主义者认为智能不需要知识、不需要表示、不需要推理;人工智能可以像人类智能一样逐步进化;智能行为只能在现实世界中与周围环境交互作用而表现出来。行为主义还认为符号主义和连接主义对真实世界客观事物的描述及其智能行为的工作模式是过于简化的抽象,不能真实地反映客观存在。人工智能研究应采用行为模拟方法,不同的行为表现出不同的功能和不同的控制结构。

【小插曲】 上述三种学派各持自有不同的观点,存在较大的分歧。为此,中国人工智能学者钟义信一直在寻求能够把人工智能三种主流研究方法统一起来形成“合力”的方法,提出了“信息—知识—智能转换”为标志的人工智能机制主义研究方法。他证明了结构模拟的人工神经网络方法、功能模拟的专家系统方法、行为模拟的感知动作系统方法分别是机制主义方法在经验型知识、规范型知识、常识型知识条件下的特例,而经验型知识、规范型知识、常识型知识是可以互相支持和转化的。

12.4.2 人工智能研究的代表人物

人工智能从诞生到现在，涌现出了大量卓有成就的学者，这些学者中有6人先后获得了图灵奖，是人工智能研究中当之无愧的代表人物。图灵奖最早设立于1966年，是美国计算机协会在计算机技术领域设立的最高奖项，被称为计算机界的诺贝尔奖。

1. 马文·明斯基

马文·明斯基(M. L. Minsky，1927—)(如图12-2所示)，美国人，美国科学院、工程院院士，美国人工智能学会(AAAI)的第三任主席(1981—1982)，1969年度图灵奖得主。1975年，明斯基首创框架理论，把人工智能技术和机器人技术结合起来，开发出了世界上最早的机器人，同时创建了著名的“思维机公司”(Thinking Machines，Inc.)，开发具有智能的计算机。

图12-2 马文·明斯基

2. 约翰·麦卡锡

约翰·麦卡锡(J. McCarthy，1927—)(如图12-3所示)，美国人。1956年夏天，麦卡锡发起著名的达特茅斯会议。1958年，他到MIT任职，与明斯基一起组建了世界上第一个人工智能实验室，并第一个提出和实现了世界上最早的分时系统——基于IBM 7094的CTSS和其后的MULTUCS。1959年，开发了人工智能界最流行的编程语言之一——LISP语言。后来，麦卡锡回到斯坦福大学并在那里组建了第二个人工智能实验室。他还发明了用于计算机博弈的著名的$\alpha-\beta$搜索法。1971年，麦卡锡获得图灵奖。

图12-3 约翰·麦卡锡

3. 赫伯特·西蒙 & 艾伦·纽厄尔

西蒙(H. A. Simon，1916—2001)和纽厄尔(A. Newell，1927—1992)(如图12-4所示)是师生关系，后来成为极其亲密的合作伙伴。1975年，两人共同获得了图灵奖，这是图灵奖首次被同时授予两位学者。西蒙在其他领域也有很大建树，1978年获得了诺贝尔经济学奖。他们合作成功开发了最早的启发式程序“逻辑理论家”(Logic Theorist，LT)和“通用问题求解器”。LT证明了数学名著《数学原理》中的全部定理，从而开创了机器定理证明这一新的学科领域。在开发逻辑理论家的过程中，首次提出并成功应用了“链表”作为基本的数据结构，并设计与实现了表处理语言。西蒙和纽厄尔在人工智能中做出的最杰出贡献是他们共同提出了“物理符号系统假说”，因此称为符号主义学派的创始人和代表人物。

图12-4 赫伯特·西蒙(左)和艾伦·纽厄尔(右)

4. 爱德华·费根鲍姆 & 劳伊·雷迪

爱德华·费根鲍姆(E. A. Feigenbaum,1936—　),劳伊·雷迪(R. Reddy,1937—　)(如图 12-5 所示),两人均为美国人,共同获得了 1994 年度图灵奖。费根鲍姆 1952 年进入卡内基·梅隆大学电气工程系,师从西蒙教授,并取得博士学位。费根鲍姆的重大贡献在于最早倡导了"知识工程",并使知识工程成为人工智能领域中取得实际成果最丰富、影响也最大的一个分支。他还和他人合作,开发出世界上第一个专家系统程序。雷迪原本是印度人,后来加入美国国籍。他于 1966 年在斯坦福大学获得了博士学位,当时的导师是麦卡锡。雷迪主持过许多大型人工智能系统的开发,取得了一系列引人注目的成就,例如车辆自动驾驶,他在计算机视觉、机器人路径规划、自动控制、障碍识别等方面都有重大技术突破。此外,还研发了 LISTEN 语音识别系统、火山探测机器人等。

图 12-5　爱德华·费根鲍姆(左)和劳伊·雷迪(右)

5. 莱斯利·瓦伦特

莱斯利·瓦伦特(L. Valiant,1949—　),英国人,如图 12-6 所示。瓦伦特是英国皇家学会会员、美国科学院院士。1986 年获国际数学联盟 Nevanlinna 奖,1997 年获 Knuth 奖,2008 年获欧洲理论计算科学协会奖,2010 年获图灵奖。

图 12-6　莱斯利·瓦伦特

瓦伦特最大的贡献是 1984 年完成的论文"A Theory of the Learnable",该论文为机器学习奠定了坚实的数学基础。他提出的概率近似正确模型能够解决信息分类的问题,对于人工智能诸多领域包括机器学习、机器视觉、自然语言处理和手写识别等都产生了巨大影响。

12.5　机器人定律

美国当代最著名的科幻作家艾萨克·阿西莫夫(Isaac Asimov,1920—1992)在其名著《我,机器人》(2004 年被改编成电影"机械公敌")(如图 12-7 所示)中,提出了有名的机器人三定律,也称为机器人学三大法则。当时,世界上还没有制造出来机器人。直到 1959 年,美国制造出世界上第一台工业机器人,宣告机器人从科学幻想变为现实。机器人三定律随之得到了越来越多的关注。

图 12-7　科幻作家艾萨克·阿西莫夫(左)和电影《机械公敌》剧照(右)

机器人三定律的具体内容是:

第一定律:机器人不得伤害人类个体,或者目睹人类个体将遭受危险而袖手旁观。

第二定律:机器人必须服从人给予它的命令,当该命令与第一定律冲突时例外。

第三定律:机器人在不违反第一、第二定律的情况下,要尽可能保护自己的生存。

后来发现,这三条定律还存在缺陷,机器人仅仅遵守上述三条定律,仍会出现问题。比如所谓的"死刑问题",就是指人类对死刑犯执行死刑时,机器人如果遵照第一条定律,就必须想方设法去营救这个死刑犯,或者竭尽所能去阻止死刑的执行,这样必然会导致人类社会正常的法制秩序受到严重的破坏,这显然违背了人们制造机器人的初衷。

因此,阿西莫夫后来在小说《机器人与帝国》中又添加了一条机器人的新定律,而且把它放在最优先的位置,即第零定律:机器人必须保护人类的整体利益不受伤害,其他三条定律都是在这一前提下才能成立。

所以,阿西莫夫的机器人定律修正为:

第零定律:机器人必须保护人类的整体利益不受伤害。

第一定律:机器人不得伤害人类个体,或者目睹人类个体将遭受危险而袖手旁观,除非这违反了机器人学第零定律。

第二定律:机器人必须服从人给予它的命令,当该命令与第零定律或者第一定律冲突时例外。

第三定律:机器人在不违反第零、第一、第二定律的情况下,要尽可能保护自己的生存。

【小插曲】 电影《人工智能》(如图 12-8 所示)讲述的是 21 世纪中期,由于气候变暖,南北两极冰盖的融化,很多城市都被淹没在了一片汪洋之中。此时,人类的科学技术已经达到了相当高的水平,人工智能机器人就是人类发明出来的用以应对恶劣自然环境的科技手段之一。先进的人工智能机器人不但拥有可以乱真的人类外表,而且还能像人类一样感知自己的存在。大卫就是这样一个有思想、有感情的小机器人,他被一对人类父母所收养,有一个哥哥和一个贴身的伙伴——机器泰迪熊。但大卫一直渴望着自己终有一天不再仅仅是个机器人。抱着对这个愿望的执着,11 岁的大卫踏上了漫长的心路旅程,跟随在他身边的,还有另一个善良的机器人乔。谁也

图 12-8　《人工智能》剧照

不知道他们能否完成自己的心愿，脱胎换骨成为真正的人，等待他们的只有凶吉难料的对复杂人性的追寻……

12.6　人工智能的研究目标与内容

12.6.1　人工智能的研究目标

人工智能的近期研究目标是研究建造智能机器，用机器来部分地或在某种程度上模仿和实现人类的某些智能。也就是说，使现有的计算机更灵活，更好用和更有用，成为人类智能化信息的处理工具，不仅能做一般的数值计算和处理，还能运用知识推理处理一些复杂问题。为此，需要研究实现机器智能的有关理论、技术和方法，建立相应的智能系统，如智能机器人、计算机视觉系统、专家知识库系统、自动定理证明系统、自然语言理解系统、机器翻译系统、机器学习系统等。

人工智能的远期目标是要制造能够实现人类智能的智能机器人，使计算机具有听、说、写等感知和交互功能，具有联想、推理、理解、学习等高级思维能力，以及分析问题、解决问题和发明创造的能力。此时，计算机像人类一样具有自动发现规律、自动获取知识并利用知识的能力，从而大大扩展和延伸人类的智能。

12.6.2　人工智能的研究内容

人工智能的研究内容非常广泛，下面列举其中一些重点研究内容。

1. 机器感知

机器感知主要研究如何使得机器像人一样具有视觉、听觉、触觉、嗅觉等感知能力。其中机器视觉和机器听觉用途最广，重要性也最高。机器视觉是研究机器如何识别数字、文字、图像、图形、人物、场景等各种感兴趣的对象；机器听觉是研究机器如何识别语音等。机器感知和模式识别紧密相关。

模式识别是人工智能学科中最基本也是最重要的研究内容之一。简单来说，模式识别就是让计算机能够认识它周围的事物，使人与计算机的交流更加自然与方便。模式识别包括文字识别（读）、语音识别（听）、语音合成（说）、自然语言理解与计算机图形识别等。计算机模式识别的典型过程是

（1）将摄像机、送话器或其他传感器接受到的外界信息转变成电信号。

（2）计算机再对这些电信号进行处理得到信息的输入信号模式。

（3）将得到的输入信号模式与计算机中原有的各个标准模式进行比较，完成对输入信息的分类识别工作。

2. 机器推理

推理能力是人类智能的重要组成部分。机器推理就是计算机推理，也称自动推理。机器推理按照形式逻辑中的推理规则，主要采用符号演算的方法进行推理。形式逻辑中推理

分为演绎推理、归纳推理、类比推理等基本类型。机器推理可划分为基于经典逻辑的传统推理外，还有非经典逻辑的推理，如：模糊逻辑、多值逻辑、动态逻辑等。

传统推理技术包含三大部分：知识库、综合数据库和推理机。其中，知识库存储了特定领域给定的一系列的规则；综合数据库存储了已知结论的命题，这些命题包括最初搜集的原始证据、中间结论和最终结论；推理机针对综合数据库的命题，根据知识库的规则，按照链式法则进行推理。推理机按推理的方向不同，可分为正向推理机、反向推理机和正反向推理机。

机器推理还可按照可靠性分为确定性推理和不确定性推理。机器推理传统上都属于串行推理，现在正在研究并行推理，以提高推理速度。

机器推理常常用于自动定理证明。自动定理证明是人工智能的最古老分支，其根源是纽厄尔和西蒙的“逻辑理论家”以及“通用问题求解器”。自动定理证明的方法主要有四类。

(1) 自然演绎法：依据推理规则，从前提和公理中可以推出许多定理，如果待证的定理恰在其中，则定理得到证明。

(2) 判定法：即对一类问题找出统一的可以在计算机上实现的算法。

(3) 定理证明器：研究一切可判定问题的证明方法。

(4) 计算机辅助证明：指以计算机为辅助工具，利用机器的高速度和大容量，帮助人类完成人工证明中难以完成的大量计算、推理和穷举。

3. 机器学习

学习是人类具有的一种重要的智能行为和能力。机器学习就是研究机器如何模仿和实现人类的学习行为，以获取新的知识或技能，更新已有的知识结构，并不断改善机器自身的性能。简单地说，就是研究如何让机器自身获取知识、不断提高其性能的过程。机器学习可以分为三个层次：(1)对人类已有知识的获取；(2)对客观规律的发现；(3)对自身行为的修正。

机器学习经常用来完成针对给定数据进行归类的问题，即给定一些数据样本，通过机器学习自动判断其中哪些数据属于哪个类别。机器学习有很多方法，其中研究较多、应用较广的学习方法有监督学习、非监督学习以及半监督学习法。

(1) 监督学习

监督学习也称有教师学习。已知给定数据样本所包含的类别，并且有相当一部分数据(训练数据)已经标上了类别，使用这些已标注的训练数据对机器进行训练，最后得出一个训练好参数的学习模型。利用该模型，对剩余的数据样本(测试数据)进行分类，这种学习方法称为监督学习。

(2) 非监督学习

在非监督学习中，事先不知道给定的数据样本的归属类别，也不知道类别的总数。通过数据内在的一些属性和联系，将数据自动整理为某几类，这就属于非监督学习。

(3) 半监督学习

半监督学习介于监督学习和半监督学习之间。在数据样本中，只有很少的数据被标注了所属类别，绝大部分数据未被标注。半监督学习主要研究如何利用少量的标注样本和大量的未标注样本进行训练和分类的问题，对于减少标注代价，提高机器的学习性能具有非常重大的实际意义。

4. 机器理解

机器理解是指研究如何让机器理解语言、声音、图形、图像等，比机器识别更高一个层次。机器理解的研究内容主要包括自然语言理解和图像理解等。

自然语言理解就是计算机理解人类的自然语言，如英语、日语、汉语等各国语言，包括口语与文字语言。一般认为，自然语言理解是机器翻译的基础和关键，也是当前人工智能领域的一个研究难点。图像理解是图像识别的延伸，研究图像中各个目标的性质及它们之间的相互联系，理解图像内容的含义以及解释对应的客观场景。

知识表示方法主要包括符号表示法和神经网络表示法。

5. 人工神经网络

T. Koholen 为人工神经网络(Artificial Neural Network，ANN)下的定义是："人工神经网络是由具有适应性的简单单元组成的广泛并行互联的网络，它的组织能够模拟生物神经系统对真实世界物体所作出的交互反应。" 实质上，人工神经网络是由大量处理单元(神经元)互联组成的非线性、自适应的信息处理系统，是模拟人脑的神经网络行为特征、进行分布式并行信息处理的计算模型。人工神经网络试图通过模拟大脑神经网络处理信息的方式进行信息处理。

ANN 广泛应用于函数逼近、模式识别、信息分类和数据压缩或数据挖掘，其研究目的在于：

(1) 通过揭示物理平面与认知平面之间的映射，了解它们相互联系和相互作用的机理，从而揭示思维的本质，探索智能本源。

(2) 构造出尽可能与人脑有相似功能的计算机，即 ANN 计算机。

(3) 研究仿照脑神经系统的 ANN，将在模式识别、组合优化和决策判断等方面，取得传统计算机难以达到的效果。

与经典计算方法相比，ANN 的优点是具有自学习、自组织、较好的容错性和优良的非线性逼近能力，特别适合于以下情形。

(1) 对问题的机理不清楚，或不能用数学模型来表示，如对于故障诊断、特征提取和预测等问题，ANN 往往是最有利的工具。

(2) 对处理大量原始数据而不能用规则或公式描述的问题，表现出极大的灵活性和自适应性。

神经网络的研究集中在理论和应用两大方面。在理论方面，主要是基于神经生理与认知科学的理论，研究人类思维以及智能机理，以及功能更完善和性能更好的神经网络模型及其学习算法；在应用方面，主要研究神经网络的软件模拟和硬件实现，以及神经网络在其他各领域中的应用。

6. 机器行为

机器行为主要研究机器人的行为规划方法，是智能机器人的核心技术之一。机器人要依靠行为规划来制定行为步骤和动作序列，规划功能的强弱反映了智能机器的智能水平。

7. 知识表示

知识是人们通过对信息的提炼和推理而获得的正确结论，是人们对自然世界、人类社会以及思维方式与运动规律的认识与掌握，是人的大脑通过思维重新组合和系统化的信息集合。知识表示、推理和应用是传统人工智能的三大核心研究内容。其中，知识表示是基础，是对知识的一种描述、一组约定,是一种计算机可以接受的用于描述知识的数据结构。

12.7 人工智能的应用

人工智能的应用非常广泛,主要包括以下几个方面。

12.7.1 自动定理证明

这是人工智能的一个重要的且是最早的研究方面,是最典型的逻辑推理问题之一。

自动定理证明的最有名的范例是"四色定理"。"四色定理"是世界近代三大数学难题之一,指任意一张地图都可以只用四种颜色着色,使得相邻国家的版图具有不同的颜色。该问题从 1852 年提出后的一百多年里,有很多世界一流的数学家试图解决其证明问题,均未成功。直到 1976 年,美国数学家阿佩尔(K. Appel)与哈肯(W. Haken)利用计算机,耗费 1 200 个小时,做了 100 亿个判断,终于完成了四色定理的证明,当时引起了世界轰动。

中国科学家在自动定理证明领域,也取得了辉煌的成就。1977 年,我国著名的数学家、第一届国家最高科学技术奖得主吴文俊院士(见图 12-9)在《中国科学》上发表了题为"初等几何判定问题与机械化证明"的论文,提出了自己的机械化方法,被称为"吴方法"。1983 年,周咸青利用吴方法编制的定理证明器,证明了几百条几何定理。在自动定理证明领域,周咸青等后来又提出了 Grobner 基方法,洪家威提出了例证法,张景中、杨路提出数值并行方法等。这些方法的提出极大促进了几何定理机器证明的研究。

图 12-9 吴文俊院士

12.7.2 专家系统

专家系统是一种根据某一领域专家的知识、经验和技术而建立的计算机软件系统。它是人工智能从理论研究走向实际应用,从一般思维规律探索走向专门知识应用的重大突破。

1968 年,斯坦福大学费根鲍姆等人研制了世界上第一个专家系统——化学质谱分析系统 DENDARL,该系统能根据质谱仪的数据和核磁谐振的数据,帮助化学家推断分子结构。后来,费根鲍姆领导的研究小组又研制了诊断和治疗细菌感染性血液病的专家咨询系统 MYCIN。MYCIN 系统是个经典的专家系统,第一次提出了专家系统的完整框架,解决了知识表示、知识获取、搜索策略、不精确推理等重大问题。1976 年,斯坦福大学杜达等研制了矿藏勘探专家系统 PROSPECTOR,该系统能帮助地质学家解释地质矿藏数据,提供硬岩石矿物勘探方面的咨询。

当前,专家系统已应用到众多领域,如地质勘探、军事、工程技术、化学、数学、物理、生物、医学、农业、气象等。有很多专家系统的性能已超过了同领域中人类专家的水平,在实际应用中带来了巨大的经济效益。

12.7.3　智能机器人

智能机器人是人工智能最富有挑战的应用和研究领域。智能机器人像人一样，具有感知能力、行动能力和思维判断能力，可获取、识别和处理多种信息，建立并实时修正环境模型，自主地完成复杂任务。智能机器人技术的重点包括：机器感知技术（机器视觉、触觉、听觉、嗅觉、味觉等）、行为控制规划技术等。

12.7.4　难题求解

人工智能技术被广泛应用到没有算法解，或虽有算法解但在现有机器上无法实施或完成的复杂问题中。其中，神经网络技术是最常用的方法之一，在诸如路径规划、运输调度、电力调度、地质分析、测量数据解释、天气预报、市场预测、股市分析、疾病诊断、故障诊断、军事指挥、机器人行动规划、机器博弈等方面有很广泛的应用。

12.7.5　自动翻译

也称为机器翻译，利用计算机自动进行不同语言之间的翻译，包括原文分析、原文译文转换和译文生成三个阶段。对机器翻译的研究，包括翻译处理软件环境、语言学工程和知识处理环境三个部分。理解自然语言是机器翻译的一个难点。虽然现在有很多免费或商用的翻译软件，但是离“信、达、雅”的翻译标准还有很长一段距离。

12.7.6　智能控制

智能控制就是把人工智能技术引入控制领域，建立智能控制系统。智能控制主要有以下途径：

(1) 基于专家系统的专家智能控制。

(2) 基于模糊推理和计算的模糊控制。

(3) 基于人工神经网络的神经网络控制。

(4) 综合上述三种方法的综合型智能控制。

12.7.7　智能管理

就是把人工智能技术引入管理领域，建立智能管理系统。智能管理研究如何提高计算机管理系统的智能水平，以及智能信息管理系统的设计理论、设计方法与实现技术。智能管理是现代管理科学技术发展的新方向。

12.7.8 智能决策

智能决策研究就是把人工智能技术引入到决策过程中，建立智能决策支持系统。智能决策支持系统是20世纪80年代初提出的，它是决策支持系统与人工智能，以及专家系统相结合的产物。

本章小结

人工智能是计算机科学中涉及研究、设计和应用智能机器（智能计算机）的一个重要分支学科，涉及数学、思维科学、生命科学、哲学，以及信息论、控制论、系统论等多个学科，因此也是一门综合性的交叉学科和边缘学科。人工智能在一定程度上模仿人类活动，如感知、思考、学习和动作等。定义人工智能的一种方法是图灵测试，它比较人类和机器的智能行为。本章重点介绍了人工智能的起源、发展、概念和判定方法，随后详细阐述了人工智能研究中的几个重要问题，包括三大流派及其主张、代表人物、目标和内容，最后还介绍了人工智能的发展过程和未来预测。

通过本章内容的学习，有助于学生对人工智能的起源、发展、研究内容及目标、应用等有一个比较全面的了解，为以后的深入学习打下一个良好的基础。

【推荐课余阅读材料】

[1] Nilsson N J. 人工智能[M]. 1版. 郑扣根，庄越挺，译. 北京：机械工业出版社，2006.

[2] 蔡自兴，徐光佑. 人工智能及其应用[M]. 4版. 北京:清华大学出版社，2010.

习题

1. 名词解释

人工智能　人类智能　图灵测试　强/弱人工智能　机器人三定律　机器感知　机器学习

2. 填充题

(1) 简单地说，人工智能就是利用__________模拟和实现__________。

(2) 人工智能的三大学派包括__________主义、__________主义和__________主义。

(3) 人工智能发展可大致分为__________个阶段。

(4) 图灵因为发表论文__________，被认为是__________之父；同时因为提出__________模型，又被尊称为__________之父。

(5) 机器理解的研究内容主要包括__________理解和__________理解等。

(6) 符号主义学派的代表人物是__________和__________。

(7) 我国著名科学家__________在几何定理机器证明方面取得了突出的成就。

(8) 人工神经网络是由大量__________互联组成的__________的信息处理系统，是模拟人脑的神经网络行为特征，进行分布式并行信息处理的__________。

(9) 人工智能的远期目标是要制造__________的智能机器人。

(10) 定义人工智能的一种方法是__________，它可测试一台计算机是否像人类一样具有智能。

3. 选择题

(1) 不属于人工智能学科研究范畴的是(　　)。

A. 机器人　B. 图像识别　C. 自然语言理解　D. 软件工程

(2) 人工智能学科诞生于(　　)。

A. 1950年　B. 1946年　C. 1956年　D. 1958年

(3) 以下哪个不是符号主义的别称(　　)。

A. 逻辑主义　B. 心理学派　C. 计算机学派　D. 控制论学派

(4) "智能取决于感知和行为"是(　　)的主张。

A. 符号主义　B. 连接主义　C. 行为主义　D. 联结主义

(5) 最早获得图灵奖的人工智能学者是(　　)。

A. 麦卡锡　B. 明斯基　C. 西蒙　D. 纽厄尔

(6) 机器学习方法不包括(　　)。

A. 监督学习　B. 半监督学习　C. 非监督学习　D. 快速学习

(7) (　　)不属于人工智能的应用范围

A. 几何定理证明　B. 智能机器人　C. 自动翻译　D. 文学创作

(8) "机器人三定律"没有涉及的内容是(　　)。

A. 机器人必须保护人类的整体利益不受伤害

B. 机器人不得伤害人类个体，或者目睹人类个体将遭受危险而袖手旁观

C. 机器人必须服从人给予它的命令

D. 机器人要尽可能保护自己的生存

(9) 图灵实验用来(　　)。

A. 判断计算机是否具有智能　B. 设计图灵机

C. 判断计算机的性能优劣　D. 训练机器人

(10) 传统的机器推理技术不包含(　　)。

A. 推理机　B. 知识库　C. 综合数据库　D. 函数库

4. 简答题

(1) 试述人工智能各学派的主要观点。

(2) 试述人工智能的主要研究和应用领域。

(3) 人工智能的研究目标是什么？

(4) 试举出人工智能技术在工作或生活中的几个应用实例。

(5) 谈谈你对"机器人三定律"的思考。

本章参考文献

[1] 王宏生，孟国艳. 人工智能及其应用[M]. 1版. 北京:国防工业出版社，2009.
[2] Luger G F. 人工智能:复杂问题求解的结构和策略[M]. 6版. 北京:机械工业出版社,2008.
[3] 蔡自兴. 智能控制原理与应用[M]. 北京：清华大学出版社，2007.
[4] 王万森. 人工智能原理及其应用[M]. 北京：电子工业出版社，2000.
[5] 钟义信. 智能科学与技术学科发展现状与前景展望(1)[J]. 中国人工智能学会通讯，2011，1.
[6] 钟义信. 智能科学与技术学科发展现状与前景展望(2)[J]. 中国人工智能学会通讯，2011，2.
[7] Zhong Y X. Mechanism approach to advanced intelligence[J]. International Journal of Advanced Intelligence，2009，1(1)：27-38.
[8] 钟义信. 机器知行学原理:信息、知识、智能转换与统一理论[M]. 北京：科学出版社，2007.
[9] 章毓晋. 图像工程[M]. 2版. 北京：清华大学出版社，2007.

第 13 章 信息安全

【本章内容概要】 本章介绍信息安全的概念和其在计算机系统中的地位，信息安全的现状和面临的威胁，并从理论要求、技术实现和实际运用等方面介绍信息安全领域人们关心的问题和相应的解决途径，重点介绍信息安全领域的一些关键技术。

【学习目的和要求】 理解信息安全中的常见概念，了解数据加密与认证技术的一些基本概念和方法，掌握防火墙、入侵检测、计算机病毒、VPN 等技术的原理，灵活应用相关的知识。

【应掌握的知识点】 数据加密，安全认证，计算机病毒，防火墙，入侵检测。

13.1 信息安全概述

13.1.1 信息安全概念

信息安全是一个涉及计算机科学、网络技术、通信技术、密码技术、信息安全技术、应用数学等多种学科的边缘性综合学科。国际标准化委员会对信息安全的定义是："为数据处理系统和系统采用的技术实施安全保护，保护计算机硬件、软件、数据不因偶然的或恶意的原因而遭到破坏、更改、显露。"随着个人计算机和互联网的普及，越来越多的公司使用互联网管理其业务，行政机构和政府借助于计算机存储重要的信息和数据，个人利用计算机与各种终端设备享受互联网的快捷和便利。但是，大量敏感的信息——大到维系公共安全的重要行政与军事信息，小到个人的隐私信息，不可避免地在互联网上传播和存储。大量资金通过网络进行转账，通过银行交易或信用卡等方式进行支付。对于怀有恶意的罪犯来说，这些都是他们所垂涎的目标。如果不对其进行适当的保护，那么个人、公司或各种组织将会面临巨大的经济风险和信任风险。

信息安全大致可以分为网络安全和计算机系统实体安全。

网络安全从狭义角度来分析，是指计算机及其网络系统资源和信息资源受到保护，不受自然和人为有害因素的威胁和危害。从广义上讲，凡是涉及计算机网络信息的保密性、完整性、可用性、真实性和不可抵赖性的相关技术和理论都是计算机网络安全的研究领域。网络安全包括两方面的内容：网络的系统安全和网络的信息安全。涉及的内容相当广泛，既有技术方面的问题，也有管理方面的问题，两方面相互补充，缺一不可。技术方面主要侧重于如何防范外部非法攻击，管理方面则侧重于内部人为因素的管理。

同时,许多网络系统本身存在着漏洞。如 Windows NT、UNIX 等都有数量不等的漏洞,局域网内网络用户使用盗版软件,随处下载软件及网管的疏忽都容易造成网络系统漏洞。这些漏洞不但影响了局域网的正常工作,同时也在很大程度上把局域网的安全置于危险之地,黑客利用这些漏洞就能完成密码探测、系统入侵等攻击。

13.1.2 信息安全现状

当前,信息的安全和保密已成为至关重要和急需解决的问题。计算机网络所具有的开放性、互联性和共享性使网络信息安全存在着先天不足,再加上系统软件中的安全漏洞以及缺乏严格管理,致使网络易受攻击,因此网络安全所采取的措施应能全方位地针对各种不同威胁。

目前,信息安全方面存在以下问题:

1. 不能及时发现安全问题

网络设备每天生成大量数据,日志可能有上万条甚至几十万条,由于人工对安全系统的日志进行审计分析,再加上误报、漏报,往往不能及时准确地发现安全事件。

2. 不能准确定位安全问题

由于安全产品来自不同的厂商,没有统一的标准。所以,安全产品之间无法进行信息交流,形成许多安全孤岛和盲区。由于事件孤立,相互间无法形成良好的集成关联,因此无法准确地判断问题出现的位置。例如入侵检测系统事件报警,就需关联同一时间的防火墙报警、被攻击的服务器安全日志报警,从而了解是真实报警还是误报。如果是未知病毒的攻击,则分为网络病毒、主机病毒两类,需要关联网络流量监控和关联服务器运行状态监控。

3. 缺乏有效事件处理机制

没有对事件处理过程进行追踪记录,使得处理的知识经验不能得到共享,导致下次再发生类似事件时,处理效率低下。

4. 缺乏专业安全技能

管理员发现问题后,因为安全知识不足导致事件迟迟不能被处理,从而影响网络的安全性,延误网络的正常使用。

13.1.3 信息安全威胁

常见的信息安全威胁包括:计算机病毒、黑客入侵、网络欺骗、漏洞攻击等。

1. 计算机病毒

随着计算机网络技术的发展,计算机病毒技术也在快速地发展变化之中,而且在一定程度上走在了计算机网络安全技术的前面。计算机病毒具备破坏性和传染性,主要通过电子邮件、文件下载、网络访问、移动介质等形式进行传播,可造成数据破坏、系统异常、网络瘫痪。

2. 黑客入侵

据《2008 瑞星中国内陆地区互联网安全报告》披露,以牟利为目的的黑客产业链已经形成并成为新的暴利产业。电脑一旦成为被控制目标,黑客可以在该被控制的电脑上恣意安为。同时，技术能力比较弱的某些部门，遭受境外黑客攻击破坏也十分严重。据媒体披露，一些重要部门包括政府部门、国防机构、军工企业等重要单位，也曾遭到境外大规模的网络窃密攻击。

3. 网络欺骗

网络欺骗就是不法分子通过电子邮件、网络程序及假冒网站等形式或手段进行的信息欺骗。近来流行的“网络钓鱼”就属于典型的网络欺骗。“钓鱼者”制作假冒网站，然后通过发送垃圾邮件等形式诱骗人们上当。当受骗者访问其假冒网站，并且输入信用卡账号、密码等信息时，犯罪分子随即得手。

4. 漏洞攻击

近年来，随着蠕虫攻击（例如冲击波、振荡波）、黑客攻击事件的增多，信息网络安全面临着越来越严重的后果。系统故障、网络瘫痪、数据破坏、后门控制，以及由此带来的直接或间接的经济损失，使信息化的健康发展遇到了极大阻碍。

计算机系统之所以容易受到攻击，很重要的原因是由于自身存在安全漏洞。因此，只有充分了解网络和系统漏洞并采取有效措施加以弥补，才能使攻击者无机可乘，防患于未然。

13.2　数据加密与认证技术

13.2.1　密码学基本概念

密码学是关于信息加密和解密的科学。自从人类社会产生以来就有分享信息和隐瞒信息的愿望。为了达到隐瞒信息的目的，产生了密码。最初的密码主要用于军事用途。在西方，罗马人利用字母换位的方式创造出所谓的恺撒密码，即将每个字母在字母表中的位置循环移动一个固定的值，比如“a”变成“z”，“b”变成“a”，依此类推。在我国，传说最早的军事密码是《封神演义》中的姜子牙创造的“阴书”。他将需要传输的内容按照一定的规则拆分，由多人分别传送。到达目的地后再按照此规则合并。路途中即使有一个或两个人被拦截，也不会泄漏传输的内容。

【小插曲】　真正意义上的密码要追溯到古欧洲的斯巴达。为了保密，斯巴达人采用一种独特的方式书写军事情报。他们将一根皮带螺旋式地绕在圆木棍上，然后把情报书写在皮带上。当皮带被打开时，出现在带子上的只是一些毫不相干的断断续续的字母。要得到秘密情报，只要将皮带卷在一根直径与原来一样的木棍上就行了，如图 13-1 所示。

图 13-1　斯巴达人的加密方法

现代加密技术以第二次世界大战中德国使用的 Enigma 密码机及相关加密技术为标志。Enigma 密码机使用了一系列替代变换取代了传统的移位密码加密方式，并第一次实现了密钥交换，即解密密钥随密文一起发出，以便随时更换密钥。Enigma 密码机在取得巨大的成功后引发了加密领域的一些革命性的技术措施。密码分析正是在此期间开始的。

加密是一种将明文的可读数据转化成看似随机、不可读的形式，称之为密文的方法。明文形式存在的数据容易被人或计算机所理解。一旦它转化成密文，在解密之前，人和机器都无法正确处理。这使得机密信息即使通过不安全的渠道传输时，也不会造成未授权泄露。存储在计算机中的数据通常使用逻辑和物理访问控制的方式加以保护。但当这些敏感信息在网络上传送时，上述控制方法就不再起作用，信息处于更易受到攻击的状态。数据的保密性是信息安全性的一个重要方面。保密的目的是防止对手破译信息系统中的机密信息。加密是实现信息保密的一种重要手段，就是使用数学方法来重新组织数据，使得除了合法的接收者外，任何其他人想恢复原先的"消息"或读懂变化后的"消息"是非常困难的，将密文还原成明文的过程称作解密，加密解密的过程如图 13-2 所示。

密码学的术语包括：

(1) 明文和密文：普通信息称为明文，难以理解的信息称为密文。

(2) 加密过程：将明文转换为密文的过程。

(3) 解密过程：将密文还原为明文的过程。

(4) 加密算法：经过一系列步骤组成的，用于进行加密或解密的数学步骤(函数)。

(5) 密钥(Key)：一个用于加密和解密算法的特殊参数。一般说来，密钥只能被通信双方所拥有。正常情况下，现代密码学中密钥是由通信双方约定或由通信中某一方生成并递交至另一方的。如果密钥泄漏，则应认为加密失效，密文失去保密性。

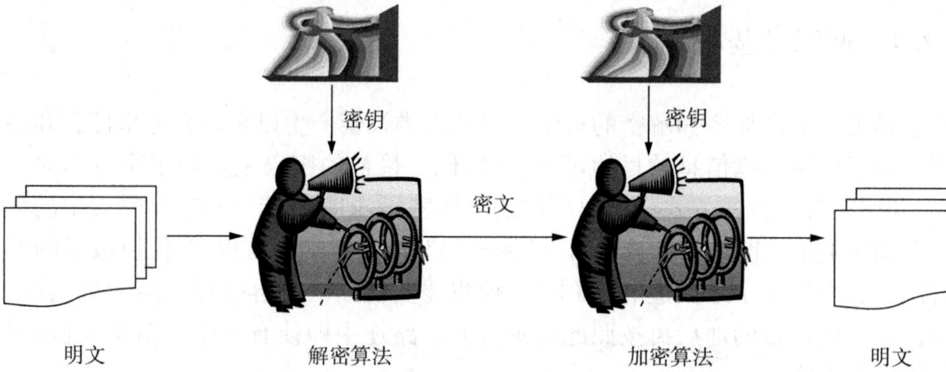

图 13-2　加密解密的过程

13.2.2　数据加密算法

1. 对称加密算法

对称加密算法(Symmetric-key cryptography 或 Symmetric Algorithms)，又称密钥加密算法，该算法对明文的加密和密文的解密采用相同的密钥。在应用对称加密的通信中，消息的发送者和接收者必须遵循一个共享的秘密即所使用的密钥。对称加密算法如图 13-3 所示。其中，加密密钥和解密密钥相同，或者在实质上等同，即从一个很容易得出另一个。

对称加密算法中，涉及对密钥的保护措施，即密钥管理机制。密钥管理必须应用于密钥的整个生存周期，需要保证密钥的安全，保护其免于丢失或损坏。密钥不能通过明文形式传

图 13-3　对称加密算法

送，一般借助于一个双方都信任的第三者（网络安全中心）帮助他们完成密钥的传送。流行的对称加密算法包括：DES、3-DES、AES、IDEA、BlowFish 和 RC 系列算法等。

2. 非对称加密算法

非对称密钥加密算法（Asymmetric-key cryptography 或 Asymmetric Algorithms），包括 Diffiel-Hellman、RSA 算法、ElGamal 算法和 ECC 算法等，是以迪菲（W. Diffie）和海尔曼（M. Hellman）两位学者所提出的单向函数与单向暗门函数为实现基础的一类加密算法，如图 13-4 所示。与对称加密算法相比，最大的特点在于使用两个不同的密钥：加密密钥和解密密钥。加密密钥是不保密的，谁都可以使用，所以叫做公开密钥（公钥）；解密密钥是保密的，只有接收者一方才知道，所以叫做私用密钥或保密密钥（私钥）。这两个密钥是数学相关的，通常成对生成。相对于对称加密算法，非对称加密算法的优点在于选择的某种类型的加密算法和解密算法，使得局外人即使知道了加密密钥，也推算不出解密密钥。其不足之处在于，非对称加密算法算法使用 64 位的原文和 56 位的密钥，原文经过 19 个不同而复杂的过程来产生一个 64 位的密文，计算速度很慢，对于处理器的计算能力有相当的要求，且难以在嵌入式系统或一些旧系统中实现。

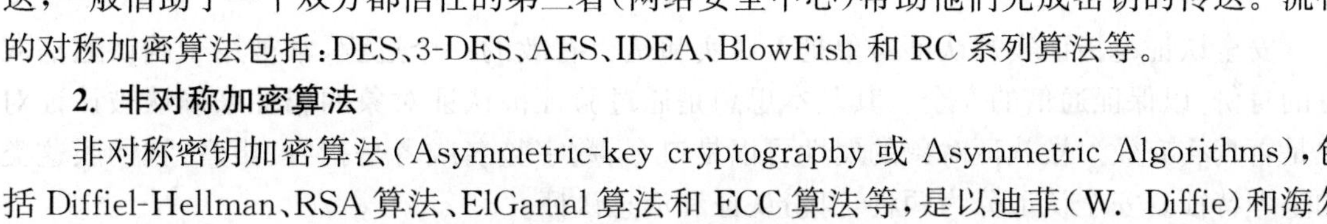

图 13-4　非对称加密算法

RSA 是里韦特（R. Rivet）、谢米尔（A. Shamir）和阿德尔曼（L. Adleman）（见图 13-5 所示）于 1978 年在美国麻省理工学院研制出来的一种比较典型的公开密钥加密算法，其安全性是建立在“大数分解和素性检测”这一已知的著名数论难题的基础上，即：将两个大素数相乘在计算上很容易实现，但将该乘积分解为两个大素数因子的计算量是相当巨大的，以至于在实际计算中是不能实现的。RSA 算法计算密钥的步骤如下：

图 13-5　RSA 算法的发明者

(1) 选择两个大的质数 p 和 q（一般为 100 位以上的十进制数）；

(2) 计算出这两个数的积：$n=pq$，以及 n 的欧拉函数：$\Phi(n)=(p-1)(q-1)$；

(3) 选择一个随机数 e 为加密密钥，保证 e 和 $\Phi(n)$ 互为质数；

(4) 计算解密密钥 d,即 $ed=1 \bmod \Phi(n)$ 或 $d=e^{-1} \bmod \Phi(n)$;

(5) 公钥由 (n, e) 构成,私钥由 (n, d) 构成。

现在得到公钥和私钥,它们如何协作工作呢?

(1) 加密的过程:设 X 是明文,计算 $Y=X^e \bmod n$,则 Y 就是密文。

(2) 解密的过程:设 Y 是密文,计算 $X=Y^d \bmod n$,则 X 就是明文。

13.2.3 安全认证

安全认证是指证实被认证对象是否属实和是否有效的一个过程,常被用于确认通信双方的身份,以保证通信的安全。其基本思想是通过验证被认证对象的属性来确认被认证对象是否真实有效。被认证对象的属性可以是口令、数字签名或者是指纹、声音、视网膜这类的生理特征。安全认证分为两种:身份认证和消息认证。

1. 身份认证技术

认证(Authentication)是证实实体身份的过程,是保证系统安全的重要措施之一。当服务器提供服务时,需要确认来访者的身份,访问者有时也需要确认服务提供者的身份。

常用的身份认证方法如下:

(1) 基于口令的认证方法。传统的认证技术主要采用基于口令的认证方法。当被认证对象要求访问提供服务的系统时,提供服务的认证方要求被认证对象提交该对象的口令,认证方收到口令后,将其与系统中存储的用户口令进行比较,以确认被认证对象是否为合法访问者。比如《阿里巴巴和四十个大盗》的"芝麻开门"就是一种密码。现代网络安全和系统安全中,用户名和密码仍然是必不可少的一个关键环节。其优点在于常见的操作系统都提供了对口令认证的支持,对于封闭的小型系统是一种简单可行的方法。

(2) 多因子认证。多因子认证是指在认证过程中,同时使用两种或两种以上因子共同进行验证的认证方式。例如,人们使用的银行卡,只有在持卡人使用特定的磁条卡并输入正确的密码后,银行柜员或 ATM 机才能提供取款服务。这里,磁条卡(智能卡)和密码就是这一身份认证系统中使用的两种验证因子。一般而言,多因子身份认证过程中,只有采用的所有认证方式都通过认证,系统才会将该用户视为合法用户,从而可以有效地降低攻击者伪造身份骗过认证系统的可能性。

(3) 一次口令机制。该机制采用了动态口令技术,使密码按照时间或使用次数不断动态变化,每个密码只使用一次。它采用一种称之为动态令牌的专用硬件,内置电源、密码生成芯片和显示屏,密码生成芯片运行专门的密码算法,根据当前时间或使用次数生成当前密码并显示在显示屏上。认证服务器采用相同的算法计算当前的有效密码,用户使用时只需要将动态令牌上显示的当前密码输入客户端,即可实现身份的确认。由于每次使用的密码必须由动态令牌来产生,只有合法用户才持有该硬件,所以只要密码验证通过就可以认为该用户的身份是可靠的。而用户每次使用的密码都不相同,即使黑客截获了一次密码,也无法利用这个密码来冒充合法用户的身份。

(4) 生物特征认证。它采用人的生物特征(如指纹、掌纹、视网膜、虹膜等)来验证用户身份的技术,生物特征认证的过程如图 13-6 所示。从理论上说,生物特征认证直接使用人的物理特征来表示每一个人的数字身份,而不同的人具有相同生物特征的可能性小到可以忽略不计。因此，基于生物学特征的身份验证通常被认为是最可靠、最安全的身份认证方式。其次，这些生物学特征是身份验证者天生具备的，无需用户进行记忆或利用记录媒体帮助记忆，这在某种程度上减少了安全风险。

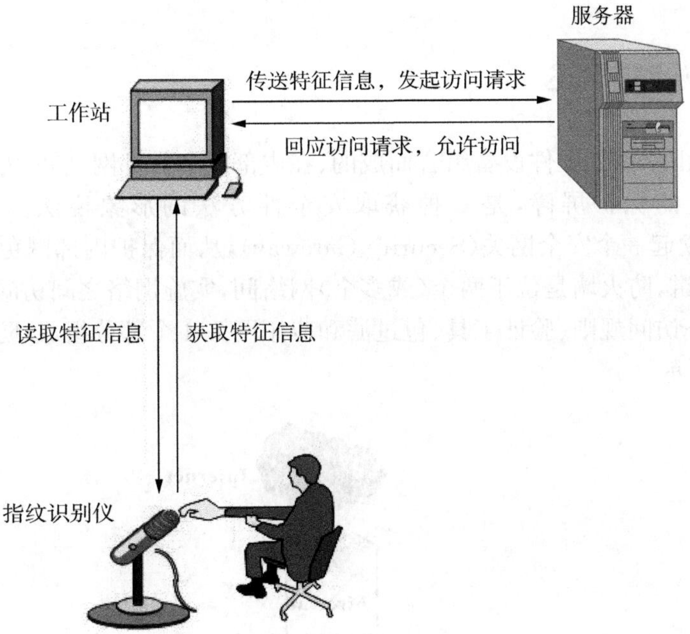

图 13-6 生物特征认证

(5) USB Key 认证。这是近几年发展起来的一种方便、安全、经济的身份认证技术。它采用软硬件相结合一次一个密码的强双因子认证模式，很好地解决了安全性与易用性之间的矛盾。USB Key 是一种 USB 接口的硬件设备，它内置单片机或智能卡芯片，可存储用户的密钥或数字证书，利用 USB Key 内置的密码学算法实现对用户身份的认证。

2. 消息认证技术

随着网络技术的发展，对网络传输过程中信息的保密性提出了更高的要求，这些要求包括：(1)对敏感的文件进行加密，即使非法用户截取文件也无法得到其内容；(2)保证数据的完整性，防止截获人在文件中加入其他信息；(3)对数据和信息的来源进行验证，以确保发信人的身份。

现在业界普遍通过加密技术来满足以上要求，实现消息的安全认证。消息认证就是验证所收到的消息确实是来自真正的发送方且未被修改过，也可以验证消息的顺序和及时性。

消息认证利用密钥对要认证的消息产生新的数据块并对数据块加密生成一个冗余的信息——消息认证码(Message Authentication Code，MAC)。消息认证码对于要保护的信息来说是唯一的，因此可以有效地保护消息的完整性，防止数据被伪造和被篡改，以及证实消息来源的有效性。随着密码技术与计算机计算能力的提高，消息认证码的实现方法也在不断的改进和更新之中，从而为更安全的消息认证提供保障。

13.3 防火墙

13.3.1 防火墙概述

防火墙是指由软件和硬件设备组合而成的、在内部网和外部网之间、专用网与公共网之间的界面上构造的保护屏障，是一种获取安全性方法的形象说法。它在 Internet 与 Intranet 之间建立起一个安全网关(Security Gateway)，从而保护内部网免受非法用户的侵入。从专业角度讲，防火墙是位于两个(或多个)网络间，实施网络之间访问控制的一组组件集合，主要由服务访问规则、验证工具、包过滤和应用网关 4 个部分组成，防火墙逻辑位置示意图如图 13-7 所示。

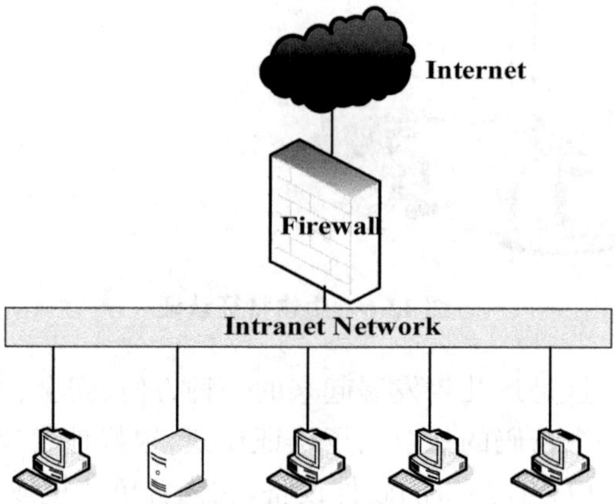

图 13-7 防火墙逻辑位置示意图

常见的防火墙有包过滤防火墙和代理防火墙。

1. 包过滤防火墙

其原理主要是检查流经防火墙的数据包并根据固有规则对数据包进行判断从而决定其最终流向。包过滤指的是对数据包进行筛选和甄别的过程。只有符合规定条件的数据包才允许穿越防火墙并到达最终目的地。包过滤防火墙是最古老也最简单的一类防火墙，它只能够分析数据包的包头信息(如 TCP 包包头或 UDP 包包头)，而不会分析数据包的数据段信息。包过滤防火墙能够识别的内容包括：来源地址、目的地址、使用的协议、使用的端口、来源路由信息等。

随着技术的进步，包过滤和包分析的功能也越来越强大。现代的包过滤防火墙除了能够对数据包进行一般性的过滤之外，还能够实现一些更为复杂的功能。例如，借助于包过滤防火墙实现访问控制列表，以及借助于一些额外的软件实现带有状态分析的包过滤。也可以实现针对数据包载体内容的过滤和分析，以及借助于包计数器实现简单的流量控制功能等。

2. 代理防火墙

代理服务(Proxy)是一种重要的电脑安全功能,也是一种特殊的网络服务。它允许客户端与另一个网络服务进行非直接的连接,也称网络代理。具体过程为:客户端首先与代理服务器建立连接,接着发出一个对另外的目标服务器的文件或其他资源的连接请求,代理服务器通过与目标服务器连接或从缓存中取得请求的资源,并返回给客户端。提供代理服务的计算机或其他类型的网络节点称为代理服务器,代理服务器中实现网络代理的应用软件称为代理软件。若在提供代理服务的过程中,增加数据传输的过滤或甄别功能,则可在代理服务器的基础之上实现防火墙的功能,即代理防火墙。

代理防火墙由于通常运行在应用层,因此可以实现一些包过滤防火墙所不能完成的功能,如针对具体的应用层协议进行控制,或者依据访问控制列表对用户进行 ACL,也可以针对数据包的具体内容进行内容控制或分级控制。但是代理防火墙的适用范围不够广,不能针对一些特定的低层协议或特定的攻击方式做出反应。代理服务器如图 13-8 所示。

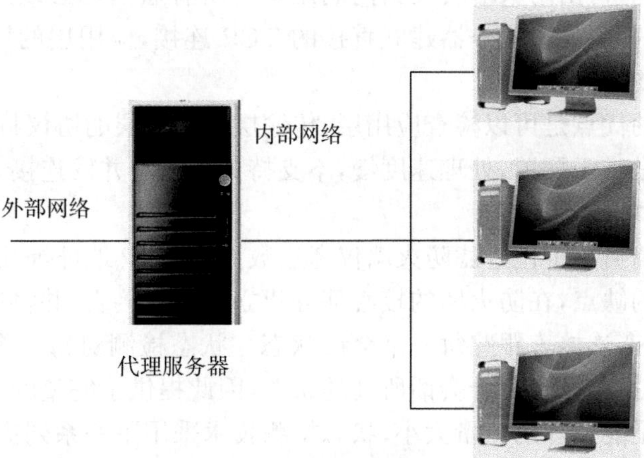

图 13-8　代理服务器

代理服务器在网络拓扑上通常处于网关的位置。但是,在服务器性能允许的条件下,也能够将代理服务器用于连接两个以上的不同网络。例如,双穴代理(Dual-Homed proxy)就是利用两块以上的网卡,分别对不同的局域网网络提供代理服务。在实际应用中,可以使用双穴代理将两个孤立的网络连接在一起,可以在 VLAN 或 VPN 网络中起到连接不同私有网络的作用。使用双穴代理服务器时,需要谨慎对待操作系统自带的 IP 转发功能和路由功能,因为这些功能会让数据包绕过代理软件直接进入网络,造成未经授权或不受管理的访问。

Microsoft 的 Internet Security and Acceleration Server(MS ISA)就是使用范围较广的一款代理防火墙软件。而 Linux 中采用的 Squid 则是一款免费的代理软件,经过设置也能够充当代理防火墙。一般的代理型防火墙需要代理服务器本身具有一定的网络吞吐能力和存储计算能力。因此,一般代理服务器都采用 PC 服务器或专用的网络设备。

除了上面对防火墙的划分方法以外,还可以根据防火墙在网络中的位置划分为内部防火墙和外部防火墙,根据防火墙的功能划分为病毒防火墙和入侵检测防火墙等。

13.3.2 防火墙关键技术

防火墙关键技术包括包过滤技术、应用代理网关技术、状态检测技术三个阶段。

1. 包过滤技术

包过滤防火墙工作在网络层，对数据包的源地址和目的地址具有识别和控制作用，对于传输层，只能识别数据包是 TCP 还是 UDP 及所用的端口信息。由于只对数据包的 IP 地址、TCP/UDP 协议和端口进行分析，包过滤防火墙的处理速度较快，并且易于配置。但包过滤防火墙技术属于初级的防火墙技术，存在不能防范黑客攻击，不支持应用层协议，不能处理新的安全威胁等缺陷。

2. 应用代理网关技术

应用代理网关防火墙彻底隔断了内网与外网的直接通信，内网用户对外网的访问变成防火墙对外网的访问，再由防火墙转发给内网用户。所有通信都必须经应用层代理软件转发，访问者任何时候都不能与服务器建立直接的 TCP 连接，应用层的协议会话过程必须符合代理的安全策略要求。

应用代理网关的优点是可以检查应用层、传输层和网络层的协议特征，对数据包的检测能力比较强。缺点是难于配置，处理速度慢，不支持大规模的并发连接。

3. 状态检测技术

状态检测防火墙摒弃了包过滤防火墙仅考查数据包的 IP 地址等几个参数，而不关心数据包连接状态变化的缺点，在防火墙的核心部分建立状态连接表，并将进出网络的数据当成一个个会话，利用状态连接表跟踪每一个会话状态。状态检测对每一个包的检查不仅根据规则表，更考虑了数据包是否符合会话所处的状态，因此提供了完整的对传输层的控制。防火墙的一个挑战就是能处理的流量大小，状态检测技术采用了一系列优化技术，在使防火墙性能大幅度提升的同时改进了流量处理速度，能应用在各类网络环境中。

13.3.3 防火墙的选择

选择防火墙的基本原则如下：

(1) 明确自己的安全和功能需求，从而决定所期望的防火墙产品的安全性、功能和性能。

(2) 明确投资范围和标准，以此来衡量防火墙的性价比。

(3) 在相同的基准和条件下，比较不同防火墙的各项指标和参数。

(4) 综合考虑安全管理人员的经验、能力和技术素质，考查防火墙产品的管理和维护方式。

(5) 根据实际应用需求，了解防火墙的附加功能，以及日常系统的维护手段和策略。

防火墙作为一种系统和网络安全的主要手段，其定位是实现网络边界的访问控制，阻止来自外部的攻击和破坏。因此，选择防火墙产品，首先要考查其主要安全功能和特性，其次考虑其他的功能和特点。

防火墙的性能包括：(1)防火墙的并发连接数，该参数与可同时访问的用户数有关；

(2)防火墙的数据包速率,数据包每秒的转发速率,与数据包的大小有关;(3)防火墙的转发速率,取决于每秒通信吞吐量;(4)防火墙的延时,由于防火墙带来的通信延时。

对基于商用操作系统的防火墙产品来说,防火墙性能直接与运行的硬件平台和操作系统相关。由于商用操作系统和硬件并不是专门为防火墙设计的,要保证这一类防火墙的高性能,需要对操作系统的软硬件配置进行优化,使之适合防火墙的应用。防火墙的硬件与内存、硬盘、CPU 等硬件有关。对于基于硬件的防火墙系统,性能与所选用的型号和部署的安全策略有关。

13.4　入侵检测

13.4.1　入侵检测概述

入侵检测(Intrusion Detection),顾名思义,就是对入侵行为的发觉。即通过对计算机网络或计算机系统中若干关键点收集信息并对其进行分析,从中发现网络或系统中是否有违反安全策略的行为和被攻击的迹象,具体过程如图 13-9 所示。

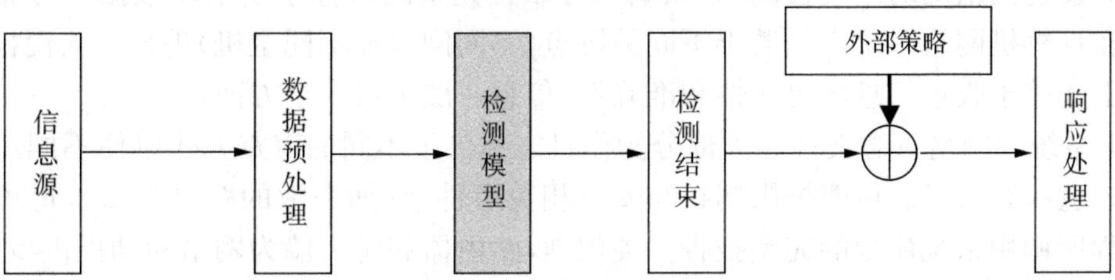

图 13-9　入侵检测过程

根据入侵者如何进入系统可分为物理入侵、系统入侵和远程入侵三种方式。

1. 物理入侵

入侵者以物理方式访问一个机器并进行破坏活动,例如趁人不备进入机房然后试图登录操作系统,拿着螺丝刀卸掉机房服务器的硬盘然后安装在另一台机器上进行研究等。

2. 系统入侵

入侵者在拥有系统的一个低级账号权限下进行的破坏活动。通常,如果系统没有及时打补丁,那么拥有低级权限的用户就可能利用系统漏洞获取更高的管理特权。

3. 远程入侵

入侵者通过网络渗透到一个系统中。在这种情况下,入侵者通常不具备任何特殊权限,仍要通过漏洞扫描或端口扫描等技术发现攻击目标,再利用相关技术执行破坏活动。

入侵检测系统(Intrusion Detection Systems,IDS)依照一定的安全策略,对网络、系统的运行状况进行监视,尽可能发现各种攻击企图、攻击行为或者攻击结果。假如把防火墙比作一幢大楼的门锁,那么 IDS 就是这幢大楼里的监视系统。入侵检测系统并不检测入侵行为,只用于识别入侵的证据,不管入侵行为正在发生或已经发生。入侵检测系统如图 13-10

所示。

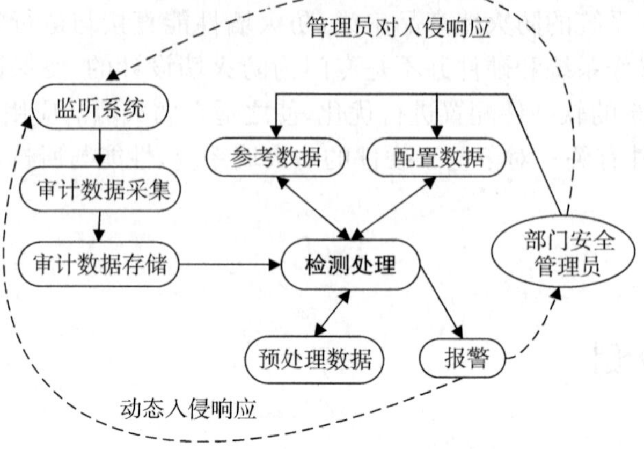

图 13-10　入侵检测系统

入侵检测的过程可以分为三个部分:信息收集、信息分析、入侵检测的响应。

1. 信息收集

信息收集是入侵检测的关键环节,收集的内容包括系统、网络、数据及用户活动的状态和行为。要达到精确的入侵检测,必须获得可靠且完整的目标系统活动数据。可靠数据收集需要在计算机网络系统中的若干不同关键点(不同网段和不同主机)进行。入侵检测在很大程度上依赖于收集信息的可靠性和准确性,信息一般来自 4 个方面:

(1) 系统和网络日志文件。大部分操作日志提供了不同的审查方式以便不同用户的操作登录。这些登录日志可能被限制在与安全相关事件上(如失败的登录尝试),也可能提供每个过程所调用系统命令的完整报告。类似地,路由器和防火墙为网络活动提供事件日志,这些日志可能只包括简单的信息。例如网络连接的通或断,或网络中出现的每个数据包的完整记录。

(2) 目录和文件中的不在期望内的改变。网络环境中的文件系统包含许多软件和数据文件,以及重要的信息文件和私有数据文件,它们是入侵者修改或破坏的目标。目录和文件的改变,很可能就是入侵发生的指示和信号。

(3) 程序执行不在期望内的行为。网络系统的执行程序一般包括操作系统、网络服务、用户启动的应用程序。执行的程序由一个或多个进程来实现,每个进程执行在不同权限的环境中,这种环境控制着进程可访问的系统资源、程序和数据文件等。如果一个程序在执行过程中出现了不在期望内的行为,如越权访问、非法读写等,表明该程序可能被修改或破坏。

(4) 物理形式的入侵信息。包含对网络硬件的连接和对物理资源未经授权的访问。

2. 信息分析

对收集到的有关系统、网络、数据及用户活动的状态和行为等信息,一般通过模式匹配、统计分析和完整性分析等三种技术手段进行分析。

3. 入侵检测的响应

一个入侵检测的响应是指在检测出现问题时程序的输出或活动。一个响应可以呈现出多种形式,最通常的形式是产生一个描述被检测到的入侵行为的警告。也存在很多入侵性的响应，会发出警报声或者设置反攻击机制。

【小插曲】 最新版本的Foxmail具有解析中文域名的“本领”，不过要发挥该“本领”，Foxmail需要动态链接库“punylib. dll”文件的支持，而“punylib. dll”内置的UrlToLocal函数带有堆栈溢出的安全漏洞，黑客可以利用该漏洞轻易地获得对方系统的访问权限，从而对他人的系统进行恶意的远程控制和攻击。

13. 4. 2 入侵检测技术

发现违反安全策略的网络传输是IDS的核心功能。一般可以将入侵检测技术分为两个类型：基于特征的(Signature-based)入侵检测和基于异常情况的(Anormaly-based)入侵检测。

1. 基于特征的入侵检测

这是最简单的一类入侵检测，指的是攻击行为将会导致一些特殊的事件发生，如出现特定的字符串或者特定的文件，也有可能是某个网络的数据包被赋予平时不太可能出现的值。特征通常被集中整理成特征集，并存储在数据库中供使用，特征集的优劣正是基于特征的IDS能否有效防御攻击的关键。该技术拆分网络传输的数据包，或者基于主机的系统日志，并将其与特征库内预存的特征进行简单的模式匹配。基于特征的入侵检测类似于杀毒软件，特征库也是可以升级的。建立这一类IDS较为容易，但误报和漏报率相对较高。

更高级的基于特征的检测是综合各种检测方式的入侵检测专家系统。专家系统将特征库抽象为知识，并可以借助于人工学习提高专家系统知识库的完备性。

2. 基于异常情况的入侵检测

基于异常情况的入侵检测技术预先定义一组“正常”的特征，如CPU、内存、文件校验和(或散列值)等。入侵检测的分析器根据收集到的网络数据，与正常情况下同一个系统相同指标的数据进行比对，就可以判断出系统是否在正常运转。基于异常情况的检测相比基于特征的检测更为复杂，但是能够检测出更多的攻击。此外，由于这种检测方法只需要维护一个“正常”状态的数据，并不需要存储入侵的特征库，因此它更适合于发现新的入侵方式。

基于异常的入侵检测主要依赖于以下分析方法：

(1) 统计分析。该方法首先给系统对象(如用户、文件、目录和设备等)创建一个统计描述，统计正常使用时的一些属性值(如访问次数、操作失败次数和延时等)。然后比较该点上与模式匹配的相像之处。被测属性的平均值将被用来与网络、系统的行为进行比较，任何观察值在正常值范围之外时，就认为有入侵发生。例如，本来某一IP地址一直使用普通用户账号进行登录的，突然某一日采用管理员账号进行登录，就判断这可能是一次权限超越的攻击。该方法的优点是可检测到未知的入侵和更为复杂的入侵，缺点是误报、漏报率高，且不适应用户正常行为的突然改变。

(2) 完整性分析。主要关注某个文件或对象是否被更改，这在发现被更改的或被插入病毒的应用程序方面特别有效。完整性分析利用散列函数，哪怕文件只有一点点改动也能造成散列值的巨大变化。通过对比预存的散列值就可以判断文件是否被改动过。完整性分析的优点是攻击导致的文件或其他对象的任何改变，都能够被发现。计算散列函数的缺点是一般以批处理方式实行，且缺乏实时性，通常用于事后分析。

13.4.3 入侵检测发展

近年来，系统和网络的漏洞不断被发现，入侵技术无论是在规模上还是方法上都发生了变化，这种变化直接加速了人们对入侵检测系统的研究和推广。

入侵检测技术发展的方向主要有：

(1) 功能与性能的提高。为提高检测的准确率，其他领域的一些概念和方法被引入入侵检测系统中，神经网络、模糊理论、免疫系统、数据挖掘等。这些方法增强了入侵检测系统的学习能力，使得入侵检测系统可以比较智能地检测出未知攻击。

(2) 检测和防范分布式攻击和拒绝服务攻击。由于分布式攻击隐蔽性强、攻击力大，因此使用分布式攻击进行入侵的情况越来越多，而现在的入侵检测系统对于分布式攻击的防范能力普遍较弱。如何准确地描述分布式攻击，检测到可疑攻击后，如何将分开的攻击特征合并，从中确定分布式攻击，都是值得研究的课题。

(3) 实现入侵检测系统与其他安全部件的协同。实现网络与信息安全是一项系统工程，不是某一种单独的安全部件就可以完成的。只有在不同的安全部件之间协同工作，才能够更好地发挥他们各自的作用，进一步保证网络与信息的安全。

(4) 入侵检测系统的标准化工作。尽管入侵检测系统经历了二十多年的发展，近年来又成为网络与信息安全领域的一个研究热点，但到目前为止，尚没有一个相关的国际标准出现，国内也没有入侵检测系统方面的标准。入侵检测系统的标准化工作必将成为业界关注的热点。

(5) 入侵检测系统的测试和评估。对于入侵检测系统的测试和评估，虽然不是入侵检测系统本身的技术，但对于促进入侵检测系统的发展和入侵检测系统产品的推广非常重要。

13.5 计算机病毒

13.5.1 计算机病毒概述

计算机病毒(Computer Virus)是指在计算机程序中插入的破坏计算机功能或者数据，影响计算机使用并且能够自我复制的一组计算机指令或者程序代码。具有破坏性、复制性和传染性。

计算机病毒可用不同的编程语言编写，可以运行在不同的操作系统上，但其逻辑结果通常是不变的，包括病毒感染模块、病毒触发模块、病毒破坏模块和病毒主控模块 4 个组成部分，如图 13-11 所示。

1. 病毒感染模块

病毒感染模块是病毒的传染部分，是病毒程序的一个重要组成部分，主要负责病毒的传染和扩散。但是，为避免病毒重复感染一个文件、一个扇区，病毒要在病毒数据中加一个标志，如 CIH 病毒的感染标志是加了“CIH”字符串。对于以独立文件方式存在的病毒，如冲击波病毒，为了避免多个病毒进程同时运行，使用函数 CreateMutex 建立了一个互斥变量 BILLY，病毒启动时首先检测有无该变量存在，该变量存在则说明病毒程序已经运行，这样就保证了内存中只有一份病毒文件生成的进程。

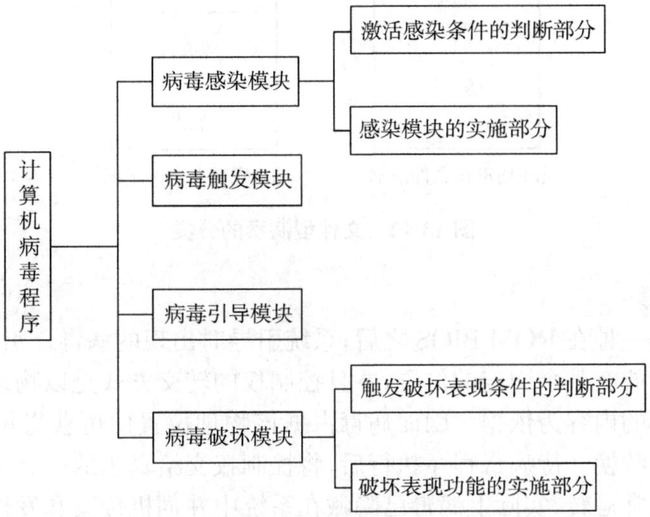

图 13-11　病毒的组成

2. 病毒触发模块

病毒触发模块的目的是调节病毒的攻击性和潜伏性之间的平衡。因为，大范围的病毒感染、频繁的破坏行为可能带给用户重创，使系统或多或少地出现异常，同样也容易暴露病毒。不破坏、不感染又会使病毒失去其功用，而可触发性是病毒的攻击性和潜伏性之间的调节杠杆，可以控制病毒的感染和破坏的频度，兼顾病毒的杀伤性和潜伏性。

3. 病毒破坏模块

这是病毒程序中最为关键的部分，负责病毒的破坏工作，其破坏对象通常包括系统数据区、文件、内存、系统运行速度、磁盘、CMOS(保存计算机的基本启动信息的芯片)、主板和网络等。

4. 病毒引导模块

病毒程序运行时，首先运行的是引导模块，它主要负责操作系统环境检测，感染标志检测，内存分配，设置病毒触发条件，检查是否满足触发条件等。例如，CIH 病毒首先检测系统是否为 Window95 或 Windows98 系统，否则病毒程序退出。

13.5.2　常见病毒

病毒的制造者不断尝试用新的方法来感染计算机系统。但是病毒的类型实际上只有很少的几种。常见的计算机病毒类型包括文件型病毒、引导型病毒、宏病毒、蠕虫病毒等。

1. 文件型病毒

文件型病毒通过对计算机的源文件进行修改，感染计算机中的可执行文件(.exe)和命令文件(.com)，使其成为新的带毒文件。一旦计算机运行该文件就会被感染，从而达到传播的目的。文件型病毒分两类：一种是将病毒加在文件前部，一种是加在文件尾部。如图13-12所示。

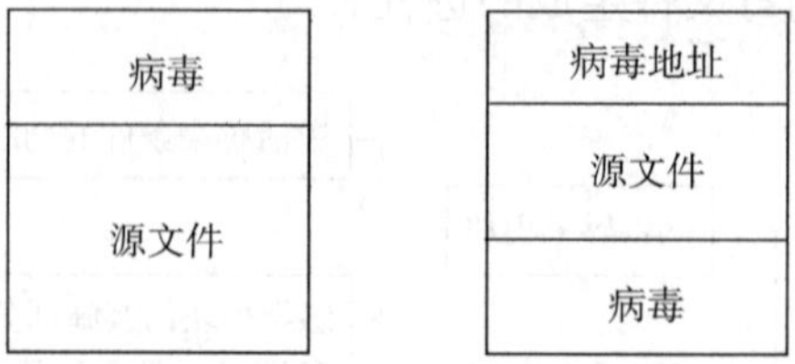

(a) 病毒在文件前部　　(b) 病毒在文件尾部

图 13-12　文件型病毒的分类

2. 引导型病毒

引导型病毒是一种在ROM BIOS之后，系统引导时出现的病毒。引导型病毒是利用操作系统的引导模块放在某个固定的位置，并且控制权的转交方式是以物理位置为依据，而不是以操作系统引导的内容为依据。因而病毒占据该物理位置便可获得控制权，而将真正的引导区内容转移或替换。待病毒程序执行后，将控制权交给真正的引导区内容，使得这个带病毒的系统看似正常运转，实际上病毒已隐藏在系统中并伺机传染和发作。

引导型病毒的主要特点为：

(1) 引导型病毒是在启动操作系统之前进入内存，寄生对象又相对固定。因此，该类型病毒基本上不得不采用减少操作系统所掌管的内存容量的方法来驻留内存高端，而正常的系统引导过程一般是不减少系统内存的。

(2) 引导型病毒需要把病毒传染给软盘，一般是通过修改INT 13H的中断向量，而新的INT 13H中断向量段址必定指向内存高端的病毒程序。

(3) 引导型病毒感染硬盘时，必定驻留硬盘的主引导扇区或引导扇区，并且只驻留一次，因此引导型病毒一般都是在软盘启动过程中把病毒传染给硬盘的。而正常的引导过程一般是不对硬盘主引导区或引导区进行写盘操作的。

(4) 引导型病毒的寄生对象相对固定，把当前系统的主引导扇区和引导扇区与干净系统的主引导扇区和引导扇区进行比较，如果内容不一致，可认定系统引导区异常。

3. 宏病毒

宏病毒是一种寄存在文档或模板的宏中的计算机病毒。一旦打开这样的文档，其中的宏就会被执行，宏病毒就会被激活，转移到计算机上，并驻留在Normal模板上。之后，所有自动保存的文档都会“感染”上这种宏病毒，而且如果其他用户打开了感染病毒的文档，宏病毒又会转移到其他计算机上。宏病毒的感染流程如图13-13所示。

【小常识】 虽然不是所有包含宏的文档都包含了宏病毒，但当有下列情况之一时，可以百分之百地断定OFFICE文档或OFFICE系统中含有宏病毒：(1)在打开“宏病毒防护功能”的情况下，当打开一个用户自己写的文档时，系统弹出相应的警告框。而用户清楚自己并没有在其中使用宏或并不知道宏到底怎么用，那么可以完全肯定文档已经感染了宏病毒。(2)在打开“宏病毒防护功能”的情况下，用户的一系列文件都在打开时给出宏警告。由于一般情况下很少使用宏，所以当看到成串的文档有宏警告时，可以肯定这些文档中有宏病毒。(3)软件中关于宏病毒防护选项启用后，不能在下次开机或启动OFFICE时依然启用。例

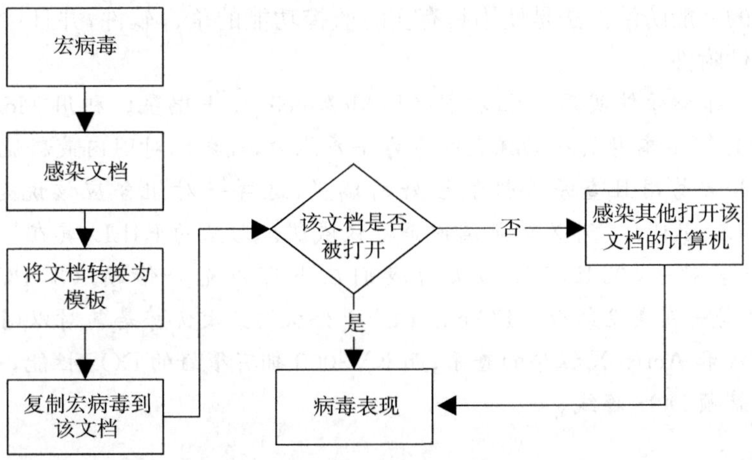

图 13-13　宏病毒的感染流程

如，WORD 中提供了对宏病毒的防护功能，它可以在“工具/选项/常规”中进行设定。但有些宏病毒为了对付 OFFICE 中提供的宏警告功能，在感染系统后，会在用户每次退出 OFFICE 时自动屏蔽掉宏病毒防护选项。因此，一旦发现您的机器中设置的宏病毒防护功能选项无法在两次启动 WORD 之间保持有效，则您的系统一定已经感染了宏病毒。

4. 蠕虫病毒

蠕虫病毒利用网络进行复制和传播，传染途径是网络和电子邮件。蠕虫病毒的定义是因为在 DOS 环境下，病毒发作时会在屏幕上出现一条类似虫子的东西，胡乱吞吃屏幕上的字母并将其改形。蠕虫病毒是自包含的程序(或是一套程序)，它能传播自身功能的拷贝或自身(蠕虫病毒)的某些部分到其他的计算机系统中。比如近几年危害很大的“尼姆达”病毒就是蠕虫病毒的一种，2007 年 1 月流行的“熊猫烧香”及其变种也是蠕虫病毒。这一病毒利用了微软视窗操作系统的漏洞，计算机感染这一病毒后，会不断自动拨号上网，并利用文件中的地址信息或者网络共享进行传播，最终破坏用户的大部分重要数据。

蠕虫病毒的基本模块包括：(1)传播模块：负责蠕虫的传播；(2)隐藏模块：侵入主机后，隐藏蠕虫程序，防止被用户发现；(3)目的功能模块：实现对计算机的控制、监视或者破坏。

蠕虫病毒的工作过程一般是“扫描→攻击→复制”，如图 13-14 所示。

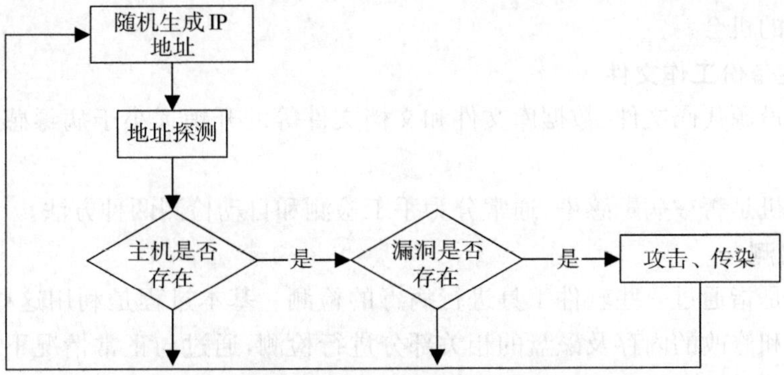

图 13-14　蠕虫病毒的工作过程

蠕虫病毒的一般防治方法是使用具有实时监控功能的杀毒软件,并且注意不要轻易打开不熟悉的邮件附件。

【小常识】 杀毒软件实用搭配方案:(1)McAfee5.13+瑞星。利用McAfee极强的综合实力,加上McAfee本身具有的强大的查毒杀毒能力,辅之以对国内最新流行病毒较为敏感、在DOS下非常易用且查杀毒性能很好的瑞星,这样一对组合应该说是非常理想的;(2)McAfee 5.13+KILL。作为曾是国内杀毒权威认证形象的KILL,其在技术层面上不输于国内任何一家对手,况且其技术实力我们应当可以充分信赖;(3)PC-cillin 2001+KV3000。这又是一对黄金组合。PC-cillin 2001公认的最大优势是其对以网络为载体的病毒和恶意JAVA和ActiveX程序的查杀;而KV3000拥有很好的DOS性能,一旦中招,还可利用KV3000兼顾DOS阵线。

13.5.3 反病毒技术

病毒的繁衍方式、传播方式在不断变化,反病毒技术也在与病毒对抗的同时不断推陈出新。网络反病毒技术包括预防病毒、检测病毒和杀毒三种。

预防病毒的主要手段有:(1)用户遵守和加强安全操作控制措施,重视病毒可能造成的危害;(2)在安全操作的基础上,使用硬件和软件防病毒工具,利用网络优势,把防病毒纳入网络安全体系中,形成一套完整的安全机制,使病毒无法逾越计算机安全保护的屏障,病毒便无法广泛传播。

具体操作时主要从以下几个方面着手:

1. 检查外来文件

在执行文件前,尤其是网上下载下来的程序和文档,首先检查其是否含有病毒。电子邮件附件必须在病毒检查后再打开。压缩文件解压后需检查病毒。

2. 局域网预防

目的是减少服务器上文件感染的危险。对可执行文件设置读取权限,使用防病毒软件动态检查使用的文件,使用无盘工作站可以降低计算机网络感染病毒的风险。

3. 及时升级病毒库和杀毒引擎

升级工作应形成一种习惯,定期进行。若发现漏洞,及时寻求解决方案,从而减少被病毒和蠕虫感染的机会。

4. 周期性备份工作文件

周期性备份源代码文件、数据库文件和文档文件等的开销远小于病毒感染后恢复它们的开销。

检测计算机是否被病毒感染,通常分为手工检测和自动检测两种方法。

1. 手工检测

手工检测是指通过一些软件工具进行病毒的检测。基本过程是利用这些软件工具,对易遭病毒攻击和修改的内存及磁盘的相关部分进行检测,通过与正常情况下的状态进行对比来判断是否被病毒感染。这种方法要求检测者熟悉计算机指令和操作系统,操作比较复杂,容易出错且效率较低。

2. 自动检测

自动检测是指通过诊断软件和杀毒软件，来判断一个系统或磁盘是否有毒。该方法可以方便地检测大量病毒，且操作简单，一般用户都可以进行。但是，自动检测工具只能识别已知的病毒，而且它的发展总是滞后于病毒的发展，所以自动检测工具不能识别未知病毒。

在 Windows 环境下运行杀毒软件，一般都能将病毒清除。对已被激活且发作的非系统文件内的病毒，应在安全模式下进行。而对系统文件内的病毒，如引导区病毒和感染可执行文件的病毒，则需要在纯 DOS 系统下杀毒。

13.6 VPN 及其安全

13.6.1 VPN 概述

VPN(Virtual Private Network)指虚拟专用网络技术，是利用公共网络基础设施，通过隧道技术等手段达到类似私有专网的数据安全传输，其结构如图 13-15 所示。VPN 具有虚拟的特点，它并不是某个公司专有的封闭线路或者是某个网络服务商提供的封闭线路，但同时 VPN 又具有专线传输数据的功能。因为 VPN 能够使用户像在专线一样在公共网络上处理自己私有的信息。

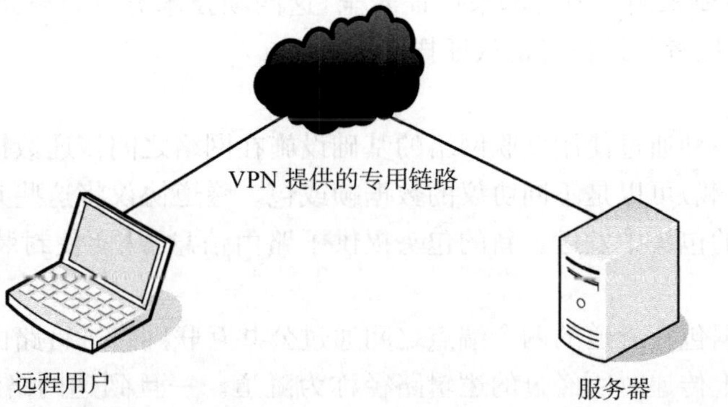

图 13-15　VPN 结构图

根据 VPN 的应用环境，可以把 VPN 分成三种类型：(1)接入 VPN(Access VPN)；(2)内联网(Intranet VPN)；(3)外联网(Extranet VPN)。

1. 接入 VPN

这种类型的 VPN 主要用来处理可移动用户、远程交换和小部门远程访问企业本部。当出差人员需要和企业或相关部门联系时，便可以利用本地相应的软件接入 Internet，通过 Internet 和企业网络中相关的 VPN 网关建立一条安全通道，基于这条可以提供不同级别的加密和完整性保护的通道，用户可以传输需要不同级别保护的信息，但这就需要用户本地必须具备可以提供相应 VPN 功能的软件。如果用户本地没有这些软件，但 ISP(服务提供商)的接入设备提供了 VPN 服务的话，用户也可以接入 ISP，由 ISP 提供的 VPN 设备和企业本部的 VPN 网关进行安全通道的连接，并提供相似的安全数据传输服务，用户就免去了维护本地软件的费用了。

2. 内联网

主要是利用 Internet 来连接企业的远程部门。在传统的企业内部网络的实现中，通常采用专线方式连接企业和各个远程部门，这就需要为每一个远程部门申请一条专线，其运行、维护和管理费用较高，但在这样一条"高价"的线路上传输的数据量则较少，大多数时候带宽被浪费了。而 VPN 恰好解决了这一问题，它只需企业的远程部门通过公用网络（如 Internet）和企业本部互联，并且由远程部门网络的 VPN 网关和企业本部网络的 VPN 网关负责建立安全通道，保证了数据的机密性、完整性。同时也大大地降低了整个企业网互联的运行和管理费用。

3. 外联网

主要用来连接相关企业和客户的网络，与 Intranet VPN 类似，传统的实现方案中，也是主要用专线来连接的，不仅费用较高，而且由于所连接用户的多样性，需要进行复杂的配置，或许还需要在对方机器安装相应的设备或软件，这一切都带来了许多不便，往往导致互联最终失败。而 VPN 可以在一定程度上解决这些问题，通过 Internet 的互联，即降低了整个网络的运行费用，同时在其他软件的辅助下可以较好地进行用户访问控制与管理。

13.6.2 VPN 关键技术

目前 VPN 主要采用四项技术来保证安全，这四项技术分别是隧道技术、加解密技术、密钥管理技术、使用者与设备身份认证技术。

1. 隧道技术

隧道技术是一种通过使用互联网络的基础设施在网络之间传递数据的方式。使用隧道传递的数据（或负载）可以是不同协议的数据帧或包。隧道协议将这些其他协议的数据帧或包重新封装在新的包头中发送。新的包头提供了路由信息，从而使封装的负载数据能够通过互联网络传递。

被封装的数据包在隧道的两个端点之间通过公共互联网络进行路由。被封装的数据包在公共互联网络上传递时所经过的逻辑路径称为隧道。一旦到达网络终点，数据将被解包并转发到最终目的地。注意隧道技术是指包括数据封装、传输和解包在内的全过程。隧道技术如图 13-16 所示。

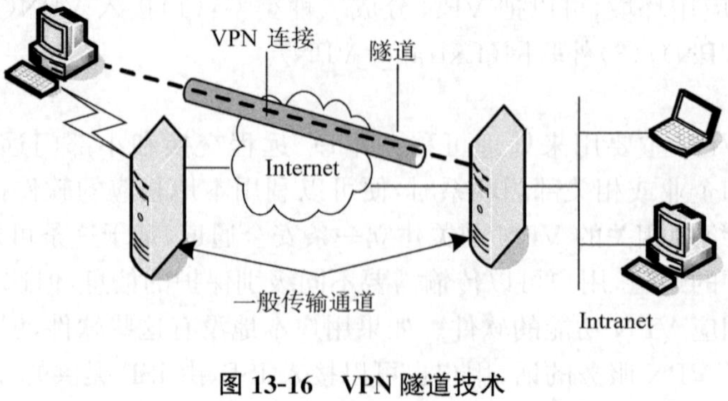

图 13-16　VPN 隧道技术

2. 加解密技术

通过公共互联网络传递的数据必须经过加密，确保网络其他未经授权的用户无法读取该信息。加解密技术是数据通信中一项较为成熟的技术，VPN可以直接利用现有技术。

3. 密钥管理技术

密钥管理技术的主要任务是解决如何在公用数据网上安全地传递密钥而不被窃取。现行密钥管理技术又分为SKIP与ISAKMP/OAKLEY两种。SKIP主要是利用Diffie-Hellman的演算法则在网络上传输密钥；在ISAKMP中，双方都有两把密钥，分别用于公用和私用。

4. 使用者与设备身份认证技术

VPN方案必须能够验证用户身份并严格控制只有授权用户才能访问VPN。另外，方案还必须能够提供审计和计费功能，显示何人在何时访问了何种信息。身份认证技术最常用的是使用者名称与密码或卡片式认证等方式。

13.6.3 VPN的应用领域

1. 用户远程访问公司总部

随着远程通信量的增多，越来越多的用户要求在任意时间、任意地点接入VPN。VPN对用户端透明，使用VPN技术可以解决员工访问总部网络资源，或企业间要求进行及时有效通信的问题。

2. 在公用网上组建虚拟企业内部网

企业总部通过公用网络与分支机构建立连接，这种跨越网络建立的VPN连接逻辑上等同于两地间使用WAN建立的连接，形成虚拟企业网。

网络管理者可以使用VPN替代租用线路来实现与分支机构建立连接，这样就可以使得对远程链路进行安装、配置和管理的任务量降到最低，从而极大的简化企业WAN的设计。另外，VPN通过拨号访问来自ISP或NSP的外部服务，减少调制解调器设备，简化所需接口，同时简化与远程用户的认证、授权和记账相关的设备和处理。

3. 企业内部网与合作伙伴网络连接形成外域网

利用VPN技术将企业总部通过公用网络与其他公司建立连接。通过VPN易于建立商业伙伴传输路径，可真正做到想连接就连接，想断开就断开。

本章小结

信息安全是一个综合的交叉的学科领域，涉及数学、信息、通信和计算机等诸多学科的长期知识积累和最新发展成果。本章主要介绍现有的一些信息安全领域的概念技术以及它们在实际信息安全中的应用，重点内容包括：信息安全的概念与现状，数据加密及认证技术，防火墙的功能种类，入侵检测的工作流程，计算机病毒的原理结构，以及VPN的架构功能。

通过阅读本章内容，能够认识网络信息安全领域人们关心的问题和相应的解决途径，对计算机安全领域的关键技术，从理论要求、技术实现和实际运用等方面有了一个较全面的了解；并能运用常见的一些系统安全技术和网络安全技术在具体实践中保护网络信息系统的安全,解决实际问题。

【推荐课余阅读材料】

[1] 振晗,贾军保. 密码学与网络安全[M]. 北京:清华大学出版社,2009.
[2] 王昭,陈钟. 计算机安全原理[M]. 北京:高等教育出版社,2006.

习题

1. 名词解释

信息安全　对称加密技术　计算机病毒　入侵检测　VPN

2. 填空题

(1) 信息安全一般可以分为__________和__________。

(2) RSA 算法的安全是基于__________的困难。

(3) 现代密码学两个研究方向是对称密码体制和公开密钥加密体制,其中公开密钥加密体制典型代表是__________算法。

(4) 数据加密的两种体制为__________和__________。

(5) 基于 USB Key 身份认证系统主要有两种应用模式:__________和__________。

(6) 防火墙是位于__________和__________之间实施对网络的保护。

(7) 入侵者侵入系统的三种主要方式为__________、__________、__________。

(8) 计算机病毒的基本结构包括__________、__________、__________和__________。

(9) 防火墙技术的 3 个阶段,即__________、__________和__________。

(10) VPN 可以分为__________、__________和__________。

3. 选择题

(1) 下列生物特征可以用于鉴别用户的是(　　)。

A. 腰围　B. 头发颜色　C. 眼睛的视网膜　D. 指甲尺寸

(2) 目前最安全的身份认证机制是(　　)。

A. 一次口令机制　B. 双因素法

C. 基于智能卡的用户身份认证　D. 身份认证的单因素法

(3) 下列关于用户口令说法错误的是(　　)。

A. 口令不能设置为空

B. 口令长度越长,安全性越高

C. 复杂口令安全性足够高,不需要定期修改

D. 口令认证是最常见的认证机制

(4) 确定用户身份称为(　　)。

A. 认证　B. 授权　C. 保密　D. 访问控制

(5) 一般而言,Internet 防火墙建立在一个网络的(　　)。

A. 内部子网之间传送信息的中枢　B. 每个子网的内部

C. 内部网络与外部网络的交叉点　D. 部分内部网络与外部网络的结合处

(6) (　　)不是防火墙的功能。

A. 过滤进出网络的数据包　　B. 保护存储数据安全

C. 封堵某些禁止的访问行为　　D. 记录通过防火墙的信息内容和活动

(7) 为确保内部局域网的信息安全,防止来自外部入侵,可以采用(　　)实现一定的防范作用

A. 网络管理软件　B. 邮件服务器　C. 防病毒软件　D. 防火墙

(8) 计算机病毒是一种(　　)。

A. 软件故障　B. 硬件故障　C. 程序　D. 黑客

(9) 计算机病毒区别于其他程序的主要特征是(　　)。

A. 潜伏性　B. 传染性　C. 破坏性　D. 隐蔽性

(10) 目前,VPN 使用了(　　)技术保证了通信的安全性。

A. 隧道技术、身份认证和数据加密　　B. 身份认证、数据加密

C. 隧道技术、身份认证　　D. 隧道技术、数据加密

4. 问答题

(1) 信息安全的含义和本质是什么?

(2) 在使用 RSA 公钥系统中,要发送给其他用户的明文为 $M=88$,若此用户的公钥为 $e=7$, $n=187$,请问密文的内容是什么?

(3) 常用的身份认证技术有哪些?

(4) 入侵检测系统可以分为哪几类?

本章参考文献

[1] 马国富. 网络安全技术及应用[M]. 北京:北京大学出版社, 2010.

[2] 刘海燕. 计算机网络安全原理与实现[M]. 北京:机械工业出版社, 2009.

[3] 王昭, 陈钟. 计算机安全原理[M]. 北京:高等教育出版社, 2006.

[4] 阙喜戎, 孙锐, 龚向阳, 等. 信息安全原理及应用[M]. 北京:清华大学出版社, 2003.

[5] 蒋建春, 马恒太, 任党恩, 等. 网络安全入侵检测研究综述[J]. 软件学报, 2000, 11(11): 1460-1466.

[6] 董保国. 网络安全的物理隔离技术[J]. 计算机技术与自动化, 2004, 32(2): 108-110.

[7] 谭兵, 吴宗文, 黄伟. 网络入侵检测技术综述[J]. 电脑编程技巧与维护, 2010(2): 110-112.

第 14 章 计算机职业和道德规范

【本章内容概要】 对于计算机科学与技术专业的学生,计算机将成为其今后工作和生活中必不可少的部分。本章主要介绍计算机科学与技术专业的职业类型和相关岗位与素质要求,并涉及计算机科学与技术专业的职业健康与职业规划。其次,分析了计算机科学与技术专业人员应具有的道德准则,从知识产权、隐私和公民自由、计算机犯罪等方面介绍了相关的法律规范。

【学习目的和要求】 了解计算机科学与技术专业未来可以从事的职业,熟悉计算机职业人员应具备的素质和能力,了解所涉及的职业健康问题;知晓计算机科学与技术专业的职业道德,掌握知识产权、隐私和公民自由以及计算机犯罪等问题的概念和法律规范。

【应掌握的知识点】 计算机职业,职业素质与要求,计算机道德,知识产权,计算机犯罪。

14.1 计算机科学与技术专业的职业选择

14.1.1 计算机产业

计算机产业包括计算机制造业和计算机服务业两大部门:(1)计算机制造业是指生产各种计算机系统、外围设备、终端设备以及其他有关装置的产业,包括通用机制造厂、小型机制造厂、微型机制造厂、外部和终端设备制造厂、记录介质制造厂,以及提供专用的应用系统的厂家等。有些大型公司兼营多种制造业和服务业;(2)计算机服务业,又称为信息处理产业或信息服务业,为满足计算机使用或信息处理的有关需要而提供软件和服务的行业,包括软件产品、专业服务和综合系统等方面,以及和计算机相关设备的租赁、修理和维护等。

14.1.2 计算机职业

计算机产业聚集了所有从事理论研究、软硬件研发、网络和基础应用的专业工作人员,形成了一个新的职业——计算机职业。美国信息技术协会将计算机职位分为 8 大类 88 个职位(见表 14-1)。

为统一企事业单位聘任各类计算机专业技术职务时评价专业人员的能力标准,中国国家人力资源和社会保障部、工业和信息化部共同组织了计算机技术与软件专业技术资格(水平)考试。考试设三个级别层次,共有 20 种岗位资格,其与各计算机专业方向的对应关系如表 14-2 所示。

表 14-1　美国信息技术协会对计算机职业的分类

序号	类别	职位细分
1	数据库管理与开发	数据库管理员、数据库分析员、数据库开发员、数据库经理、数据库安全专家、决策支持服务、知识架构师
2	数字媒体	二维/三维画家、动画制作人、音频/视频工程师、设计师、媒体专家、媒体/教学设计师、多媒体制作人、多媒体制作专家、多媒体开发员、多媒体专家、流媒体专家、虚拟现实专家
3	企业系统分析与整合	应用程序集成员、企业可持续发展分析员、跨企业集成员、数据系统设计员、数据系统经理、电子企业专家、信息系统架构师、信息系统计划师、系统分析员、系统架构员、系统集成员
4	网络设计与管理	通信分析员、网络管理员、网络分析员、网络架构师、网络经理、网络操作分析员、网络安全分析员、网络专家、网络技术员
5	编程/软件工程	应用程序分析员、应用程序工程师、企业分析员、计算机工程师、操作系统设计员/工程师、操作系统程序员/分析员、程序经理、程序员、程序员/分析员、软件应用专家、软件架构师、软件设计工程师、软件工程师、软件质量保证专家、软件测试员
6	技术支持	电话中心支持代表、顾客联络人、顾客服务代表、顾客支持专员、服务台专家、服务台技术员、PC 支持专家、PC 系统协调员、产品支持工程师、销售支持技术员、技术部客户经理、技术支持工程师、技术支持代表
7	技术写作	桌面出版人、文档专家、文献专家、编辑、电子出版物专家、电子出版人、教学设计员、在线出版人、技术联络员、技术编辑、科技出版物经理、科技文献书写员
8	Wcb 开发与管理	Web 管理员、Web 架构师、Web 设计员、Web 专家、网页开发员、网站开发员、网站管理员

表 14-2　计算机专业方向与岗位资格和级别的对应关系

	计算机软件	计算机网络	计算机应用技术	信息系统	信息服务
高级资格	信息系统项目管理师、系统分析师、系统架构设计师、网络规划设计师、系统规划与管理师				
中级资格	软件评测师 软件设计师 软件过程能力评估师	网络工程师	多媒体应用设计师 嵌入式系统设计师 计算机辅助设计师 电子商务设计师	系统集成项目管理工程师 信息系统监理师 信息安全工程师 数据库系统工程师 信息系统管理工程师	计算机硬件工程师 信息技术支持工程师
初级资格	程序员	网络管理员	多媒体制作技术员 电子商务技术员	信息系统运行管理员	网页制作员 信息处理技术员

14.1.3 计算机职业素质要求

计算机科学与技术专业人员应具备以下职业素质：

1. 品德素质

热爱祖国，热爱人民，具有远大理想和抱负，遵纪守法，严以律己，宽以待人，团结合作，勤奋努力。

2. 文化素质

从人类一切优秀文化中汲取营养，陶冶情操，不断提高自身的文学修养、科学修养和美学修养。

3. 心理素质

树立科学的世界观和人生观，面对顺境或逆境具有较强的自我调整能力。

4. 专业素质

具备扎实的基础知识，掌握计算机学科的基本理论和方法，具备较强的实际能力和创新能力，以及较强的综合运用专业知识独立分析问题解决问题的能力。

5. 身体素质

具备一定的科学养生常识，注意锻炼身体，生活有规律，生活方式文明，保持身体健康，能够应对日常的学习与工作及一段时间内超强度学习与工作的需要。

除了这些素质，计算机科学与技术专业人员还应该具有交流、获取知识与信息的基本能力、学科基本能力、创新能力、工程实践能力、团队合作能力。这些能力在第1章中已介绍，在此不再赘述。

14.1.4 计算机职业健康

计算机专业的学生应该注意的职业健康方面的问题：

(1) 辐射。辐射是指任何以波或微粒的形式散发的能量，一般电子产品都有辐射，按辐射大小可分为对人体有害和无害。一般应尽量购买LCD显示器，如果必须用CRT显示器，应尽量离屏幕远点。如果能用有线路由器，尽量不用无线路由器，或者不用网络时，关掉无线路由器。

(2) 重复性压力损伤。重复性压力损伤不是疾病，而是一组影响肌腱、肌肉和神经的过劳生理紊乱，其症状是手、手腕、手臂或肩膀的僵硬和轻微疼痛。例如键盘和鼠标不合理地摆放就会引起重复性压力损伤，可以买一个无线键盘和鼠标的套件，也可以买一个手腕垫，尽量不要疯狂地玩游戏。

(3) 眼睛疲劳。美国职业安全和健康管理中心对眼睛疲劳提出了一些好的建议：将电脑显示终端放置在比你平时习惯阅读距离稍远处；使电脑显示屏顶端和眼睛处在同一或稍低水平；使所有相关材料尽可能接近屏幕，以减少头和眼部的移动和聚焦变化；减少灯光的反射和闪耀；使终端屏幕干净无尘；有规律地安排休息，避免眼疲劳；通过眨眼保持眼部湿润，防止眼球干燥；保持终端屏幕良好的聚焦；到眼科医生处就诊咨询，因为某些人平时也许不必戴眼镜，但在用计算机工作时可能需要矫正视力。同时，光线不能太亮，不要在窗台前背光用电脑；光线如果太暗，可以开一个台灯；显示器刷新频率可以调大一点，如 85Hz 以上；笔记本放置在最佳视角和最佳键盘敲击高度间，可以给笔记本外接一个显示器、无线鼠标和键盘；屏幕分辨率调大一点，当然不能太大，否则字体太小；文字处理软件的显示比例可以调整为 150%。

(4) 背部疼痛。很多人都喜欢驼着背，脖子向前伸出去用电脑，这是一个不好的习惯。上身应该稍微向后倾斜才是比较好的姿势，可以买一个有靠背的可以转动的椅子。平时最好用双肩包背电脑。旅行时，可以把电脑放在一个可以拖动的箱子里面。

(5) 久坐的生活方式。长时间坐着用电脑，对血液循环不好，最好一个小时起来活动一下，可以在电脑中安装一个提醒软件，如 workwave。

14.1.5　计算机科学与技术专业职业规划

作为社会的人，一定要正确面对人生各种诱惑和挫折，在改变人生轨迹的时候，要及时调整自己的心态，不要"生活在别处"。首先，要知道自己到底需要什么，其次是自己能做什么，第三是为了得到这个需要自己准备放弃什么，有得必有失，一个人要经常衡量自己的人生天平。对于计算机专业的学生，必须进行一定的职业规划。

首先，定位要准确。对自己要有清晰的认识，明确自己的长项和缺点，以及需要加强的竞争力。大一就应该建立自己的职业方向，然后朝这个方向努力。

【小插曲】 只选一把椅子。据说有人向世界歌坛超级巨星帕瓦罗蒂请教成功的秘诀，帕瓦罗蒂每次都会提到父亲的一句话。师范院校毕业时，痴迷音乐并有相当音乐素养的帕瓦罗蒂问父亲："我是当教师呢，还是做歌唱家？"父亲告诉他："如果你想同时坐在两把椅子上，你可能会从椅子中间掉下去。生活要求你只能选一把椅子坐上去。"帕瓦罗蒂选了一把椅子——做个歌唱家。经过七年的努力，经过无数次失败，帕瓦罗蒂才首次登台亮相。又过了七年，他终于登上了大都会歌剧院的舞台。只选一把椅子的意义就是：你只能确定一个职业的目标，这样才会凝聚起人生的全部合力；确定了职业目标、坚定信念、脚踏实地地走一条道路，哪怕这条路崎岖不平，同行者寥寥无几，只要你甘于忍受孤独和寂寞，在诱人的岔路口仍不改初衷，就会苦尽甘来如愿以偿。

其次，要热爱所学专业。多参加一些有助于专业能力培养的活动与课程，它们将帮助你逐步建立专业兴趣，对专业的喜爱度和就业信任感也会提升。必须规划好四年的大学学习，争取好的学习成绩和坚实的学科能力。

通过参与学生组织、体育比赛等课外活动来发展和完善自己的兴趣与爱好，培养自己的人格魅力，树立正确的人生观、价值观和世界观。

了解学校就业指导中心等机构所能提供的关于职业的信息，对不同的职业有一定认识。

14.2 计算机职业道德规范

14.2.1 计算机职业道德

随着信息技术的发展，计算机职业道德日益引起人们的重视。道德是社会意识的以善恶评价为中心的行为规范的总和，而职业道德是指同人们的职业活动紧密联系的符合职业特点所要求的道德准则、道德情操与道德品质的总和。ACM对其成员制订了一个有24条规范的《ACM道德和行为规范》，其中最基本的、所有计算机专业人员应该遵循的道德准则如下：

(1) 为社会进步和人类生活的幸福做贡献。

(2) 尊重公民的隐私权，不伤害他人。

(3) 讲真话，做一个值得信任的人。

(4) 公平、公正地对待别人。

(5) 尊重他人的知识产权。

(6) 尊重国家、公司和企业特有的机密。

14.2.2 知识产权

知识产权(Intellectual Property)又称为智慧财产权，是人们智力创造的成果所享有的民事权利。传统的知识产权可分为两类：(1)工业产权。包括专利、实用新型、工业品外观设计、商标、服务标记、厂商名称、产地标记或原产地名称、制止不正当竞争等9项内容。(2)著作权，又称为版权或作者权，指作者对其创作的作品享有的人身权和财产权。

知识产权具有客体的无形性、依法审查确认性和排他性、地域性与时间性等特点，某些知识产权具有财产权和人身权的双重性。知识产权制度激励知识产业的创新、保护知识产业的财富和规范市场竞争的秩序。

我国知识产权的范围包括：著作权、专利权、商标权、商业秘密权、制止不正当竞争权、集成电路布置图设计权和邻接权等。对于计算机职业人员来讲，最重要的是涉及软件的知识产权保护。软件知识产权分为：软件知识产权保护的法律依据、侵权行为和法律责任、软件贸易及其合同、著作权的管理、自由软件使用管理、专利权的管理、商标权的管理、商业秘密权的管理、发生侵权行为时的应对措施等。

【思考】 盗版是好事情还是坏事情？某人按照Word的功能和界面，独立开发了一个字处理软件，违法吗？个人独立开发的ABC产品，如何追究别人盗版的法律责任？某人在自己的产品中安装“逻辑炸弹”违法吗？公司的员工跳槽后，开发并上市了和原公司极为相似的产品，如何追究他们的法律责任？从公司辞职后，能不能马上从事类似工作？公司的域名被抢占了，怎么办？

14.2.3　隐私和公民自由

隐私就是指个人与社会公共生活无关的而不愿为他人知悉或者受他人干扰的私人事项。隐私权是指公民"享有的私人生活安宁与私人信息依法受到保护，不被他人非法侵扰、知悉、搜集、利用和公开的一种人格权"。网络隐私权主要指"公民在网上享有的私人生活安宁与私人信息依法受到保护，不被他人非法侵犯、知悉、搜集、复制、公开和利用的一种人格权；也指禁止在网上泄露某些与个人有关的敏感信息，包括事实、图像以及毁损的意见等"。

基于 Web 的隐私保护技术主要有防火墙、数据加密技术、匿名技术、P3P(Platform for Privacy Preferences 隐私偏好平台)技术和 Cookies 管理。

【思考】 人肉搜索违法吗？

14.2.4　计算机犯罪

随着计算机和信息技术的普及，带来了新的犯罪形式。美国司法部对计算机犯罪的定义是：因计算机技术和知识起了基本作用而产生的非法行为。欧洲经济合作与发展组织对计算机犯罪的定义是：在自动数据处理过程中，任何非法的、违反职业道德的、未经批准的行为。中国普遍对计算机犯罪的定义是：通过计算机非法操作所实施的危害计算机信息系统(包括内存数据及程序)安全以及其他严重危害社会的行为。

常见的违法行为有：通过网站从事色情犯罪、制造计算机病毒、攻击网站和电脑、非法敛财、侵犯版权、传播非法消息、盗取商业机密等。

防范计算机犯罪的策略：(1)加强教育，提高计算机安全意识；(2)建立完善的计算机犯罪法律体系；(3)发展先进的计算机安全技术；(4)提高计算机安全的管理能力。

【小常识】 人们普遍对计算机黑客有一种不正确的认识，认为黑客就是对计算机工作搞破坏的，实际上黑客应该分为三种：(1)红客。熟悉计算机原理和漏洞，但不对计算机进行任何破坏，而是利用自己的技术优势从事计算机建设工作；(2)骇客。利用掌握的计算机原理和漏洞，专门进行破坏活动；(3)黑贼。不懂计算机原理和漏洞，但利用一些现成的工具来读取别人电脑数据或者在别人的电脑里安装一些木马程序。计算机用户最怕的就是黑贼，但只要安装防火墙和杀毒软件就可以了。当然对于高手，防火墙和杀毒软件是没有用的，用户的电脑很容易被他们控制。

14.2.5　相关法律规范

计算机职业从业人员的相关法律规范。

1. 关于计算机软件和信息系统

该类法律规范有：《计算机软件保护条例》《中华人民共和国计算机信息系统安全保护条例》。

2. 关于互联网

该类法律规范有：《计算机信息网络国际联网安全保护管理办法》《信息安全等级保护管

理办法(试行)》《互联网络安全管理相关法律法规》《关于维护互联网安全的决定》《互联网上网服务营业场所管理条例》《互联网信息服务管理办法》《互联网安全保护技术措施规定》《互联网电子邮件服务管理办法》。

3. 关于出版

该类法律规范有:《著作权法》《商标法》《专利法》《出版管理条例》《电子出版物管理规定》。

4. 关于商业秘密

该类法律规范有:《反不正当竞争法》《刑法》《公司法》。

5. 关于国际组织

该类法律规范有:《世界知识产权组织成员国》《保护工业产权巴黎公约》《关于集成电路知识产权保护条约》《商标国际注册马德里协定》《保护文学和艺术作品伯尔尼公约》《世界版权公约》《保护录音制品制作者防止未经许可复制其录音制品公约》《专利合作条约》。

本章小结

计算机科学与技术专业的职业大体分为专业性职业和应用性职业,不同的岗位职业都有需要共同遵守的职业道德规范。本章先介绍了计算机科学与技术的职业与素质及能力要求。最后介绍了计算机科学与技术专业所涉及的职业道德、知识产权、隐私和公民自由、计算机犯罪、相关法律规范等问题。

【推荐课余阅读材料】

[1] Parsons J J, Oja D. 计算机文化[M]. 10 版. 吕云翔, 傅尔也, 译. 北京:机械工业出版社, 2009.

[2] Norton P. 计算机导论[M]. 6 版. 杨继萍, 钱伟, 译. 北京:清华大学出版社, 2009.

[3] 董荣胜. 计算机科学导论——思想与方法[M]. 北京:高等教育出版社, 2008.

[4] 欧立奇, 刘洋, 段韬. 程序员面试宝典[M]. 北京:电子工业出版社, 2006.

[5] 蔡为东. 软件测试工程师面试指导[M]. 北京:科学出版社, 2007.

[6] 陈忠文. 信息安全标准与法律法规[M]. 武汉:武汉大学出版社, 2008.

习题

1. 名词解释

职业道德　知识产权　隐私权　计算机犯罪

2. 填充

(1) 计算机职业应具备的素质有________、________、________、________和________。

(2) ________是指公民在网上享有的私人生活安宁与私人信息依法受到保护,不被他人非法侵犯、知悉、搜集、复制、公开和利用的一种人格权。

（3）知识产权，又称为____________，是人们对其智力创造的成果所享有的民事权利。

（4）计算机产业包括____________和____________两大部门。

（5）适用于软件和信息系统领域的法律依据是____________和《中华人民共和国计算机信息系统安全保护条例》。

3. 简答题

（1）计算机专业学生毕业可以从事哪些工作？您最喜欢哪三个工作，请说明您的理由。

（2）计算机学生应该具备的素质？

（3）为什么要遵守计算机道德规范？

（4）知识产权保护的重要意义是什么？

本章参考文献

[1] 李云峰，李婷. 计算机导论——理论篇[M]. 2 版. 北京：电子工业出版社，2009.

[2] 朱战立，杨谨全，李高和，等. 计算机导论[M]. 2 版. 北京：电子工业出版社，2010.

[3] 王志强，傅向华，梁正平，等. 计算机导论[M]. 北京：电子工业出版社，2008.

[4] 车光宏，张林，等. 计算机导论[M]. 上海：上海交通大学出版社，2006.

[5] 袁方，王兵，李继民. 计算机导论[M]. 2 版. 北京：清华大学出版社，2009.

[6] 王玉龙，付晓玲，方英兰. 计算机导论[M]. 3 版. 北京：电子工业出版社，2009.

[7] Norton P. 计算机导论[M]. 6 版. 杨继萍，钱伟，译. 北京：清华大学出版社，2009.

[8] Bryant R E，O'Hallaron D R. 深入理解计算机系统[M]. 2 版. 龚奕利，雷迎春，译. 北京：机械工业出版社，2011.

[9] Parsons J J，Oja D. 计算机文化[M]. 10 版. 吕云翔，傅尔也，译. 北京：机械工业出版社，2009.

[10] Brookshear J G. 计算机科学概论[M]. 9 版. 刘艺，冯坤，徐建桥，等译. 北京：人民邮电出版社，2008.

[11] Forouzan B，Mosharraf F. 计算机科学导论[M]. 2 版. 刘艺，瞿高峰，译. 北京：机械工业出版社，2009.

[12] 董荣胜. 计算机科学导论-思想与方法[M]. 北京：高等教育出版社，2008.

[13] 欧立奇，刘洋，段韬. 程序员面试宝典[M]. 北京：电子工业出版社，2006.

[14] 蔡为东. 软件测试工程师面试指导[M]. 北京：科学出版社，2007.

[15] 陈忠文. 信息安全标准与法律法规[M]. 武汉：武汉大学出版社，2008.

内容提要

本书是计算机及其相关专业的入门教材，旨在通过浅显易懂的语言描述计算机科学的基础知识和基本理论，做到概念清晰、深入浅出。全书共分为 14 章，首先从计算机学科知识体系出发，介绍了计算机的基本概念和计算机文化知识，计算机数据、计算机系统和计算机网络等计算机硬件基础，计算机程序设计与程序设计语言、计算机操作系统和软件工程等计算机软件基础理论；以及算法与数据结构、数据库等计算机数据组织基础知识；最后，为拓展学生视野，介绍了嵌入式系统、人工智能、信息安全和计算机职业和道德规范等内容，使学生对不同的学科方向有一初步认识，并依此规划自己的学科学习。

本书内容基本覆盖了大学本科教学大纲所规定的内容。每章的内容包括“本章内容概要”、“学习目的和要求”、“应掌握的知识点”、“主体内容”、“推荐课余阅读材料”、“习题”和“参考文献”等七大部分。为方便学生复习、掌握书中所学知识，每章附有丰富的习题。本书每一章节可自成体系，同时各章内容前后呼应。教师可根据学生的不同基础和需要，适当进行选择。

本书适合作为高等院校计算机及相关专业低年级使用的计算机引导性课程的教材，也可供广大计算机爱好者阅读参考。